中国地方政府创新实践报告 ⑤

生态文明建设的江苏实践

谷树忠　沈和◎主编

中国言实出版社

图书在版编目（CIP）数据

　　生态文明建设的江苏实践/谷树忠，沈和主编．--
北京：中国言实出版社，2018.7
　　（中国地方政府创新实践丛书）
　　ISBN 978-7-5171-2749-9

　　Ⅰ．①生… Ⅱ．①谷… ②沈… Ⅲ．①生态环境建设
—研究—江苏 Ⅳ．① X321.253

　　中国版本图书馆 CIP 数据核字（2018）第 153225 号

策 划 人：王昕朋
出 版 人：王昕朋
总 监 制：朱艳华
责任编辑：周汉飞
责任印制：佟贵兆

出版发行：中国言实出版社
　　　地　　址：北京市朝阳区北苑路 180 号加利大厦 5 号楼 105 室
　　　邮　　编：100101
　　　编辑部：北京市海淀区北太平庄路甲 1 号
　　　邮　　编：100088
　　　电　　话：64924853（总编室）　64924716（发行部）
　　　网　　址：www.zgyscbs.cn
　　　E-mail：zgyscbs@263.net
经　　销：新华书店
印　　刷：北京虎彩文化传播有限公司
版　　次：2018 年 7 月第 1 版　　2020 年 8 月第 2 次印刷
规　　格：787 毫米 ×1092 毫米　　1/16　　17.5 印张
字　　数：250 千字
定　　价：68.00 元　　ISBN　978-7-5171-2749-9

本书编委会

主　编：谷树忠　沈　和

副主编：李维明　陈幼迪

成　员：谢美娥　吴　平　胡咏君　李方一

　　　　金世斌　王自华　王兴杰　吴　江

　　　　张新华　焦晓东

目 录

第二篇 常州武进以规划系统推进生态文明建设

《中国地方政府创新实践报告》丛书
出版前言

政府创新是指政府部门为有效解决社会经济政治等问题而进行的完善自身运行、提高治理能力的创造性活动。推进政府创新，是贯彻落实创新发展理念的题中应有之义。党的十九大报告强调"加快建设创新型国家""加强国家创新体系建设"，指明了我国创新发展的方向。推动创新发展，必须站在国家发展全局高度全面把握创新发展理念的科学内涵。按照主体划分，创新可分为政府创新、企业创新、机构创新和个人创新等。政府主导下的制度、组织、管理和服务等创新，对于提升我国创新发展和创新型国家建设水平具有极其重要的意义和作用。总的看，推进政府创新，既是推动上层建筑适应经济基础的必然要求，也是推进国家治理体系和治理能力现代化的重要内容。

改革开放 40 年来，特别是党的十八大以来，在党中央、国务院的大力推动和鼓励支持下，地方各级政府把推进政府创新作为全面深化改革的重要内容，结合本地实际创造性地开展了各种探索实践。这些探索创新的主体层次有高有低，涉及政府行政的方方面面，既有理念的创新也有素质的创新，既有体制的创新也有机制的创新，既有方式的创新也有手段的创新，不仅有效解决了当地经济社会发展的相关问题，为推动地方发展发挥了重要作用，而且为推动全国面上的改革发展进程提供了重要的参考和借鉴。

为了介绍各地政府创新的实践成果，我们从 2012 年开始编辑出版

《中国地方政府创新实践报告》丛书。这套丛书收录的地方政府创新实践报告，既总结了地方政府创新的成功做法，指出创新的价值所在；又分析了创新得以成功的各种影响因素，提出创新实践中可能遇到的矛盾。我们编辑出版这套丛书，希望让人们既能更加准确地认识地方政府创新，更好地推进地方政府创新；又能通过地方政府创新这个视角更加全面地理解社会主义初级阶段的基本国情、了解改革开放 40 年来特别是党的十八大以来波澜壮阔的伟大历程。

编 者

2018 年 7 月

前　言

　　江苏省是我国经济发达省份，在经济体制改革、生态文明体制改革、社会治理体系创新等方面取得了一系列重要进展和有益经验。为此，国务院发展研究中心资源与环境政策研究所、江苏省人民政府研究室，自2014年以来，围绕江苏省生态文明建设统筹设计、生态文明体制改革与经济体制改革协同推进、生态文明建设与城镇发展融合等，共同连续开展了一系列研究，形成了系列研究成果。在系列研究成果的基础上，经过加工，结集出版，以系统地反映江苏省生态文明建设及其与相关领域协同推进和融合发展的进程、经验与启示，为促进全国生态文明建设及其与相关领域的协同推进和融合发展，提供有益的经验与借鉴。

　　需要说明的是，由于研究历时4年时间，成果陆续形成，为基本保持当时研究成果的原貌，特别是为了保持原来图表及数据计算过程的完整性，本书未对相关数据作更新。同时，鉴于生态文明体制改革、经济体制改革及社会治理创新的进展较为迅速，使得本书中的某些提法可能较为"滞后"，但出于客观反映对生态文明建设的认知过程，我们未对这些可能"滞后"的提法作更新，相信读者能够理解。

　　在开展相关研究工作的过程中，得到了江苏省发展和改革委员会、江苏省环境保护厅等江苏省政府有关部门的支持，尤其得到了江苏省南京市建邺区委区政府、苏州市吴江区委区政府、常州市武进区委区政府的大力支持。在此，一并表示衷心感谢。

第一篇　建设美丽江苏
——江苏生态文明建设概览

江苏，跨江濒海，平原辽阔，水网密布，湖泊众多，具有独特的自然地理环境，同时，江苏人口密度在全国最大，人均国土面积全国最少，人均环境容量全国最小，生态环境资源比其他所有发展要素都更加稀缺和宝贵。随着全省经济社会发展，江苏日益重视环境保护和生态建设，生态文明建设以前所未有的广度、深度和力度向前推进，实现了污染持续下降、生态持续改善的良好态势。

第一章 江苏生态文明建设
发展历程与基本特征

新中国成立特别是改革开放以来，江苏紧紧围绕党和国家战略部署，紧密结合江苏经济社会发展实际，通过一系列探索、实践与创新，环境保护和生态建设始终走在全国前列，走出了一条具有鲜明江苏特征的生态文明建设之路。

一、环境保护启动阶段（1949—1978）

新中国成立以来，伴随着人口增长和经济社会发展，1950 年代江苏环境污染开始出现， 1960 年代水源污染和城市大气污染成为突出问题。1973 年 8 月，国务院召开第一次全国环境保护会议，环境保护正式成为国家重要议题。1978 年 12 月，江苏省召开第一次全省环境保护会议，标志着江苏环境保护从此拉开了序幕。

在内容上，突出环境监测与"三废"治理。江苏按照国家总体部署和江苏实际，以"消烟除尘"为突破口，组织开展了以水质污染、大气污染调查为主要内容的环境监测和以"治水为重点"的工业"三废"治理，初步摸清江苏环境污染和危害状况，建成了一批"三废"治理和综合利用项目，为后来环境保护工作的深入开展打下了基础。1975 年制定《关于环境保护十年规划的意见》，1976 年制定《江苏省地方工矿企业第五个五年计划期间"三废"治理规划》。

在组织上，初步设立行使环境管理职权的机构。陆续建立起省、市（包括地区）、县三级环境管理机构，历经"三废"治理综合利用办公室到环境保护办公室，再到环境保护局逐步升格的过程。1976 年 6 月，江苏成立了省环境保护办公室。此后，4 个省辖市和部分县陆续成立了环境保护办公室，个别市建立了环境监测站，20 世纪 60 年代提出的"三废"处理和综合利用的概念，逐渐被"环境保护"的概念所替代，全省环境保护工作从上到下开始有序进行。但总体上看，各级环境管理机构和监测系统还不统一，力量薄弱，机构还不健全。

在方法上，强化"以管促治、管治结合"。江苏坚持"全面规划、合理布局，综合利用、化害为利，依靠群众、大家动手，保护环境、造福人民"方针，强化"以管促治、管治结合"。贯彻国家"一切新建、扩建和改造的企业，防治污染项目必须和主体工程同时设计、同时施工、同时投产"的方针（时称"三同时"），控制新污染源的产生。把环境保护工作与"工业学大庆"结合起来，遵照"已建成'大庆式'企业都应成为消除污染的清洁工厂，还未做到的要及时补上"的要求，对"大庆式"企业评比、检查和验收，实行环境保护"一票否决权"，有力促进工矿企业"三废"治理。重视广大农村集镇环境管理，下放城郊和农村的产品与零件，将"三废"治理设施一道带下去，否则不予下放。

在认识上，还远未到位。这一时期提出主要水系污染"五年内基本得到控制，十年内恢复到良好状态"的目标和全省11个市及主要工业城镇"十年内都要达到清洁城市"的要求，显然低估了环境保护的复杂性、艰巨性和长期性。对环境保护的重要性还缺乏深刻理解，只抓生产、不管污染的现象仍然普遍，不少"三废"治理项目未能列入计划，已安排的"三废"治理项目进展缓慢，对一些新建、扩建项目"三同时"把关不严，新的污染不断产生，导致"旧债未还，又欠新账"，全省工业"三废"污染呈现蔓延趋势。

二、环境保护推进阶段（1979—1999）

党的十一届三中全会确定了我国改革开放和现代化建设总体布局，环境保护成为一项基本国策，江苏环境保护迈入新的时期。省市县乡四级环境管理体系逐步建立，环境生态意识日益深入人心，环境保护的政策日趋完善，江苏环境保护发展较快，环境保护取得明显成绩。

组织领导更加健全。1979年，省环境保护办公室升格为省环境保护局，成为省政府专司环境保护的职能部门。同年，成立了江苏省环境监测站。至1984年，全省地（市）、县相继完成了建局机制，至1987年，全省乡镇建立了环境保护机构，初步形成了省、市、县（区）、乡（镇）四级环境管理体系。1985年9月，成立了省环境保护委员会，由分管环保的副省长担任主任，提高了环保工作统一领导与协调力度。政策环境更加完善。1985年9月，江苏颁发了《关于加强环境保护工作的决定》，1988年把保护环境和生态平衡列为实现江苏第二步奋斗目标的5个战略重点之一。1993年颁发了《关于进一步加强环境保护工作的决定》，1994年省九次党代会把环境保护作为实现全省第三步战略目标的十大措施之一，并把环境保护列为"双文明"建设的一项重要任务，把环境质量纳入全面实现小康社会、基本实现现代化的内容之一。

法治建设更加全面。1979年，《中华人民共和国环境保护法（试行）》颁布，国家环境保护的基本方针、政策以法律形式确定下来，标志着环境保护走上法制轨道，这为江苏环境保护发展提供了条件。此后，江苏相继出台了一系列环境保护方面的管理条例与规定，其中《太湖水源保护条例》，是国内流域水环境地方性法规中颁布较早的一部，其意义重大。1993年江苏颁布实施首部地方综合性环保法规《江苏省环境保护条例》，把多年来环境管理取得的经验和适应市场经济新情况的一些做法用法律形式固定下来，使执法更科学、更易操作。至1993年，全省先后制定了300余部（件）地方性环境法规、规章和规范性文件，初步形成了包括实体法和程序法两大系列的环境立法体系，使环境管理有法可依，有章可循。加强环保执法力度，1987年，启动了全省第一次环境执法大检查，并在自查、互查基础上召开了第一次全省环境法制工作会议。其后，每年在全省范围进行环保执法大检查，有力地促进了各项环保法规的执行。1989—1995年共处理各种环保违法案件1852件。为了加强环境法制工作，省和各省辖市还成立了环境保护行政复议委员会。

环保内容更加丰富。这一时期，江苏的环境保护内容出现了重要变化，从管城市工业"三废"拓宽到全面管理城乡总体环境，控制污染的路子也从单项的"三废"净化处理，逐步发展到结合工业布局调整、企业整顿和技术改造，开展废弃物回收和综合利用。环境监测、环保科研、环保工业也取得了一定突破。

1979—1983年，江苏环保重点依然放在治理上，推进"三废"污染限期治理，通过污染大户企业治理工程，为缓解环境污染作出较大贡献。1979—1995年，安排污染治理资金累计超过105亿多元，完成各类治理项目14894个，"三废"综合利用产值超63亿元，实现利润20多亿元。"七五"期间更加重视通过工艺改革、结构调整、更新设备、加强管理等措施，提高资源和能源利用率，减少污染排放，并结合技术改造开展综合利用，治理工业污染。推广应用"CS镀铬添加剂""地埋式无动力生活污水处理装置"等一批国家环保最佳实用A级技术，取得较好的经济效益和环境效益。其中"CS镀铬添加剂"被评为联合国"发明创新之星奖"。1993年10月，工业污染防治工作会议召开，提出了工业污染防治必须实行清洁生产，实行三个转变，即由末端治理向生产全过程控制转变，由浓度控制向浓度与总量控制相结合转变，由分散治理向分散与集中控制结合转变。

1980年起，江苏加强农业生态和自然资源保护。1983年，全省农村环境保护会议召开，标志着江苏环保工作由工业向农业、城市向农村拓展。同年农业生态试点与建设启动，综合防治农作物虫害、减少化学农药污染，生态农场（林场）、生态村、生态户，像雨后春笋般涌现，其中泰县沈高乡河横村1990年被联合国环境规划署授予"全球500佳"称号，为1990年度中国唯一获此殊荣者。1992—1995年，推行农村环境综合整治"611"工程，即对占乡村企业污染总负荷60%的600个乡镇企业实行限期治理，对100个小城镇实行环境综合整治，在100个自然村开展生态环境综合整治，取得较好成效。大丰、江都、扬中、姜堰四县（市）被列为全国生态县试点，1993年自然保护区增至20个，总面积291140公顷。其中盐城沿海滩涂珍禽自然保护区于1992年升格为国家级自然保护区，并加入联合国教科文组织人与生物圈的国际网络。

1985年11月，江苏城市环境保护会议召开，正式启动全省城市环境综合整治。11个省辖市制定了城市建设总体规划，并把环境保护规划纳入总体规划中去。1989年起实施城市环境综合整治定量考核制度，全省城市环境综合整治在定量考核评比中得到稳步、快速发展，苏州和南京连续多年被评为"全国环境十佳"城市。通过污水截流、污水集中处理、河道疏通、引水冲污、沿河污染源治理等措施，遏制了城市河流水质恶化的势头，主要城市河流水质均有改善，其中南通市濠河水质改观最为明显。一批城市污水处理厂、城市垃圾卫生填埋场或处理厂、集中供热设施投入运营，推进城市烟尘控制区、噪声控制区等建设，1990年全省综合大气质量指数较1985年下降了17%，尘的污染明显减轻，总悬浮微粒浓度值也有下降，各市大气环境质量有所改善。建成区绿化面积为34289公顷，森林覆盖率达30.8%，城市环境综合整治取得一定进展。

作为江苏环保事业重要组成部分的环境监测、环境科研、环保工业等都有了较大发展。继1979年省环境监测站建立后，市、县（区）的环境监测站也先后成立，并逐渐开展大气、水质、噪声、酸雨等监测，编报《环境质量报告书》。环保工业从无到有，并从1979年起，以20%的年增长率递增，到1982年，全省环保工业产值近3亿元，为环境保护提供了物质基础。

环境管理更加成熟。1988 年 6 月，全省第五次环境保护会议后，积极推行深化环境管理的环境保护目标责任制、城市环境综合整治定量考核制、排放污染物许可证制、污染集中控制和限期治理 5 项新制度和措施，继续实行环境影响评价、"三同时"、排污收费 3 项制度，环境管理走上了规范化、制度化和科学化的轨道。1979 年，苏州率先在国内实行排污收费，1980 年 8 月，省政府据此颁发了《江苏省排污收费和罚款的试行办法》。1980 年，江苏"三同时"执行率为 37.4%，到 1982 年已上升为 71%，1983 年扩大到交通、商业、文教和服务业等。从 1980 年起，国家大中型项目开始执行编制环境影响预评价报告书制度，到 1985 年，全省大中型项目已达 100%，小型也在 85% 左右，从而控制了新的污染源产生。1987 年起，国家环保局先后在常州、徐州两市开展排污许可证试点，并分别于 1989 年 6 月和 10 月通过了国家验收，继而在全省推广，到 1990 年，全省已有 1334 家企业进行排污申报登记，对 713 家企业发放了排污许可证。1989 年，全省实行行政首长环境保护目标责任制，通过省长与市长签订责任状形式，将保护环境的责任落实到各市市政府和市长，列为市长政绩考核的重要内容，并将责任状内容分解、落实到 11 个主管部门，形成了"纵向到底、横向到边、监督到位"的责任制体系。从 1980 年起，江苏还建立了环境保护统计报表制度，从而使环保工作从"定性管理"走上"定量管理"。

三、环境保护优先和生态文明建设阶段（2000—2012）

新世纪前后，资源环境约束更加趋紧，环境与发展的矛盾日益凸显，环境保护的认识与实践不断深化，党的十七大明确提出生态文明建设，江苏率先确立"环保优先"方针，制定生态省建设规划纲要，生态文明建设取得新的突破。

"环保优先"上升为江苏发展战略。"九五"时期江苏确立了可持续发展战略。2004 年颁布《江苏省长江水污染防治条例》，首次提出"生态环境保护优先原则"。2005 年《关于制定江苏省国民经济和社会发展第十一个五年规划的建议》，把环保优先与富民优先、科教优先和节约优先一起列入经济社会发展的指导方针，提出了在"两个率先"进程中要充分考虑环保因素，树立和落实环保优先的指导方针，加快环保体制机制创新。2006 年，省委、省政府出台《关于坚持环保优先促进科学发展的意见》，提出把生态建设和环境保护置于经济社会发展全局的优先位置，明确环保优先的指导思想和总体目标，强调坚持以人为本，把环境保护作为区域经济社会发展的重要支撑，把加强环境保护和生态建设作为优化经济增长、转变增长方式、增强区域竞争力的重要手段，在加快发展与保护环境发生冲突时自觉服从环境保护的要求，不以牺牲环境为代价换取经济发展，努力实现率先发展、科学发展、和谐发展。

同年全省环境保护大会提出，落实"环保优先"方针的具体要求，将之细化为"环保十优先"：一是在制定法律法规时，优先进行环保立法；二是在编制发展规划时，优先编制环保规划；三是在作出发展决策时，优先考虑环境影响；四是在调整产业结构时，优先发展清洁产业；五是在利用有限资源时，优先节约环境资源；六是在新上投资项目时，优先进行环保评估；七是在增加公共财政支出时，优先增加环保开支；八是在建设公共设施时，优先安排环保设施；九是在进行技术改造时，优先采用环保型技术；十是在考核发展政绩时，优先考核环保指标。"环保十优先"的提出，使得环保优先方针的落实更具操作性，有利于把最严格的环保制度贯穿到经济社会发展和各类建设项目的各个环节。

体制机制创新成为生态文明建设的重点。高度重视制度建设，努力构建系统完备、科学规范、运行高效的制度体系，用制度推进建设、规范行为、落实目标、惩罚问责，使制度成为生态文明持续健康发展的硬保障。

健全环境保护的市场化运作机制。从 2006 年开始，全省各级财政将"211环境保护"支出科目列为公共财政支出的重点，逐年加大投入，确保财政对环保支出的增幅高于经济增速，推动环保投入多元化。建立了排污权有偿分配使用制度，继 2003 年苏州太仓港环保发电公司与南京下关电厂完成了全国首例异地排污权交易，环境价格体系在江苏逐步建立。2008 年，省政府批准实施化学需氧量和二氧化硫排污指标初始价格和收费管理办法，有偿分配和交易试点在太湖流域和电力行业分别展开，并同步建立排污权二级市场和规范的交易平台，全面推行排污权交易试点。太湖流域制订实施化学需氧量排污指标核定、申购等配套管理办法，已有 900 多家企业参与申购，金额超过 9000 万元。

建立环境准入机制。一是建设项目严格执行"环保第一审批权"，凡不符合环保法律法规和技术标准的，一律不得审批或核准立项，不得批用土地，不给予贷款。二是严格实行规划环评，坚决防止新污染。三是提高重点行业排放标准，制定严于国家标准要求的产业结构调整目录。2004 年，首先对苏南地区纺织行业实施"提标"；2006 年，出台了《化学工业主要水污染物排放标准》，着重提高 7 大门类化工企业达标排放的门槛；2008 年，在太湖地区实施《太湖地区城镇污水处理厂及重点工业行业主要水污染物排放限值》，其中，城镇污水处理厂的主要污染物排放限值全部达到国家城镇污水处理厂污染物排放一级 A 标准，6 大行业的化学需氧量、氨氮、总磷排放限值全部达到国际先进标准。四是提升化工项目准入门槛。2005 年以来，先后 3 次提高苏北地区化工项目的准入门槛，由最初的 1000 万元抬高到了 5000 万元，淮安、南通等市将单个化工项目投资额提升至 1 亿元（不含土地费用）。

完善区域生态补偿机制。2004 年颁布《长江水污染防治条例》，首次从立法层面确立了环境补偿机制，明确了跨行政区河流交接断面水质管理制度和相应的经济赔偿制度。2006 年出台《推进环境保护工作的若干政策措施》，确定了生态公益林补偿标准，规定县级以上地方政府应设立森林公益林生态效益补偿基金，促进植树造林，发展林业产业，提高森林覆盖率和森林生态功能。2007 年出台《太湖水污染防治条例》，进一步明确了交界断面水质控制目标责任，并在此基础上，将"环境有价"的理念引入生态补偿治理，从根本上促使企业强化环境意识。2007 年出台《环境资源区域补偿办法（试行）》，并于 2008 年 1 月在太湖流域开展先期试点。

生态省建设成为生态文明建设的重要载体。进入新世纪，江苏立足紧紧抓住发展重要战略机遇期，提出以生态省建设为重要载体，节约利用资源，防治环境污染，加强生态建设，走生产发展、生活富裕、生态良好的文明发展道路。建设生态省，目的是把省域范围内的经济发展、社会进步、环境保护有机结合起来，以较小的资源环境代价赢得经济社会的较快发展，实现资源高效利用，生态良性循环，经济社会发展和人口、资源、环境相协调，为江苏营造良好的生态环境，使人民群众享有良好的生活质量，促进全省经济既快又好发展和社会全面进步。建设生态省，重点推进循环经济与节能降耗、重点流域治理与饮用水安全保障、大气治理与固废处置、城市环境建设与农村环境整治、生态保护与"绿色江苏"以及能力建设与科技支撑等六大生态省重点工程建设。

推进生态省建设，是一项庞大复杂的系统工程，也是一项长期艰巨的任务。为了动员组织全省各方面的力量积极参与生态省建设，2004 年，省政府组织编制了《江苏生态省建设规划纲要》，主要提出生态省建设的基本理念和发展思路，明确生态省建设的目标任务、建设内容和工作措施，是推进江苏生态省建设的指导性文件，也是编制各地区、各行业规划和实施方案的重要依据。为了进一步推进生态省建设，加强组织领导，成立生态省建设领导小组，由省主要领导任组长，研究生态省建设中的重大事项，协调推进生态省建设。建立健全生态省建设考核体系，把生态省建设任务纳入全面建设小康社会、科学发展评价、市县党政主要领导干部实绩考核之中。制定生态省建设目标责任考核办法，将生态省建设重要政策落实和机制保障情况、监测指标达标情况、重点工程实施情况，作为目标责任考核的重点内容，实行省对市、市对县的考核机制。

四、生态文明建设大力推进阶段（十八大以来）

党的十八大以来，按照以习近平同志为核心的党中央总体部署，江苏把生态文明作为"两个率先"的重要标杆，深入实施生态文明建设工程，使生态文明成为江苏的重要品牌，呈现了鲜明的时代特征。

习近平总书记重要指示成为江苏生态文明建设的根本指南。习近平总书记站在人类永续发展、国家富强复兴、人民幸福安康的高度，就生态文明建设发表了一系列新思想、新论断、新举措，形成了科学完整的生态文明思想体系。在党的十八大工作报告中设立单独篇章阐述生态文明，将其提升到更高的战略层面，要求树立尊重自然、顺应自然、保护自然的生态文明理念，把生态文明建设与经济建设、政治建设、文化建设、社会建设并列，构成中国特色社会主义事业"五位一体"的总体布局。2014年12月考察江苏期间，习近平总书记殷切希望我们建设"经济强、百姓富、环境美、社会文明程度高"的新江苏，把"环境美"作为重要的目标内涵，并强调经济要上台阶，生态文明也要上台阶，走出一条经济发展与生态文明相辅相成、相得益彰的路子。总书记的重要指示，是江苏推进生态文明建设的行动指南和强大动力。

生态文明建设具有更高的战略地位。江苏展开了生态文明建设的新布局，成立由省委、省政府主要领导任组长的生态文明建设领导小组，省第十二次党代会把"生态更文明"列入全省奋斗目标的重要内容，把生态环境指标列为实现基本现代化的核心指标，把更大力度建设生态文明作为中心任务之一。省委十二届五次全会对生态文明建设作出全面部署，出台《关于深入推进生态文明建设工程率先建成全国生态文明建设示范区的意见》《关于加快推进生态文明建设的实施意见》，2014年省委十二届九次全会对新江苏建设"环境美"的实践内涵作了明确。

2016 年，省委、省政府召开生态文明建设大会，印发《关于加快推进生态文明建设的实施意见》和《江苏省生态文明体制改革实施方案》，对生态文明建设进行全面布局，提出"环境拐点早日到来，绿色发展成为鲜明优势"的战略目标，以及八个方面的重点任务，进一步完善了生态文明建设的顶层设计。2013—2015年，全省一般公共预算节能环保支出 769.83 亿元，年均增长 16%，高于全省一般公共预算支出 4.6 个百分点。

生态文明建设工程成为重要抓手。进入"十二五"，为加快推进两个率先进程，省委十一届十次全会决定实施包括生态文明建设工程在内的"八项工程"，在新的起点开创江苏科学发展新局面。省委、省政府召开全省生态文明建设工作会议，出台《关于推进生态文明建设工程的行动计划》，全面启动实施生态文明建设工程。力求通过实施六大行动，力争实现六个突破：深入推进节能减排行动，在环境优化发展方面取得新突破；大力推进绿色增长行动，在构建富有活力的生态经济体系方面取得新突破；全面推进碧水蓝天宜居行动，在打造城乡优美环境方面取得新突破；扎实推进植树造林行动，在绿色江苏建设方面取得新突破；积极推进生态保护与建设行动，在逐步恢复生态系统功能方面取得新突破；继续推进生态示范创建行动，在夯实生态文明建设基础方面取得新突破。通过生态文明建设工程建设，在 2015 年前，实现了资源利用效率提高，节能减排任务完成，控制温室气体排放取得明显进展，城乡环境基础设施基本覆盖，环境质量持续改善，生态系统服务与保障功能逐渐增强。其中，单位 GDP 能耗下降 18%，主要污染物化学需氧量、氨氮、二氧化硫、氮氧化物排放总量分别削减 11.9%、12.9%、14.8% 和 17.5%；建制镇污水处理设施覆盖率达 90%、生活垃圾收运体系基本全覆盖；重点流域国控考核断面水质好于Ⅲ类比例提高到 50%，劣Ⅴ类水质比例低于 15%，城市灰霾天数明显减少。"十二五"期间，生态省建设 80% 的指标达到考核要求。

第二章 十八大以来江苏省
生态文明建设进展与成效

十八大以来，全省上下认真贯彻党中央、国务院决策部署，以实施生态文明建设工程为抓手，突出结构调整、城乡统筹、节能减排和生态治理修护，经济社会与生态环境保护协调发展，全省呈现出经济持续增长、污染持续下降、生态持续改善的良好态势，生态文明建设取得了历史性成就。

一、加快转型升级，持续推进绿色发展

绿水青山就是金山银山。江苏把加快转变生产方式作为推进生态文明建设的核心，从发展的源头抓起，深入实施经济绿色转型行动。全省绿色发展指数从2010年的60.5提高到2014年的76.4，呈现逐年提升的良好态势。

一是调整优化产业结构。坚持"调高调轻调优调强调绿"思路，在经济总量连续迈上三个大台阶、人均GDP达到8.8万元的同时，产业结构实现历史性突破，初步形成"三二一"现代产业结构，第三产业比重超过48%，战略性新兴产业销售收入年均增长16.5%，高新技术产业产值占规模以上工业比重达到40.5%。节能环保产业主营收入超过8000亿元，规模和产值继续位居全国前列。

二是大力淘汰落后产能。全面完成化解过剩产能年度任务，提前完成国家下达的淘汰落后产能"十二五"目标。2013—2015年，全省合计压减和化解钢铁847万吨、水泥851万吨、平板玻璃482万重量箱、电解铝10万吨、船舶670万载重吨，均实现产能"负增长"。连续实施三轮化工行业专项整治，累计关闭7000多家污染严重的化工企业。

三是积极发展循环经济。支持鼓励技术先进、环保达标、资源回收率高的资源利用企业发展，加强园区生态化、循环化改造，省级开发区基本完成区域规划环评，90%以上的开发区开展了生态工业园建设工作，12个市县及园区被国家列入园区循环化改造等示范试点，累计建成国家级生态工业园区14个，省级

生态工业园区 44 个，其中国家级占全国总数的 38%，绿色发展水平实现阶段性突破。

二、率先划定生态红线，优化国土开发利用格局

国土是生态文明建设的空间载体。江苏按照人口资源环境相均衡、经济社会生态效益相统一的原则，在全国第一个划定生态红线，控制开发强度，调整空间结构，促进生产空间集约高效、生活空间宜居适度、生态空间山青水秀。

一是加快实施主体功能区战略。出台《江苏省主体功能区规划》，以国家主体功能区为依据，按开发方式，分为优化开发、重点开发、限制开发和禁止开发四类区域；按开发内容，分为城镇化地区、农产品主产区和重点生态功能区。优化开发区域指长三角（北翼）核心区，包括南京、无锡、常州、苏州、镇江的大部分地区及南通、扬州、泰州的城区，人口和 GDP 分别占全省的 39% 和 60%，该区域也是国家层面的优化开发区域。重点开发区域主要包括沿东陇海的徐州、连云港市区和沿海地区、苏中沿江地区以及淮安、宿迁的部分地区，也包括点状分布于限制开发区域内的县城镇和部分重点中心镇，人口和 GDP 分别占全省的 18% 和 13%。其中东陇海地区是国家层面的重点开发区域，其他区域为省级层面的重点开发区域。限制开发区域指除优化开发区域和重点开发区域以外的地区，人口和 GDP 分别占全省的 43% 和 27%，其中国家产粮大县为国家层面农产品主产区，其他均为省级农产品主产区。禁止开发区域指国家级和省级自然保护区、国家级和省级风景名胜区、国家级和省级森林公园、国家地质公园、饮用水源地保护区、重要渔业水域、清水通道维护区。其中，国家级自然保护区、国家级风景名胜区、国家森林公园、国家地质公园等为国家级禁止开发区域；其他区域为省级禁止开发区域。

二是率先划定生态红线。江苏认真贯彻"构建科学合理的城市化格局、农业发展格局、生态安全格局、自然岸线格局"的部署要求，2013 年印发《江苏省生态红线区域保护规划》，在全国率先划定 15 大类 779 块生态红线区域，其中陆域面积占全省国土面积的 22.23%。2015 年，率先提出了调整、划定"三道红线"，即生态红线、永久基本农田保护红线和城市开发边界红线，省级生态红线保护区域增加 2000 平方公里，受保护国土面积达到 24% 以上，管控措施和等级也相应提升，配套实施监管考核细则和生态补偿办法，省财政累计安排 40 亿元

用于生态转移支付。通过划定和严守生态红线，在全国率先形成了生态空间管控的制度性成果。

三是强化生态红线区域保护。按照"红线面积不减少、生态功能不降低"的原则，配套制定了生态补偿转移支付暂行办法和监督管理考核细则，近三年，省级财政累计安排近 40 亿元补助资金，专门用于生态红线区域保护。苏州市围绕保护四个"一百万"（一百万亩优质水稻、一百万亩高效园艺、一百万亩特色水产、一百万亩生态林地），率先制定出台生态补偿政策，对符合条件的水稻田每亩补偿 400 元，对水源地村最多每村补偿 140 万元，对生态湿地村最多每村补偿 100 万元，对生态公益林每亩补偿 150 元，在全国产生较大影响。

三、突出节约优先，提升资源能源利用效率

节约资源是保护生态环境的根本之策。江苏切实加强能源资源节约，着力推动能源资源利用方式根本转变，努力以较少的能源资源消耗实现更大的发展效益。

一是积极优化能源结构。出台能源消费总量控制、煤炭消费总量控制和减量替代等工作方案，建立能源消费总量和强度"双控"机制。2014 年起，全省煤炭消费总量实现由增转降，全省达到超低排放煤电机组共 4462 万千瓦，规模居全国第一，占全省煤电机组比重达到 59.8%，2015 年底电力清洁能源装机占比比 2012 年底提升 7.6 个百分点。全省能源消费总量中，煤炭消费总量占比为 69.6%，比"十一五"末下降 5.8 个百分点；非化石能源约占 8.9%，比"十一五"末上升 3.4 个百分点。

二是严格实施耕地保护、节约集约用地和水资源管理制度。深入实施节约集约用地"双提升"行动，"十二五"期间，全省划定基本农田 6440 万亩，整治土地 660 万亩，新增耕地近 122 万亩，单位 GDP 建设用地占用规模比 2010 年下降了 33%，建设用地地均 GDP 产出水平增长了 50%，土地利用效益稳步增长。加强水资源保护，全省用水总量基本稳定在 500 亿立方米左右，实现了国家控制的目标，万元 GDP 用水量从 135 立方米下降为 65.7 立方米，万元工业增加值用水量从 24 立方米下降为 16.5 立方米，下降率分别为 47%、32%。

三是加大节能减排力度。全省单位 GDP 能耗下降到 0.496 吨，五年累计下降 22%，超额完成国家下达的节能目标。累计实施 1.2 万个重点节能减排工程，

率先实现燃煤大机组脱硫脱硝全覆盖，2015 年全省化学需氧量、氨氮、二氧化硫、氮氧化物四项主要污染物排放总量较 2010 年分别削减 17.62%、14.59%、23.07%、27.46%，均超额完成国家下达的约束性指标任务，全省单位 GDP 能耗累计下降 22%，资源能源节约集约利用水平得到显著性提升。

四、狠抓污染防治，着力改善生态环境质量

始终遵循习近平总书记"像保护眼睛一样保护生态环境，向对待生命一样对待生态环境"的重要论述，围绕解决突出环境问题，坚定不移向污染宣战，全力抓好大气、水、土壤污染治理。

一是狠抓大气污染防治。颁布《江苏省大气污染防治条例》，制定江苏省"气十条"，按年度分解落实工作目标和项目清单，完成 6818 项重点工程，完成五大行业限期治理，累计整治燃煤小锅炉 13239 台，基本淘汰 2005 年之前注册营运的黄标车，车用汽柴油全部升级到国 V 标准，秸秆火点下降到有考核记录以来的最低数，建成重污染天气监测预警系统，建立区域联防联控协作机制，全省环境空气质量总体趋好，二氧化硫、二氧化氮年均浓度逐步降低， 2015 年全省PM2.5 平均浓度比 2013 年基准数下降 20.5%，城市空气质量达标率由 60.3% 提高到 66.8%，提高 6.5 个百分点，成功保障南京青奥会、国家公祭日等重大活动的空气质量。

二是狠抓水污染治理。出台"水十条"实施方案，将党政领导"河长制"延伸拓展为"断面长"制。太湖流域各市县将每年新增财力的 10%—20% 专项用于太湖水污染治理，太湖湖体水质改善到Ⅳ类（不计总氮），连续 8 年实现"两个确保"。长江、淮河流域治污规划考核成绩居全国前列。南水北调江苏段水质达到通水要求，列入国家规划的 14 个重点湖泊全部编制治理规划。县级以上集中式饮用水源地全部划定保护区，城乡统筹区域供水率提高到 97%。出台《关于加强近岸海域污染防治工作的意见》，连续两年对沿海 15 个化工园区开展环保专项整治。第一轮 300 多条城市河道整治取得阶段性成效，做到河道名单、评估标准、整治结果"三公开"。 自 2013 年国务院开展最严格水资源管理制度考核以来，江苏连续三年全国优秀。全省 478 个省控断面Ⅰ至Ⅲ类断面比例由47.9% 上升到 51.6%，上升 3.7 个百分点，劣Ⅴ比例由 12.8% 下降到 8.6%，下降4.2 个百分点。

三是积极推进土壤污染防治。制订"土十条"实施方案，建立土壤环境监测网络，开展污染场地监管修复试点。以农用地和建设用地为重点，扩大典型污染土壤修复试点。详查重金属污染状况，开展涉铅、涉汞和电镀行业专项整治，重金属治污考核成绩在 14 个重点省份中名列前茅。建成危险废物动态管理信息系统，推行危废转移网上报告制度，危废安全处置能力提高到每年 745 万吨。全省核技术利用单位实现监督检查率、整改达标率、监测覆盖率"三个 100%"，废旧放射源应收尽收。

四是狠抓城乡环境综合整治。累计实施城市环境整治项目 5.18 万个，第一轮 300 多条城市河道整治取得阶段性成效，新增污水处理能力 432 万吨／日，全省城镇污水日处理能力达 1580 余万吨，污水收集主干管网总长约 47450 公里，建制镇污水处理设施覆盖率达到 90.4%，城乡生活垃圾四级转运处理体系实现全覆盖。完成 18.9 万个自然村村庄环境整治，整治区域覆盖城镇建成区外所有自然村。被环境保护部确定为"覆盖拉网式"农村环境综合整治试点省，3500 个村庄启动新一轮农村环境综合整治工作，近 1500 万农民直接受益。

五是狠抓生态保护和修复。坚持不懈开展植树造林，完成植树造林 397 万亩，全省林木覆盖率提高到 22.5%，优化城市绿地布局，着力构建"10 分钟公园绿地服务圈"，城市建成区绿地率上升到 39%。在全国率先实现省辖市国家园林城市全覆盖。实施太湖、洪泽湖、长江等重要湿地保护与恢复项目 130 余项，新增受保护湿地 436 万亩，全省自然湿地保护率提高到 42.7%。持续开展水土保持、矿山治理等生态修复工作，累计综合治理水土流失面积 8930 平方公里，治理修复矿山 500 余个，总面积约 3400 公顷。制定生物多样性保护战略与行动计划，盐城湿地珍禽、大丰麋鹿和泗洪洪泽湖湿地三大国家级自然保护区建设取得显著成效，全省自然保护区增加到 31 个。扬州市大力推进"七河八岛"建设，对境内自然环境保持最完好的湖泊、湿地等生态系统实施严格的保护与修复措施，为发展留足空间。

五、深化改革创新，逐步健全环境保护制度

保护生态环境必须依靠制度。江苏坚持将制度创新作为生态文明建设的重要保障，以全国生态环境保护制度综合改革试点为契机，着力深化制度改革，出台《江苏省生态文明体制改革实施方案》，排出 55 项重点改革任务，构建江苏特色、

系统完整的生态文明制度体系。

一是建立经济社会发展绿色评估制度。围绕资源利用效率、环境污染代价和生态产品贡献3个方面11项指标，邀请第三方机构，对市县经济社会发展进行"绿评"，帮助各地点问题、找差距、指方向。目前，"绿评"范围已经扩大到各县市和重点工业园区，正在研究制订"绿评"指标体系2.0版，进一步完善经济社会发展绿色评估制度，省级财政用于环保的支出五年达到530亿元。

二是深化资源价格改革。推进排污收费制度，将企业排污费征收标准提高3倍，实行差别化收费政策，全面实施扬尘排污收费，推进大气排污权交易，交易金额超过7500万元，运用经济杠杆倒逼企业自觉守法、主动治污。出台排污许可证发放管理办法，深化排污权有偿使用和交易制度，在太湖流域率先试行"刷卡"排污，将大气排污权交易由电力向钢铁、水泥等重点行业拓展，全省累计缴纳排污权有偿使用费2.49亿元，排污权交易额2.48亿元。

三是建立水环境资源区域补偿制度。制定《江苏省水环境区域补偿办法》，出台实施细则，在太湖流域试行水生态功能分区管理。目前，将补偿范围扩大到66个断面，覆盖全省范围，按照"谁达标、谁受益，谁超标、谁补偿"的原则，优化区域水环境资源试行上下游"双向补偿"政策。

四是完善环保信用体系建设。健全环保信用评价体系，在全省2万多家排污企业开展环保信用评价，评价结果纳入征信体系，不仅与其信贷融资直接挂钩，还对"黑色""红色"企业实行差别水价、电价，让环境违法企业一处失信、处处受限。

五是创新环保管理体制改革。出台建设项目环评分级审批管理办法，将除需要省级部门审批的重大项目、跨区域项目之外的项目环评审批权限全部下放至市县。健全规划环评和建设项目环评的联动机制，连云港市在全国率先开展战略环评试点示范。连续举办五届环保新技术交流洽谈会，成为江苏展示推广先进环保技术的重要平台。广泛寻求国际国内交流与合作，与江苏正式建立环保合作关系的国外省份或机构增至18个。主动公开8大类31项环境监管信息，建立重点监控企业自行监测信息发布平台，自觉接受社会监督。

六、强化共建共享，努力构建全民参与良好格局

环境治理是一个系统工程，要全社会共同行动。江苏鼓励公众参与，凝聚社会力量，形成建设生态文明强大合力，不断夯实环保共建共享基础。2015年，

群众对生态文明建设的抽样调查满意率达 87.7%，同比提升 1.2 个百分点。

一是加强环境保护宣传教育。江苏在全国率先成立环境保护公共关系协调研究中心，建成全国首家综合性生态环保体验中心，建立全省环保社会组织联盟，发布《江苏生态文明行为规范》，完善环境舆情收集分析和处置机制，提高环保政务微博、微信等新媒体运用水平，大力组织"公众看环保""环保微改变""生态江苏在行动"等公益活动，积极开展生态环境志愿服务活动，全省环境宣教工作获得第九届中华环境奖和江苏宣传思想文化创新奖。

二是倡导绿色生活。积极倡导绿色生活方式和行为习惯，引导绿色消费。省委、省政府出台党政机关厉行节约反对浪费有关规定。大力开展公共机构节能示范单位创建，建设节约型机关。深入开展绿色建筑行动，发布《江苏省绿色建筑设计标准》，建成一批绿色建筑示范区，全省节能建筑超过 15 亿平方米，占城镇建筑的比例首次突破 50%，节能建筑和绿色建筑规模均居全国首位。大力发展公共交通，颁布绿色交通发展规划，制订加快新能源汽车推广应用的意见，全面推广新能源汽车，2016 年新增新能源汽车 13500 辆以上，全省 13 个省辖市均实现公共自行车普及。

三是深入开展绿色创建。通过全员动员、全体参与的绿色创建活动，涌现了一批"国家园林城市""国家卫生城市""全国绿化模范城市""中国优秀旅游城市""国家生态示范区""国家生态文明建设先行示范区"，其中常州"生态绿城"建设名列当地民生实事调查满意度第一，盐城获得"2016 中国十佳绿色生态旅游城市"称号，张家港、常熟获得首届"中国生态文明奖"，等等。"十二五"时期新增国家生态市县 28 个，累计建成 45 个，总数全国第一（占全国 1/3）；建成一批绿色学校、绿色社区、绿色家庭等细胞工程，生态文明建设基础不断夯实。

七、加强法治监管，努力提升生态文明建设管理水平

建体系、严执法、强督导、保安全、促共治，推动环境保护始终行驶在法治不断加强的轨道上，努力提升生态文明建设的科学化管理水平。

一是完善执法体系。十八大以来是江苏环保立法最为密集的一个时期，制订修订大气污染防治条例等 11 部地方环保法规。建立党政同责的网格化环境监管体系，省委、省政府出台《关于建立网格化环境监管体系的指导意见》，全省划分了 1542 个网格，初步建立了 8000 多人的巡查队伍。省政府下发《关于加强环

境监管执法的实施意见》，提出 5 个方面 18 项监管措施。建立完善环境行政执法与司法联动机制，加快健全"一企一档"的污染源监管信息系统，建成全省生态环境监控平台。

二是严格检查执法。全面清理整顿环保违法违规建设项目，5 年来全省累计出动环保执法人员 320 多万人次，查处违法案件 2.6 万余起，处罚金额超过 11 亿元。建立环保行政执法与刑事司法衔接机制，全省公安机关立案侦办环境污染犯罪案件 512 件，抓获犯罪嫌疑人 1404 人，有力打击和震撼了环境违法分子。针对影响区域环境质量和群众健康的突出环境问题，持续加大整治力度。2016 年，组织开展了全省化工园区和环境问题突出企业专项执法行动，省政府通报了 58 个突出问题，督促各地逐个整改、逐个销号。

三是加大环保督查。将生态文明建设工程和"大气十条"等落实情况列入督查计划，由省委、省政府督查室牵头督查。把完成环境质量改善目标的"成绩单"，及时通报给各市党政主要负责人，空气质量每周一次，水环境质量每月一次。出台《江苏省党政领导干部生态环境损害责任追究实施细则》，细化追究的主体、情形、方式和程序。制定环境保护工作约谈暂行办法，针对环境问题突出、群众投诉集中的地区，约谈地方政府领导 178 人次，对 4 个省辖市开展环保综合督查，对 62 个市县开展环境监察稽查。

四是防范环境风险。健全环境应急预案管理体系，实施重大风险企业环境安全达标工程，建成 3 个省级环境应急物资储备基地，制定实施化工园区环境保护规范，对沿海化工园区开展环保专项整治。加大重金属污染控制力度，开展涉铅、涉汞和电镀行业专项整治，全面落实危险废物全过程管理制度，建成危险废物动态管理信息系统，推行危险废物省内转移网上报告制度。

第三章 江苏省生态文明建设
实践的经验与启示

回顾江苏环境保护和生态文明建设的实践，特别是总结十八大以来的主要做法和取得成效，为探索未来一个时期江苏推进生态文明建设，争取早日迎来生态环境总体性好转的"拐点"，主要有以下几点经验启示：

一、习近平总书记生态文明建设思想是根本遵循

深入践行绿色发展理念，围绕"四个全面"战略布局，把生态文明纳入"五位一体"总体布局，全面贯穿和深刻融入其他四大建设各方面和全过程，保持高度的生态自觉，牢固树立正确政绩观，把生态文明建设作为事关长远发展的全局性重大问题，在全省强化形成鲜明工作导向。

二、改革创新是关键

坚持统筹谋划、整体推进，提升生态文明建设的目标定位，用改革创新的办法破解发展难题，深化生态文明体制改革，积极推进省以下环保机构监测监察执法垂直管理、区域发展战略环评、企业排污许可"一证式"管理、生态环境损害赔偿等试点，形成具有江苏特色的生态文明建设体制机制。

三、绿色转型是根本

进一步强化绿色发展鲜明导向，科学划定生产空间、生活空间、生态空间，推动经济布局优化和结构调整，加大科技创新力度，大力推进节能减排，着力发展绿色产业，深入实施绿色清洁生产，建立绿色循环低碳产业发展体系，推动生活方式和消费模式向绿色低碳的方向转变。

四、治理保护是重点

突出问题导向，聚焦关键环节，深入贯彻"大气十条""水十条"和"土十条"，继续加强城乡环境综合整治，增强群众的环保获得感。切实增加生态产品供给，大力实施山水林田湖生态保护和修复工程，全面提升森林、河湖、湿地、海洋等自然生态系统稳定性和生态服务功能。

五、科学管理是保证

坚决有力抓责任落实，严格执行党政同责、领导干部自然资源资产离任审计、损害生态环境终身追责等责任规定。坚持精准发力，聚焦关键环节和突出矛盾问题，明确目标任务，排定重点工程，强化法治监管，加大环境督查，率先形成系统完整的生态文明建设管理推进体系，确保了各项工作都能够抓得起来、推得下去，务求见到实效。

六、共建共享是基础

大力开展生态文明宣传教育，使生态文明理念深入人心，成为全省上下共同追求和自觉行动，使生态文明建设建立在广泛的群众基础之上。始终坚持以群众实际感受为评价标准，聚焦群众关注的重点问题，满足人民群众对保护环境、建设生态、改善人居环境的热切期盼。

第四章　江苏省未来生态文明建设面临的形势与挑战

未来一段时期，全省环境保护工作既处于大有作为的战略机遇期，也处于负重前行的关键期，面临诸多矛盾叠加、风险隐患增多的严峻挑战。

一、面临形势

一是从世界范围看，可持续发展理念已经成为全人类社会共识，生态技术红利与绿色贸易壁垒并存。可持续发展世界多极化、经济全球化、文化多样化、社会信息化深入发展，世界经济在深度调整中曲折复苏，2015 年 9 月在联合国发展峰会上通过的《2030 年可持续发展议程》及 12 月在巴黎气候大会上达成的新的全球气候协议，为人类可持续发展的未来描绘了新的路径。欧美等发达国家正在进行一场以生态创新为核心的革命，信息技术、生物技术、新能源技术、新材料技术等交叉融合，正在引发新一轮科技革命和产业变革，绿色发展带来的技术红利将引领人类社会超越大量攫取消耗资源、牺牲破坏生态环境为主的传统生产和消费模式。同时，全球经济贸易增长乏力，发达国家再工业化及国际上对我国环境履约持续施压等经济政治因素，给江苏产业绿色转型带来重大压力，需积极应对。

二是从国内范围看，绿色发展理念已经成为未来经济社会发展的重要指引，生态文明建设的政策"红利"与倒逼机制并存。党中央、国务院把环境保护摆上了更加重要的战略位置，习近平总书记对生态文明建设和环境保护工作提出一系列新思想新观点新要求，涵盖重大理念、方针原则、目标任务、重点举措、制度保障等诸多领域，党的十八届五中全会强调牢固树立并切实贯彻创新、协调、绿色、开发和共享五大发展理念，绿色发展将成为经济社会发展的主流和方向。《长江经济带发展规划纲要》强调推动长江经济带发展要"共抓大保护、不搞大开发"，进一步明确了绿色发展的鲜明导向。《关于加快推进生态文明建设的意见》和《生态文明体制改革总体方案》等一系列中央重要文件明确了当前和今后一个时期生态文明建设顶层设计图，将生态环境质量总体改善列为全面建成小康社会目标，实行最严格的环境保护制度，《大气污染防治行动计划》《水污染防治行动计划》和《土壤污染防治行动计划》出台实施，新《中华人民共和国环境保护法》施行，新《中华人民共和国大气污染防治法》发布，环境保护督察、党政领导干部生态环境损害责任追究等6份生态文明体制改革配套文件相继实施。全面深化改革与全面依法治国带来的政策和法制红利释放对江苏统筹把握好发展和保护的关系，更大力度、更深层次解决结构性污染问题提供有利契机，也形成倒逼压力。

三是从全省实际看，"两聚一高"时代使命对生态文明建设提出更高要求，生态文明建设的物质基础和突出短板并存。江苏已经进入"两聚一高"发展新阶段，经济综合实力和发展水平得到显著提升，经济发展方式从规模速度型粗放增长转向质量效率型集约增长，产业结构调整实现"三二一"的历史性转变，能源结构不断优化，生态环境改善迎来了重大机遇，为从源头保护环境赢得了战略空间。全社会保护生态环境的合力已逐步形成，全省上下正在按照"建设环境美的新江苏"要求，全面推进生态文明建设，不断加大环保投入，实施一批重大生态环保工程。同时，江苏"人口密度高、资源缺乏、环境脆弱、国土空间承载负荷大"的特殊省情没有得到根本改变，破解资源环境约束、解决复合型环境污染问题、保障环境安全和化解矛盾的压力巨大，总量减排与质量改善关系更趋复杂，全省总体上仍没有迈过高污染、高风险的阶段，生态环境仍是"两个率先"突出短板和薄弱环节。

二、存在问题

一是资源环境承载容量还不足。经济社会发展与环境承载能力不足的矛盾仍然尖锐，长期形成的以煤炭为主的能源结构、重化工占有相当比重的产业结构、国土开发强度较大的空间结构尚未实现根本转变。全省重工业企业数量占企业总数的62.9%，化工、火电、冶金等7大高耗能行业产值占全省工业总产值的1/3左右，水泥、粗钢、生铁、化学纤维产量都位居全国前列，一些高污染、高能耗企业没有退出市场，单位国土面积的污染排放强度明显高于全国平均水平。能源消费结构仍不合理，煤炭在一次能源消耗中的占比高达66.5%，煤炭消费总量位居全国第二，单位国土面积的耗煤量是全国平均水平的10倍。全省土地开发强

度高达 20.99%，居全国各省（区）首位，苏南部分地区已接近国际公认的 30%
警戒线。产业布局不合理，部分工业园区和工业企业周边存在饮用水水源地、居
民区等环境敏感目标。

二是环境质量改善难度还较大。环境质量现状与群众强烈期盼之间的差距较
大，资源环境的硬约束尚未根本缓解。13 个设区市空气质量达到二级标准以上
的比例在 61.8%—72.1% 之间，低于全国平均水平，全省 PM2.5 年均浓度值（58
微克）距二级标准（35 微克）还有不小差距，臭氧超标问题日益突出。流域性
水污染问题尚未得到根本解决，主要湖库富营养化特征依然明显，部分入江入海
河流污染较为严重，近岸海域水环境质量呈下降趋势，部分城市河道整治成果脆
弱。土壤污染状况底数不清，污染程度及分布情况不明；历史遗留污染地块隐患
重重，问题不断显现，治理修复和再开发利用不当引发的群体性事件时有发生。
农药化肥面源污染、畜禽养殖污染问题仍然较为突出。

三是生态系统维护压力还较强。生态空间退缩，城市边界不断扩张，耕地、
园地、林地、草地、水域等五大类生态用地被挤占。人均耕地面积下降至 0.86
亩，远低于全国 1.51 亩的人均水平，人均森林面积 0.36 亩，是全国平均水平的
16%。生态系统功能下降，生态空间破碎化趋势加剧，人为干预使一些地方天然
水系遭到破坏，支流支浜滞流、断流，湖泊河网调蓄能力下降，自然湿地面积减
少，生态服务功能弱化。生物多样性面临严重威胁，野生动植物生境分布区日益
缩小，栖息地破碎化严重，水生生态系统健康受到胁迫，水生生物群落结构趋于
单一化，呈现清洁敏感物种减少、耐污物种增多的变化趋势。岸线开发强度高，
长江干流岸线利用率达到 53.5%，海岸线未能得到充分有效保护，局部近岸海域
生态功能退化。

四是环境保护风险隐患还存在。环境风险企业面广量大，国务院安委会确定
的 60 个危险化学品安全生产重点县（市、区）就有 11 个，环境风险企业总数居
全国第一。不少企业沿江、濒海、环湖或位于敏感区域，近水靠城，特别是沿海
一些化工园区，入区项目规模小、档次低、污染重。饮用水安全形势严峻，长江
全线有 30 个饮用水水源地，沿江分布了 24 个化工园区、129 个排污口、187 座
危险化学品码头，主要饮用水水源地同各类重污染源集中区、排污口交错分布。
危化品运输量持续攀升，每年危化品运输量超过 2 亿吨，石油类、有毒有害物
质时有检出，保障饮用水安全压力巨大。危险废物焚烧填埋处置能力存在较大缺

口，超期超量贮存危险废物的环境安全隐患日渐突出，危险废物非法转移和倾倒频发，成为突发环境事件的重要诱因。

五是环境监管体制机制还较弱。企业实现全面达标排放仍有较大差距，有些企业尚不能达到国家最新行业污染物排放标准要求，或仅主要污染物达标，未实现全要素达标。部分地区违法排污问题不同程度存在，一些企业甚至存在治污设施虚假运行、废水稀释或偷偷混入雨水口排放、私设暗管偷排直排、自动监控数据造假等恶意违法行为。环境管理技术手段不完善，淮河流域、长江流域考核断面中水质自动监测站数量少，大气环境监测设备不能满足区域传输监测和城市群联动监测需求。移动执法装备尚未在全省推广。基础工作对环境管理支撑不够，土壤、地下水污染防治工作存在污染底数不清、土壤环境质量状况不明等突出问题。尚未建成一企一档、动态更新的污染源监控平台。环境大数据还没有实现充分的共建共享，未发挥重要的管理作用。环境宣传手段较为单一，环境科技创新不足，环境基准和标准、污染成因及机理、预警及防控、环境政策效应等研究深度不够。

第五章 新时代江苏省生态文明建设的基本方略

一、总体思路

全面贯彻党的十九大精神，以习近平新时代中国特色社会主义思想为指导，深入贯彻习近平总书记在视察江苏时的重要讲话精神，紧紧围绕"五位一体"总体布局和"四个全面"战略布局，努力践行创新、协调、绿色、开放、共享的发展理念，以体制机制创新为动力，以改善环境质量为核心，以全民共建共享为基础，以推进"两减六治三提升"专项行动为重点，加快构建绿色循环低碳发展的产业体系、科学适度有序的国土空间布局体系、约束和激励并举的生态文明制度体系、政府企业公众共治的绿色行动体系，全方位、全地域、全过程开展生态文明建设，努力实现经济社会发展和生态环境保护协同共进，为实现"两聚一高"创造良好生产生活生态环境。

二、基本原则

环保优先，绿色发展。牢固树立绿水青山就是金山银山的理念，正确处理经济发展和生态环境保护的关系，坚持环保优先方针，坚决摒弃损害甚至破坏生态环境的发展模式，坚决摒弃以牺牲生态环境换取一时一地经济增长的做法，让良好生态环境成为人民生活的增长点、成为经济社会持续健康发展的支撑点、成为展现江苏良好形象的发力点，加快构建资源节约型、环境友好型社会，努力形成人与自然和谐发展的新格局。

问题导向，标本兼治。以解决当前面临的突出环境问题为抓手，聚焦百姓反映强烈的重点问题和关键环节，能立即整改的问题"立知立改"，对需要有解决过程的问题"全线追踪"，在追踪的过程中积极反馈各阶段的整改情况，杜绝问题反复。把转变发展方式作为生态文明建设的核心，不断提升全民生态文明意识，从源头上解决生态文明建设深层次矛盾和问题，综合运用行政、法律、经济、技术等手段，全面推进生态文明建设水平整体提升。

质量核心，系统修复。以实现生态环境质量总体改善为目标，统筹运用结构优化、污染治理、总量减排、达标排放、生态保护等改善环境质量的多种手段，大力推进多污染物综合防治和区域联防联控，水土大气等主要指标达到国家阶段性要求，确保环境质量只能更好、不能变差，不断提升生态系统稳定性和服务功能。

改革创新，制度为本。以解决体制机制难点、提高管理效率为导向，先行开展生态环境保护制度综合改革试点，坚持源头严防、过程严管、后果严惩、损害追责，改革生态环境治理基础制度，着力构建具有江苏特色、系统完整、有机融合、协同高效、多方参与的生态环境保护制度，全力推进环境治理体系和治理能力现代化，切实提升精准施策水平。

强化责任，共建共享。树立环保共同体理念，建立健全政府领导下的综合协调、部门协作、社会参与的推进机制，引导全民共建共享，强化落实生态环境保护的党政主体责任、企业直接责任、部门管理责任、环保监督责任、司法制裁责任，加快构建政府统领、市场驱动、企业施治、全民参与的环境治理体系，形成建设生态文明的强大合力，加快环境治理和生态文明建设。

三、主要目标

到 2020 年，生态环境质量日益改善，生态系统稳定性明显增强，主要污染物排放总量大幅减少，绿色生产和生活方式基本形成，环境风险得到有效控制，生态文明制度体系更加健全，如期实现生态省建设目标。

(一)绿色发展体系基本形成

绿色低碳循环发展经济体系基本建立，服务业增加值占地区生产总值比重达到 57%，高新技术产业产值占规模以上工业产值比重达到 45%，主要农产品中"三品"种植面积的比重达到 90% 以上。资源环境约束有效缓解，非化石能源占一次能源消费比例提高到 9%，单位地区生产总值能耗低于 0.45 吨标煤 / 万元，单位地区生产总值水耗低于 66 立方米 / 万元，再生资源的循环利用率达到 65%，煤炭消费量减少 3200 万吨。简约适度、绿色低碳的生活方式蔚然成风，创建一批节约型机关、绿色家庭、绿色学校、绿色社区。

(二)生态环境质量总体改善

全省 PM2.5 年均浓度比 2015 年下降 20%，降至 46 微克 / 立方米左右，臭氧和二氧化氮污染得到有效控制。地级及以上城市空气质量优良天数比例达到72%，重度及以上污染天数比例较 2015 年下降 20%。地表水省考以上断面达到或优于Ⅲ类比例达到 67.6%，地表水丧失使用功能（劣于Ⅴ类）的水体、地级及以上城市建成区黑臭水体基本消除。长江干流水质保持优良，太湖湖体水质持续好转，南水北调东线、通榆河两条清水通道水质稳定达到Ⅲ类，地下水、近岸海域水质保持稳定。土壤环境质量总体保持稳定，全省受污染耕地安全利用率达到 90% 以上，污染地块安全利用率达到 90% 以上。

(三)生态系统稳定性增强

生态环境状况指数逐年提升，生态红线区域占国土面积比例不低于 22%，林木覆盖率不低于 24%，自然湿地保护率不低于 50%，生态环境状况指数达到良好。公众对环境质量改善满意度不低于 80%。到 2020 年，全省"一圈、一带、一网、两区"的生态保护格局基本形成，区域生态环境状况指数和绿色发展指数逐年提升，生态系统稳定性显著增强，生态红线区域占国土面积比例不低于23%，林木覆盖率不低于 24%，自然湿地保护率不低于 50%，建设 2 个生态保护特区和宜兴、武进等一批生态保护引领区。

(四)生态文明制度基本建立

生态文明建设总体设计和组织领导得到加强，符合中央要求、具有江苏特色的生态文明制度体系加快建立完善，与污染物排放总量挂钩的财政政策全面执行到位，财政转移支付制度更加完善，推进生态文明建设的作用日趋显现，全面推开排污权有偿使用和交易，严格执行差别化的环境价格政策，倒逼企事业单位绿色转型的机制初步建立，绿色金融政策有序推进，政府环保投融资平台功能凸显，引导社会资本进入生态环境保护领域的体系基本形成。生态环境监管体制日益完善，破坏生态环境行为得到坚决制止和惩处。

四、关键举措

(一)狠抓源头，推动经济绿色转型

牢固树立绿色发展理念，从根子上入手，改变过多依赖增加物质资源消耗、过多依赖规模粗放扩张、过多依赖高能耗高排放产业的发展模式，推进供给侧结

构性改革，加快构建科技含量高、资源消耗低、环境污染少的产业体系，从根本上为生态环境减负。

1. 化解过剩产能。严格落实党中央、国务院关于化解过剩产能的各项部署要求，建立化解过剩产能机制，实施电力、钢铁、水泥、平板玻璃、修造船等产能过剩行业产能减量置换，防范过剩产能跨地区转移。深入开展钢铁违规建设项目排查整治行动，对"地条钢"生产企业和违规建设钢铁项目，立即停产拆除。全面排查装备水平低、环保设施差的小型工业企业，完成小型化工、塑料、印染、造纸、电镀等"十小"行业取缔整治工作，退出一批低端低效产能。鼓励企业加快技术改造升级和产品换代换型，对长期超标排放、无治理能力且无治理意愿以及达标无望的企业，依法予以关闭淘汰。制定落后化工产能淘汰地方标准，开展关停一批、转移一批、升级一批、重组一批"四个一批"专项行动，大幅淘汰落后化工产能。到 2020 年，压减粗钢产能 1750 万吨、水泥产能 600 万吨、平板玻璃产能 800 万重量箱，化解船舶产能 330 万载重吨，全省化工企业数量大幅减少，化工园区内化工企业数量占全省化工企业总数的 50% 以上。

2. 发展绿色产业。实施《中国制造 2025 江苏行动纲要》，加快构建绿色制造体系，强化全生命周期绿色管理，支持企业推行绿色设计，开发绿色产品，建设绿色工厂，发展绿色工业园，打造绿色供应链。全面实施电力、钢铁、有色、化工、建材、轻工、造纸、纺织等传统制造业能效提升、清洁生产、节水治污、循环利用等专项技术改造。建立健全企业自愿和政府支持相结合的清洁生产机制，扩大自愿性清洁生产审核范围，对超标、超总量排污和使用、排放有毒有害物质的重点企业实施强制性清洁生产审核。大力发展节能环保产业，扶持南京、无锡、苏州、常州、盐城、宜兴等六大节能环保产业集聚区建设，形成一批节能环保产业基地，推动低碳循环、治污减排、监测监控等核心环保技术、成套产品、装备设备研发，加强环保科技创新和成果转化。重点发展节能装备产品、污染防治装备、固体废弃物处理与资源化利用装备、环境监测仪器、环保材料和药剂等高端化产品集群，提高节能环保产品附加值和市场占有率。鼓励环保企业优化组合，尽快形成一批具有竞争力的主导技术、主导产品和节能环保品牌，发展一批具有国际竞争力的大型节能环保企业。加快发展环保服务业，鼓励发展包括系统设计、设备成套、工程施工、调试运行、维护管理的环保服务总承包模式，积极培育环保电商等新业态。

3. 促进循环发展。开展复合型循环发展示范区建设，形成企业循环式生产、行业循环式链接、产业循环式组合的大循环体系。深入开展园区循环化改造，促进园区废物交换利用、能源资源梯级利用，推动生态工业园区建设。积极发展种养结合、低碳循环农业，拓展秸秆和畜禽养殖废弃物资源化利用。加快构建覆盖全社会的资源循环利用体系，推进再生资源和垃圾分类回收体系有效衔接。提高固体废弃物综合利用水平，推行建筑垃圾的资源化利用，以"城市矿产"资源的循环利用为重点，建设一批工业废弃物综合利用基地。培育一批规模较大的再制造企业，促进再生资源规模化利用、产业化发展，支持张家港建设国家再制造产业示范基地。到2020年，工业固体废物综合利用率稳定在95%左右，城市再生资源回收利用率达到80%，所有省级及以上开发区完成循环化改造任务、创建生态工业园。

4. 优化能源结构。强化煤炭清洁高效利用，重点削减非电行业煤炭消费总量，探索和建立能源消耗强度与能源消费总量、煤炭消费总量"三控"制度。到2020年，全省煤炭消费总量比2015年减少3200万吨，电力行业煤炭消费占煤炭消费总量的比重提高到65%以上。在热电企业密集地区实施热电整合，基本完成大机组供热半径范围内的燃煤小热电和分散锅炉关停整合工作，对热电企业数量多的地区加大整合力度。对钢铁、水泥行业耗煤项目实行煤炭消费量2倍及以上减量替代。大力发展清洁能源，扩大天然气利用，大力开发风能、太阳能、生物质能、地热能，安全高效发展核电。到2020年，非化石能源占一次能源比重达到11%。积极开展全民节能行动计划，实施能效领跑者引领行动，健全节能评估审查制度，推行合同能源管理和项目节能量交易，深入推进工业、建筑、交通运输、公共机构等重点领域节能。到2020年，单位工业增加值能耗比2015年降低18%。

5. 加强资源节约。树立节约集约循环利用的资源观，实行最严格的耕地保护、水资源管理制度，更加重视资源利用的系统效率，更加重视在资源开发利用过程中减少对生态环境的损害，更加重视资源的再生循环利用，用最少的资源环境代价取得最大的经济社会效益。推行以水定产、以水定城，强化用水总量控制、用水效率控制、水功能区限制纳污"三条红线"管理制度，实行水资源消耗总量和强度双控行动。全面实行节水管理，加快节水型社会、节水型城市建设，严格取水许可、水资源有偿使用、水资源论证、入河排污口管理等制度。研究建立江河湖泊生态水量保障机制，严格控制地下水开采，实施地下水资源分级分区、用水总量与水位双控管理，巩固苏锡常地区地下水全面禁采成果，建设地面沉降监测预警网络。到 2020 年，全省万元国内生产总值用水量比 2015 年下降 25%。加强耕地质量管理，统筹安排发展用地，严格控制建设用地和新增建设用地规模，健全存量建设用地盘活利用和城镇低效用地再开发的有效机制，不断提高节地水平和产出效益。到 2020 年，确保全省土地开发强度控制在 22% 以内，建设用地地均 GDP 产出增长率比 2015 年增长 38%，单位 GDP 建设用地占用率下降 27%。

6. 深化工业减排。重点实施电力、钢铁、水泥等重点行业二氧化硫和氮氧化物污染物减排工程，加强提标改造和超低排放改造，燃煤电厂安装高效脱硫脱硝除尘设施，推动烟气脱硝全工况运行；钢铁行业烧结及球团、炼钢、炼铁等工序按期完成除尘设施提标改造，启动脱硝设施建设，开展烟粉尘无组织排放治理；水泥行业实施堆场及输送设备全封闭、道路清扫等措施；石化行业催化裂化装置实施催化剂再生烟气治理；焦化行业启动脱硝设施建设；有色行业加强富余烟气收集，规范冶炼企业废气排放口设置，取消脱硫设施旁路；平板玻璃行业禁止掺烧高硫石油焦；陶瓷行业所有喷雾干燥塔、陶瓷炉窑安装脱硫设施，氮氧化物不能稳定达标的喷雾干燥塔实施选择性非催化还原技术脱硝。强化挥发性有机物排放控制，建立固定源、移动源、面源精细化排放清单，探索制定苯系物、卤代烃、醛系物、环氧乙烷等对环境和健康影响较大的重点物质控制目标。开展重点企业挥发性有机物治理完成重点化工园区（集中区）和重点企业废气排放源整治工作。降低印染、造纸等行业总氮排放强度，强化城镇污水处理厂脱氮除磷工艺改造，实施畜禽养殖业总氮、总磷与化学需氧量、氨氮协同控制。到 2020 年，电力、钢铁、水泥、玻璃、燃煤锅炉、造纸、印染、化工、焦化、氮肥、农副食品加工、原料药制造、制革、农药、电镀等行业全部实现稳定达标排放。

7. 强化园区管理。鼓励并引导企业向工业园区集聚，对入园企业实行统一规划、统一标准、集中管理和集中治污。完善工业园区环境基础设施，实施清污、雨污分流改造，全面推行废水、水污染物纳管总量双控制度，推进园区集中供热中心建设和运行，强化挥发性有机物、有毒有害及恶臭气体的溯源与整治，确保废气分类收集，提高处置效率。加快危险废物安全处置设施建设，拓宽综合利用途径，统筹解决危险废物违规贮存等问题。推进工业园区开展综合整治，对工业园区排污企业开展达标治理，定期对园区及周边的河流、沟渠进行全面清淤，并实施生态修复。2020年底前工业园（集中）区全部建成大气污染监测监控系统和应急体系。全面排查化工园区环境污染问题和环境安全隐患，清理整顿园区化工生产企业，强化废水、废气收集处理，规范危险废物贮存处置，整治历史遗留、超期贮存危险废物，加快环境敏感目标搬迁工作，推进应急设施达标建设，加快园区空气、水环境质量自动监测预警系统建设，建设和完善集污染源监控、环境质量监控和图像监控于一体的环保数字化园区在线监控中心，形成"全覆盖、全天候、全过程"的监控预警体系。2020年底前，建成达到引领示范类标准的化工园区6家，达到提升优化类标准的化工园区30家。

（二）优化功能，重塑生态空间格局

按照人口资源环境相均衡、经济社会生态效益相统一的原则，控制开发强度，调整空间结构，促进生产空间集约高效、生活空间宜居适度、生态空间山清水秀，给自然留下更多修复空间，给农业留下更多良田，给子孙后代留下天蓝地绿水净美好家园。

1. 落实主体功能区规划。坚持空间管控，严格控制开发强度，着力提高开发水平，推进主体功能区是国家国土空间开发的重大战略部署。根据江苏主体功能区规划，统筹谋划未来人口分布、经济布局、国土利用、环境保护和城镇化格局，将国土空间划分为优化开发、重点开发、限制开发和禁止开发四类区域，明确区域主体功能定位、开发方向和开发强度，实施区域开发政策，规范空间开发行为，促进人口、经济、资源环境的空间均衡和协调发展。明确不同主体功能区域的生态环境功能定位，制定完善各类功能区环境政策。根据农产品主产区、城镇化区域等各类生产生活空间的环境功能要求，科学划分环境功能区，制定差异化的生态环境质量目标、准入标准、考核评价体系，提出有针对性的治理保护措施和重点方向。强化"多规合一"的生态环境要素支持，明确生态环境空间管控、生态环境承载力、环境质量底线、规划环评刚性要求等基础性系统要求，引导城镇建设、资源开发、产业发展合理布局，构建科学合理的城市化格局、农业发展格局、生态安全格局，形成科学合理、主体功能定位清晰的国土空间开发利用格局。

2. 加强生态红线区域管控。按照生态红线面积不减少、功能不降低、性质不转换的要求，严格保护重要水源、湿地、森林等自然生态资源，动态调整优化、适度增加生态红线区域，确保省级生态红线区域占国土面积比例不低于 22%。加强生态红线区监督管理，依据已有法律法规实施严格保护，禁止擅自调整生态红线区域边界，限期清理现有不符合保护要求的建设项目，确保生态红线区域环境质量不降低。鼓励各市、县（市）制定严格的管控措施，实施"一区一策"生态保护与功能提升工程，稳步提高生态红线区域面积和生态质量。开展国家生态保护红线区管控试点工作，完善全省生态红线区域地理信息系统，建立监管平台。完善生态红线区域监管考核及生态补偿转移支付制度，优化全省生态红线区域管理绩效评估指标体系，定期开展第三方评估。

3. 构建生态保护整体格局。着力打造"一圈、一带、一网、两区"的生态保护大格局，即太湖生态保护圈、长江生态安全带、苏北苏中生态保护网和生态保护引领区、生态保护特区，确保区域生态环境状况指数和绿色发展指数逐年提升。太湖生态保护圈要转变上游地区发展模式，扩大畜禽养殖、污染企业发展禁区，推进湖滨带湿地恢复与建设。长江生态安全带要实施长江干线及洲岛岸线开发总量控制，岸线开发利用率逐步降至 50% 以下，逐步转移沿江重污染企业，全力保障长江饮用水源安全。苏中苏北生态保护网要突出重点生态功能保护，建设形成"三纵三横三湖"生态保护网络，坚持生态优先，发展绿色产业，加强污染防治，打造清水廊道，保护良好湖泊，守护"蓝色国土"，努力把生态优势转化为发展优势。选取太湖上游地区的宜兴市、武进区，以及苏北"三湖"上游、清水廊道两侧和部分自然禀赋较好的地区作为生态保护引领区进行整体保护，建立具有地方特色的绿色产业体系，实行生态优先的差异化考核。将盐城珍禽、大丰麋鹿国家级自然保护区中的核心区、缓冲区和实验区涉及的部分乡镇，整体从原有行政区剥离，设立独立的生态保护特区，对其财政实行单独核算与考核。泗洪县境内洪泽湖湿地国家级自然保护区按同样办法设立相应的生态保护特区。

4. 推进海域空间科学开发。海洋既是当前江苏资源开发、经济发展的重要载体，也是未来可持续发展的重要战略空间。依法科学推进沿海滩涂资源围垦开发工作，严格围填海管理和监督。海洋自然保护区的核心区及缓冲区、海洋特别保护区的重点保护区及预留区、重点河口区域、重要濒海湿地区域、特殊保护海岛及重要渔业海域禁止实施围填海，生态脆弱敏感区、自净能力差的海域严格控制围填海。推进建设国家海洋生态文明示范区，建立海洋生态综合管控、海洋生态保护红线、海域排污总量控制、海洋生态补偿、海洋生态修复等制度，健全海洋环境监测、风险预警、突发事件应急机制，加强沿海防护林、生态廊道、浅海碳汇渔业基地建设，建设海洋预报减灾示范区。加大生态修复力度，建设海洋牧场，开展渔业资源增殖放流，加强生态红线区域保护，规范自然保护区建设与管护，维护生物多样性。编制实施近岸海域水污染防治规划，加强沿海化工园区、入海河流水环境综合治理。沿海城市实施总氮排放总量控制。规范入海排污口设置，沿海设区市全面完成非法或设置不规范入海排污口的清理。开展大浦河、排淡河、新沂河、五灌河等重污染入海河流水环境综合治理。到 2020 年，入海河流全面消除劣 V 类水体。

(三) 强化治理，解决突出环境问题

坚持把改善环境质量作为建设生态文明的核心任务，持续实施大气、水和土壤污染防治"三大行动"，积极推进城市与农村环境综合整治，着力解决当前突出环境问题，确保环境优良地区环境质量不退化不降级，污染严重地区环境质量改善提升。

1. 实施大气污染防治行动。深化工业领域二氧化硫和氮氧化物污染物减排工程，实施提标改造和超低排放改造，强化挥发性有机物排放控制，全面开展原成品油码头油气回收，强制使用水性涂料，推进废气排放源整治，加强城市服务业挥发性有机物污染防治。加强交通运输大气污染防治，进一步提升燃油品质，供应符合第六阶段标准的车用汽、柴油，定期开展油品质量监督检查活动。加强黄标车及老旧车辆淘汰，全面推广新能源汽车，调整优化新能源汽车补贴政策。开展船舶大气污染防治，在全省推进实施船舶排放控制区，推进公交优先与绿色出行，加强公共交通基础设施建设。全面推进施工标准化管理，建立扬尘控制责任制度，强化扬尘污染控制。渣土运输车辆应采取密闭措施，安装卫星定位系统，严格执行冲洗、限速等规定，严禁带泥上路。加强城市道路清扫保洁和洒水抑尘，提高机械化作业水平，控制道路交通扬尘污染。建立空气污染联合预警机制，及时发布空气重污染预警预报信息。依据预警等级启动应急预案，采取工业污染源限排限产、建筑工地停止施工、机动车限行等应急控制措施，引导公众做好健康防护。在重点敏感保护目标、重点环境风险源、环境风险源集中区和易发生跨界纠纷的重大环境风险区域，建立大气环境风险监控点。加强大气污染联防联控，积极推动长三角区域大气污染防治协作，加强环评会商、联合执法、信息共享、预警应急等大气污染防治措施。

2. 实施水污染防治行动。实施水环境保护精细化管理，建立流域—控制单元—控制断面的治理体系，以控制单元治理保障断面水质达标，以断面水质达标确保流域控制目标完成，系统推进水污染防治。在太湖流域率先探索建立水生态环境功能分区管理，开展以水生态环境功能保护为目标的分区、分级、分类、分期管理试点，探索试行"民间河长"，深化"河长制""断面长制"监管模式。完善水污染事故处置应急预案，落实责任主体，明确预警预报与响应程序、应急处置及保障措施等内容，依法及时公布预警信息。加强重点流域水环境综合治理。开展新一轮太湖治理，加强15条主要入湖河流综合治理，突出应急防控与长效治理并举、控源截污与生态修复并重，努力消除湖泛大面积发生的隐患。长江流域着力建设沿江绿色生态廊道，推进沿江取水口和排污口的优化布局，深入实施主要入江支流和沿江工业园区综合整治，提升上游客水污染预警与风险防控水平。淮河流域加快推进污水处理厂尾水再生利用，保障南水北调东线工程及通榆河供水水质安全。制定实施"一湖一策"生态环境保护方案，提升湖泊生态系统的稳定性和生态服务功能。重点湖泊开展总磷、总氮污染调查分析，并制定总氮、总磷控制方案。全面推进地下水污染防治，对徐州市、宿迁市7个集中式地下水饮用水源，开展补给区环境状况调查评估，强化补给径流区的保护。

3. 实施土壤污染防治行动。建立土壤环境监测网络，基本形成土壤环境监测能力。按污染程度对农用地进行分类管理，将未污染和轻微污染的划为优先保护类，轻度和中度污染的划为安全利用类，重度污染的划为严格管控类。优先保护类耕地集中区域严格控制新建有色金属冶炼、石油加工、化工、焦化、电镀、制革等企业。安全利用类耕地集中的县（市、区）制定实施受污染耕地安全利用方案，采取农艺调控、替代种植等措施，降低农产品超标风险。严格管控类耕地依法划定特定农产品禁止生产区域，严禁种植食用农产品。加强林地、草地、园地土壤环境管理，严格控制林地、草地、园地的农药使用量，禁止使用高毒、高残留农药。建立调查评估制度，逐步建立污染地块名录及其开发利用的负面清单，合理确定土地用途，明确管理措施。根据工矿企业分布和污染排放情况，确定土壤环境重点监管企业名单。列入名单的企业每年要自行对其用地进行土壤环境监测，结果向社会公开。严防矿产资源开发污染土壤，全面整治历史遗留尾矿库，完善覆膜、压土、排洪、堤坝加固等隐患治理和闭库措施。以影响农产品质量和人居环境安全的突出土壤污染问题为重点，制定全省土壤污染治理与修复规划。以拟开发建设居住、商业、学校、医疗和养老机构等项目的污染地块为重点，开展治理修复，切实加强土壤污染治理与修复工程监管。

4. 推进城市环境综合整治。加强城市黑臭水体整治，加强水系沟通，实施清淤疏浚，提升水体自净能力。结合新城建设、老城改造，扎实推进污水处理设施和配套管网建设，扩大污水管网覆盖范围，封堵污水排放口，提高污水集中处理率。加快城镇污水处理厂提标改造，全面推进城镇雨污分流管网建设。建立统一规划布局、统一实施建设、统一组织运营、统一政府监管"四统一"的建制镇污水处理工作模式，加快建制镇污水处理设施运营管理的整合进程。强化污水处理设施运行监管，加快推进全省城镇污水处理监管信息平台建设，构建覆盖全省的基础信息体系、考核评估体系和监督管理体系。重点发展生活垃圾焚烧发电技术，加快建设生活垃圾无害化处理设施，加强填埋式垃圾存储场地管理，综合整治生活垃圾堆放点和不达标的简易填埋场，对达到使用年限的垃圾填埋场采取规范封场和生态恢复等措施。加强餐厨垃圾和建筑垃圾处理与资源化利用，实现县以上城市餐厨废弃物处理设施全覆盖，设区市全面完成建筑垃圾资源化处理设施建设。强化城市各类噪声源监督管理，严格控制施工噪声，限期治理噪声超标企业，淘汰高噪声工艺，推广低噪声设备及隔音设施。加强机动车噪声管理，推广道路两侧隔声设置建设。强化油烟污染防治，在城市主次干道两侧、居民居住区禁止露天烧烤。禁止使用大功率强光源，严格控制居民密集区高大玻璃幕墙等反射系数较大的材料使用，加强对居民密集区内广告灯、霓虹灯及高亮度大屏幕的管理，减少光污染影响。

5. 加快农村环境综合治理。全面推行美丽乡村建设国家标准，整体改善农村人居环境。加大农村河道整治疏浚力度，继续落实农村河道的长效管理机制，推行农村河道轮浚机制。加快农村环境基础设施建设，提高已建污水处理设施运行效率，建立农村污水处理设施运行保障机制。完善农村生活垃圾收运体系，健全长效管护机制，基本完成农村无害化卫生户厕改造。强化农村面源污染治理，控制种植业面源污染，实行测土配方施肥，加大残留农膜回收力度。在大中型灌区利用现有沟、渠、塘等，配置水生植物群落、格栅和透水坝，建设生态沟渠、污水净化塘、地表径流集蓄池等设施，净化农田排水及地表径流。强化畜禽养殖污染治理，以生态红线区域、国考省考断面周边地区及其他环境敏感脆弱地区为重点，依法划定畜禽养殖禁养区。强化畜禽养殖场规范管理，合理确定禁养区外养殖区域、总量、畜种和规模。全面清理整顿非法和不符合规范标准的养殖场（小区）、养殖专业户。完善秸秆收储体系，进一步推进秸秆肥料化、饲料化、燃料化、基料化和原料化利用，推广秸秆就地就近实现资源转化的小型化、移动式装备，加快推进秸秆综合利用产业化。落实禁烧责任制，完善跨部门执法巡查制度，实行分片包干负责制度。建立市、县（区）、镇、村四级秸秆禁烧责任体系和目标责任追究制度，将秸秆禁烧落实情况与考核、创建等工作挂钩。

（四）防范风险，切实维护环境安全

进一步强化核与辐射、重金属、危险废物、有毒有害化学物质污染治理和风险管控，提升环境应急保障能力，系统构建事前严防、事中严管、事后处置的全过程、多层级的风险防控体系，切实防控重点领域环境风险，有效保障生态环境安全。

1. 加强风险防控与应急管理。建立区域环境风险源清单，明确环境风险防控重点区域和领域，制定有针对性的风险管控措施。在长江流域、通榆河和里下河流域、淮河沿线开展突发环境事件风险排查和评估，构建重点流域环境风险监测预警体系，建设重点流域环境应急指挥平台，全面提升应急管理和处置效能。开展重点化工园区突发环境事件风险防控体系示范建设，梳理环境风险源清单，建立环境风险源数据库和动态管理系统，构建重点化工园区环境风险监测预警体系，制定突发环境事件应急防控方案，提升园区环境风险管控水平。加强突发环境事件应急预案管理，全面推进政府、部门、重点园区和企业预案编制及备案。建立省级和地方重要环境应急物资监测网络及应急物资生产、储备、调拨和紧急配送体系。建立环境应急处置救援队伍管理机制，加强队伍培训，健全应急队伍及装备统一调度、快速运送、合理调配、密切协作的工作机制，提高综合应对突发环境事件的能力。健全跨部门、跨区域环境应急联动机制，深化苏浙沪、苏鲁、苏皖地区跨界信息交流和共享平台建设，加强与公安、交通、安监、海事等部门在风险防控和突发环境事件中的联动。

2. 加大重金属污染防治力度。科学布局涉重产业，严格涉重建设项目准入标准，遏制低水平重复建设。淘汰电镀、铅蓄电池制造、有色金属冶炼、化学原料

及化学制品制造、制革、电子组件制造、钢丝绳生产、电光源生产等行业落后产能，涉重建设项目原则上应在依法设立的工业园区内选址建设，鼓励并引导现有涉重企业入园进区。对重点区域实施重金属综合防控，按照"退出一批、提升一批、控制一批"的要求，实施差别化管理。开展重金属重点防控区专项整治，全面推进涉重产业园区规范化建设，2020年底前，涉重产业园区按照"规范化要求"全面完成各项整治任务。开展重点区域及涉重企业周边环境质量监测，预防环境质量出现恶化。加强含重金属废弃物减量化和循环利用，全面提升涉重企业环境管理水平。全省涉重企业重金属污染物稳定达标排放，重点涉重企业周边土壤环境中主要重金属污染物指标达到国家标准要求。2020年底前，铅、汞、镉、铬、砷污染物排放量削减率达到国家要求。

3. 提高危险废物处置和管理水平。提升危险废物利用处置能力和水平。各地将危险废物集中焚烧、填埋处置设施纳入地方环境保护基础设施，统筹规划并保障正常运行。积极引导符合条件的水泥窑协同处置固体废物，着力加强超期贮存量大的化工废盐、焚烧飞灰等突出类别危险废物的安全处置，鼓励危险废物产生量大的企业配套建设利用处置设施。统筹建立废铅蓄电池、废机油、废旧电子产品、废弃机动车等回收网络。制定危险废物综合利用技术规范，开展利用处置行业环境核查，改造提升现有焚烧处置工艺水平，淘汰落后利用处置设施，全面提升危险废物利用处置水平。加强危险废物规范化管理。深入开展危险废物产生和经营单位强制性清洁生产审核，推进危险废物源头减量。推动危险废物省内转移全面实行网上报告制和转移电子联单制，推进危险废物转移电子联单与电子运单对接。规范危险废物经营许可管理，开展危险废物经营单位环保信用评价工作试点。强化企业污染防治主体责任和属地监管职责，加强危险废物产生和经营单位的环境监管。加强化学品环境风险管控。建立江苏省化学品环境管理基础数据库，研究制定优先控制化学物质名录，加强特征污染物的监督管理。清理长江沿岸危化品码头和储罐，规范沿江危化品码头运行管理，严禁新增危化品码头。强化水上运输安全监督管理，推进危化品运输船舶定位识别设备安装使用，完善应急响应机制。

4. 保障核与辐射环境安全。确保田湾核电站辐射环境有效监控。持续开展田湾核电站外围辐射环境监督性监测，不断提升前沿站监测能力。加强核电站流出物监督监测，开展海水中放射性核素在线监测。升级核电站外围辐射环境监测软件和预警系统，实现预警、监测、指挥一体化建设核应急移动实验室，开展核应急相关培训和应急演练，提高突发核事故应急监测能力。推进辐射污染治理工作。强化对放射性废源（物）的统一管理，确保100%安全收贮放射性废源，妥善处置放射性废物，最大限度降低环境风险。适时清理全省城市放射性废物库暂存放射性废源（物），将库中废放射源送交国家永久库。开展全省历史遗留放射性污染区域的去污整治、生态修复等工作。对区域周围环境介质中放射性核素含量及附近道路民房的剂量率水平进行全面监测。规范放射源临时暂存，探索废放射源再利用转移转让的管理机制。开展伴生放射性矿利用企业废渣处置试点。积极推进镇江、苏州等地废纱罩、锆英砂等放射性污染治理和生态修复工作。推进城市放射性废物库库区生态建设，升级改造库区生态监护和环境监控系统，确保城市放射性废物库生态环境与辐射环境安全。提升辐射安全监管水平。以核技术利用、电磁辐射项目建设、废旧金属熔炼等为重点，加强事中事后监管，落实部门联动执法，完善监管手段。完善全省辐射环境质量监测网络，扩大辐射环境质量监测范围，优化监测点位和监测项目，完善监测方案，形成覆盖全省县级以上城市、重点突出的辐射环境监测网络。加强重点污染源监督性监测。开展全省电磁辐射环境普查，调查和掌握全省各市电磁辐射环境数值。出台省电磁辐射环境管理办法，细化移动通信基站的管理要求，推动电网规划环评工作，优化输变电工程、移动通信基站等电磁类辐射项目审批管理，促进电网、移动通信基站等伴有电磁辐射建设项目健康发展。开展城市放射性废物库、核电基地运行辐射环境回顾性调查与评价。落实企业的核安全主体责任，构建企业自身的核安全保障机构，建立核安全文化建设长效机制。继续推进核与辐射安全监管能力建设，2020年底前，全面完成标准化建设验收工作。

（五）修复为主，强化生态系统保护

贯彻"山水林田湖是一个生命共同体"的理念，按照"重建设、广增绿"的要求，坚持保护优先、自然恢复为主，有序推进自然生态系统保护与修复，加强生物多样性保护，构建绿色生态屏障，不断提升生态系统稳定性和服务功能。

1. 推进自然生态保护。全面实施山水林田湖自然生态系统保护，有序推进主要生态系统休养生息，逐步增强森林、江河湖泊、湿地、耕地等自然生态系统的修复能力和自我循环能力。开展森林生态系统休养生息，对坡度15°以上、土层贫瘠的丘陵山区，鼓励封山育林进行生态修复，开展天然次生林、重点生态公益林保护。强化农田生态系统休养生息，大力推广土壤改良、保护性耕作等技术，在地下水漏斗区、生态严重退化区探索实行耕地轮作休耕，引导农民适度恢复绿肥种植。实施水生生态养护，推进海洋渔业结构性调整，实施渔民转产转业工程和海洋伏季休渔，有计划地控制捕鱼总量，促进渔业资源休养生息。加强自然保护区建设，完善现有国家级、省市县三级自然保护区的功能区划，提高基础设施建设和保护管理能力。提升自然保护区管护能力，支持有条件的地区设立国家公园。通过建立湿地自然保护区、湿地公园、湿地保护小区，以及水源保护区、海洋公园、海洋特别保护区、风景名胜区等各种形式，对湿地资源进行针对性保护。加强太湖流域湿地、长江沿岸湿地、淮河流域湿地、里下河湿地、濒海湿地5个湿地分布区域的湿地保护工作。推进重要城市湖泊湿地生态修复，开展退田（圩）还湖（湿），实施滨岸生态修复。开展勺嘴鹬、丹顶鹤、黑嘴鸥、野生麋鹿濒海湿地栖息地修复，加强濒海生态保留地滩涂湿地保护。加强对长江、淮河、故黄河、南水北调沿线调水河流、太湖重要出入湖河流、重要水源地河流、出境河流、重要城市河流及丘陵岗地溪流湿地修复治理。

2. 开展生态治理与修复。开展以小流域和小区域为单元的水土流失综合治理，突出重点预防区和重点治理区，着力构建科学合理、协调高效的水土流失综合防治体系。出台全省绿色矿山建设规划，强化矿产开发准入管理，实施采矿与矿山地质环境治理同步。开展矿区土地整治和生态修复，加快矿区采煤塌陷和砖瓦窑场等废弃土地的复垦，有效消除矿山地质灾害隐患，修复矿区生态环境。重点加强中心城区、风景名胜（保护）区和主要交通干线两侧的露采矿山地质环境恢复治理工作。实施自然岸线整治与修复。统筹规划沿江、沿海岸线资源，科学划分岸线功能区，合理划定保护区、保留区、控制利用区和开发利用区边界，严格分区管理和用途管制。强化保护区和保留区岸线保护力度，切实保护长江干流、沿海、洲岛岸线资源。控制利用区要严控新增开发利用项目，优化整合已有开发利用设施。提高开发利用区岸线使用效率，合理安排沿江、沿海工业与港口岸线、过江通道岸线、取水口岸线，推进公共码头建设，引导工业和仓储设施纵向布局。优化调整沿江取水口和排污口布局，严格控制新增取水口、排污口。逐步清理不合理占用岸线项目，严禁占用生态和生活岸线。禁止滩涂区域的非法围垦活动，重点加强濒海遭受侵蚀性危害区域岸线的及时修复，拆除临近岸线的养殖池塘，逐步恢复海洋岸线自然生态功能。

3. 加强生物多样性保护。以长江、重点湖泊和近岸海域等区域为重点，对列入国家、省级重点保护名录中的野生动植物开展全面细致的本底资源调查与编目。实施重点野生动物保护与繁育工程，重点建立蛇类、龟鳖类、河麂、鹤类、大鸨、中华虎凤蝶等6个国家重点保护野生动物的人工繁育及野生放养基地，加强麋鹿、丹顶鹤、华南虎、扬子鳄等国家一级重点保护野生动物的拯救与扩繁。积极保护我省有自然种群分布的银缕梅、宝华玉兰、金钱松等10种列入国家珍稀濒危或重点保护的野生植物，建立原地保存和迁地保存区。加强野生动物救护中心建设，加强野生动物疫源疫病监测体系建设，完善野外监测设施设备。加强动植物种质资源保护。开展重要自然湿地、森林公园、风景名胜区、郊野公园和水产种质资源保护区建设。加强种质资源基因库建设，完善林木、药用植物、野生花卉、畜禽水产、微生物等各类种质资源保存体系。开展古树名木、珍惜濒危树种的特异种质资源迁地保护。开展乡土树种原生境保护和主要农作物种质资源、森林树种和观赏园艺花卉品种种质资源等异地保护。开展湿地农业野生种质资源调查，建立湿地农业野生生物原生境保护区，抢救性保护野生大豆、菱角、马兜铃、莼菜等具有重要遗传研究价值的野生植物。加强外来物种入侵机理、扩散途径、应对措施和开发利用途径研究，构建完善的外来物种监测、检测、评估和风险预警体系以及野生动物疫源疫病监测体系，开展重点区域外来入侵物种监测预警和阻截带建设。建设生物种质资源开发利用技术平台和外来物种综合防控体系，加强野生动物种群遗传退化机制研究，实现生物物种资源的多样性发展。规范生物资源进口管理，加强生物物种资源和外来生物出入境查验体系建设，防范外来物种入侵。

4. 推进绿色江苏建设。构筑绿色生态屏障，以南通、盐城和连云港3个沿海城市区域为主，巩固和提升海堤基干林带建设，加强盐碱地造林示范，增加沿海防护林造林。完善和提升沿江、河、湖防护林体系建设水平，构建以林涵水、以水养林，林网化与水网化为一体的江、河、湖岸带森林生态屏障。以宜溧山区、太湖丘陵区、宁镇扬低山丘陵区、徐州丘陵区和连云港低山丘陵区等5个集中连片的低山丘陵岗地为重点，加强丘陵荒山、荒地造林绿化。以铁路、高速公路、国道、省道等主干通道为重点，加强道路两侧绿色通道建设。加强生态公益林建设与管理，重点加强丘陵山区次生林、绿色通道和淮北杨树速生丰产中幼龄林抚育，全面提高单位面积林地的蓄积量和综合效益。开展农田林网更新建设，基本建成覆盖全省平原地区的高标准农田林网。强化单一纯林、残次林或景观较差的林分，特别是丘陵山区低效次生林进行改造优化。整体推进森林城市建设，重点加强城郊环城林带和城镇生态环境敏感区的隔离缓冲林带建设，完善城镇道路两侧、水系、居民小区、市民广场等地区的绿化建设，保持城镇绿化总量平稳增长。持续推进绿美乡村建设，以规划发展的自然村庄为主要对象，深入开展"千村示范、万村行动"绿色村庄建设活动。开展绿色单位建设，加强机关、学校、医院、社区、厂矿企业等企事业单位绿化工作，提高单位绿化水平。

（六）创新机制，改革生态文明体制

建章立制，用最严格的制度、最严密的法治保护生态环境是推动绿色发展，建设生态文明的重中之重。积极推进生态环境保护制度综合改革试点，加强环境经济政策的激励和约束，健全生态环境监管，切实增强各类责任主体自觉治污的内生动力。

1. 健全生态环境激励机制。建立省生态环境保护投资基金，发挥财政资金的"种子"作用，引导更多金融和社会资本进入生态环保领域。打造政府环保投融资平台，更好地吸纳各类人才、技术和资本加入，加快推动全省环保基础设施提档升级。建立省环保项目储备库，为环保基金提供项目储备。建立与污染物排放总量挂钩的财政政策。各设区市、县（市）根据辖区排放的化学需氧量、氨氮、总氮、总磷、二氧化硫、氮氧化物、挥发性有机物等污染物总量向省财政缴纳费用。省财政根据环境质量改善情况向地方财政返还一定比例，返还资金和结余资金专项用于生态环境保护。全面推开排污权有偿使用和交易。开展新、改、扩建项目排污权有偿取得，逐步开展现有排污单位排污权有偿取得，建设省级排污权交易管理平台，推动排污权交易常态化，进一步完善排污权有偿使用和交易管理体系。加大财政转移支付力度。完善生态补偿机制，整合现有各类财政支持生态环境保护资金，重点支持生态保护特区和生态保护引领区开展生态治理、修复与建设，引导设区市、县（市）域内开展多种形式的生态补偿工作。调整补偿断面、考核因子、水质目标及补偿标准，严格实行水环境区域补偿政策。严格落实差别化的环境价格政策。组织开展企业环境信用评价，结合企业环境信用评价等级和淘汰落后产能等产业政策，实施差别化电价、污水处理费，严格落实差别化排污收费政策。组织排污收费稽查，做到排污费依法、全面、足额征收。在石油化工、包装印刷等试点行业开征挥发性有机物排污费。鼓励更多社会资本投入到绿色产业，大力发展绿色信贷，鼓励商业银行设立专门的绿色金融产品，研究制定适合绿色信贷发展的评价和考核体系，引导金融机构加大对绿色经济的融资支持。

2. 改革生态环境监管机制。推进省以下环保机构监测监察执法垂直管理制度改革试点。积极稳妥地开展省以下环保机构监测监察执法垂直管理制度改革，建立健全条块结合、各司其职、权责明确、保障有力、权威高效的地方环保管理体制，确保环境监测监察执法的独立性、权威性、有效性。设区市环保局实行以省环保厅为主的双重管理体制，县（市、区）级环保局调整为设区市环保局派出分局，由设区市环保局直接管理。将市县两级环保部门的环境监察职能上收，由省环保厅统一行使。调整环境监测管理体制，实行生态环境质量省级监测、考核，现有市级环境监测机构调整为省环保厅驻市环境监测机构。环境执法重心向市县下移，强化属地环境执法。统筹考虑核与辐射监测监察机构管理体制。完善网格化环境监管体系。按照《关于建立网格化环境监管体系的指导意见》要求，以市、县、乡行政区域为单元划分三级网格，在开发区、自然保护区、风景名胜区设置特殊网格，通过"定区域、定任务、定职责"，着力构建党政同责、属地管理、分级负责、全面覆盖、无缝衔接、责任到人的网格化环境监管体系，确保所有排污单位得到有效监管、环境违法行为得到及时查处、突出环境问题得到稳妥解决、环境秩序得到有力维护。实行"双随机"抽查制度。加强污染源自动监控数据质量监督，对重点污染源开展监督性监测。按照环境保护部《关于在污染源日常监管领域推广随机抽查制度的实施方案》，市、县环保部门在污染源日常监管领域推广随机抽查制度，建立"两库一平台"（污染源日常监管动态信息库、执法检查人员名录库和执法监管信息平台），合理确定抽查比例，随机抽取检查对象，随机选派执法人员。推进环境监测服务社会化，全面放开服务性监测市场，有序放开公益性、监督性监测领域，积极推进政府购买公共环境服务，鼓励社会环境检测机构参与排污单位污染源自行监测、环境损害评估监测、环境影响评价现状监测、清洁生产审核、企事业单位自主调查等环境监测活动。

3. 完善生态环境法规标准。加快完善地方环保法规体系，强化生产者环境保护的法律责任，大幅提高违法成本。抓紧修订制定《江苏省环境保护条例》《江苏省海洋环境保护条例》《江苏省太湖水污染防治条例》《江苏省辐射污染防治条例》以及江苏省水污染防治条例、洪泽湖水污染防治条例、湿地保护条例等地方环保法规。研究制定土壤环境保护、南水北调工程沿线区域水污染防治、水生态功能区管理、排污许可证管理、排污权交易管理、污染责任保险、地下水管理、生态流量保障、船舶污染防治、环境监测管理、环境保护督察、环境突发事件应对、电磁辐射环境管理、环境保护公众参与等政府规章或规范性文件。及时清理不符合生态文明建设要求的地方性法规、规章和规范性文件。发挥环境标准的限制和导向作用。研究制定重点行业大气、水污染物地方排放标准和土壤污染防治相关地方标准，率先对太湖流域一级保护区内且尾水排放影响太湖水质的城市污水处理厂实施地表水 IV—V 类标准试点，鼓励其他有条件的地区开展试点。提高农药中间体、染料中间体、化工助剂等行业环境准入标准。在环境容量较小、生态环境脆弱、环境风险高的地区执行污染物特别排放限值。

4.深化生态环境交流合作机制。加强区域环境保护合作，推动长三角、长江经济带区域环境保护体系建设，积极参与区域环境防治项目合作与互动，加快建立组织化、网络化、社会化程度较高的环境保护运行机制。以大气、水、土壤污染防治为重点，共同加强系统性、流域性、区域性生态环境问题治理，建立专门的环境保护协调机制、信息（包括重大环境事件）通报机制、污染整治工作协作机制，共享环境监测信息，环评会商交流，共御环境风险，共同打击环境违法行为，形成有效的联防、联控和联治机制，共同致力区域环境质量改善。深化国际交流合作，强化现有多双边合作机制，建立交流对话平台和信息平台，促进"一带一路"绿色发展。提高履行气候变化、生物多样性等国际公约能力，完善与环境国际公约相配套的办法、标准、制度和机构，提升对外环保形象。鼓励省内城市与国外发达城市建立环境保护合作关系，拓展合作领域，提升合作层次。

5.落实环境保护责任机制。落实各级政府生态环境保护责任，各地政府结合当地机构设置和相关工作分工的实际情况，对本级政府及其有关部门、法院和检察院的生态环境保护工作责任做出具体规定，强化党政同责和一岗双责。党委和政府对本行政区域生态环境保护工作及环境质量负总责；环境保护部门对本行政区域生态环境保护工作实施统一监督管理；政府其他有关部门、法院和检察院在各自职责范围内履行生态环境保护相关职责。制定实施体现生态文明建设要求的评价体系、考核机制和激励办法，实施生态文明绩效评价考核。健全干部政绩考核体系，把生态文明指标和实绩作为重要考核内容。开展环保综合督查，落实《党政领导干部生态环境损害责任追究办法》《环境保护部综合督查工作暂行办法》，全面实行地方党委和政府领导成员生态文明建设党政同责、一岗双责、终身追责。省、市环保部门每年按比例组织对市、县人民政府及有关部门落实环境保护各项制度情况进行综合性监督检查，重点督查市县政府及其有关部门落实国家和省生态环境保护决策部署、改善环境质量、解决突出环境问题、落实地方政府环境保护法定责任情况等。督促企业主动落实环保责任。督促企业履行自行监测、自证守法的基本责任，提高企业自行监测与信息发布水平，建立环保责任制度、环境保护定期自查制度、信息公开制度、环境问题第一时间报告制度以及环境安全责任制度。建立上市公司环保信息强制性披露机制，对未尽披露义务的上市公司予以惩戒。在行政许可、公共采购、评先创优、金融支持、资质等级评定等工作中，根据企业环境信用状况予以支持或限制。健全突发环境事件责任追究体系，组织开展突发环境事件调查和损害评估。建立生态环境损害评估和赔偿制度，制定磋商、诉讼、管理程序，加大对重特大环境事件的责任追究力度。

（七）夯实基础，倡导绿色生活方式

推动建立环境保护社会共治机制，形成政府、企业、公众良性互动的环境治理体系，引导公众依法有序参与环境公共事务管理。进一步增强全民环境保护意识，广泛开展形式多样的生态环境保护宣传教育和实践活动，绿色低碳生产生活方式得到广泛推行，绿色消费成为公众共识。

1.强化环境保护宣传教育。以全省环境宣传教育周为载体，做大做强环保主题宣传、环保成就宣传和环保典型宣传。开展生态文明宣传教育先行示范区试点，培育一批生态理念超前、体制机制健全、环境文化繁荣、公众参与突出的环境宣教典型。打造"生态文明建设宣传一条街"等全省联动、城乡覆盖的环境宣教品牌，建设一批长期固定、群众获得感强并具辐射示范性的生态文化宣传阵地，形成环境宣传集聚效应。加强环境舆论引导，完善环境新闻发言人制度，建立日常发布、应急发布以及发布效果评估与反馈机制。提高环境新闻策划能力，引导地方主要新闻媒体加大环境宣传报道和公益环保广告投放力度，开设常年环境宣传专栏（专题）。建立覆盖全社会的生态文明终身教育架构，将生态文明教育纳入国民教育体系、各级党校、行政学院教学计划、领导干部考核和教育培训体系以及企业环境信用评价体系。开展全方位、多层次的环境保护培训，对企业负责人和管理人员实施环境教育培训，在创业培训中增加生态文明知识。建设社区生态文化长廊和环境科普馆，推进综合型生态文明教育场馆建设，各设区市分别建设1座规模在2000平方米以上，以环境警示和科普教育为主要功能，集培训、展示和体验等功能于一体并体现当地特色的生态文明教育场馆。建设省级核与辐射安全公众沟通实体展厅，提升公众核安全文化素养，引导公众理性面对核与辐射相关产业发展。推广生态农业技术，对农民进行生态农业科学与实践培训。探索开设环境教育网络公开课。

2. 积极培育绿色生活方式。推广垃圾分类，树立垃圾分类意识，普及垃圾分类常识，提高群众垃圾分类操作能力。推广绿色服装，制定含有毒有害物质的服装材料、染料及助剂"负面清单"并禁止使用，淘汰高污染、高消耗的布料和服装生产工艺。鼓励绿色家装，推广节水器具、节能家电，鼓励购买低毒少害家具、建材产品。倡导绿色出行，推进公交优先发展，加快发展城市公共交通、自行车专用道、行人步道等绿色交通基础设施和慢行系统。大力推广新建绿色建筑，扩大可再生能源建筑应用规模，发展安全耐久、节能环保、施工便利的绿色建材。深入推进绿色创建活动。发挥典型示范引领作用，积极推动绿色企业、绿色社区、绿色学校等"细胞工程"建设。开展绿色生活"十进"活动（进家庭、进机关、进社区、进学校、进企业、进商场、进景区、进交通、进酒店、进医院）。积极开展生态文明建设系列创建活动。加强绿色消费的政策支持，综合利用行政管理、财政补贴、价格调节基金等手段，扶植和培育绿色产品产业、绿色商品市场发展，营造鼓励绿色消费的良好社会环境。强化政府机关的率先垂范，健全政府绿色采购制度，完善鼓励购买无公害、绿色和有机产品的政策措施和服务体系，提升绿色采购在政府采购中的比重。加大能效标识产品、节水标识产品、环境标识产品和低碳标识产品的使用推广力度，在生产、销售和消费过程中采取优惠或财政补贴，鼓励居民购买绿色产品，逐步构建绿色消费模式。

3. 营造良好环保公共关系。拓宽公众参与渠道，充分发挥社会监督作用，建立公众参与环境管理决策的有效渠道和合理机制，建立环境社会监督员制度，鼓励公众对政府环保工作、企业排污行为进行监督。充分发挥"12369"环保举报热线和环保网络举报平台作用，限期办理群众举报投诉的环境问题。积极推进生态环境大数据共享开放，建立环境监测信息公开目录，完善环保与相关部门环境监测信息统一发布和数据共享机制。建立健全环境保护公众参与制度，通过圆桌对话、陪审听证、巡访调查、有奖举报等制度建设，推进公众在环境法规和政策

生态文明建设的江苏实践

制定、环境决策、环境监督、环境影响评价、环境宣传教育等五大领域的参与力度。引导新闻媒体，加强舆论监督，对环境违法行为进行媒体曝光。积极发挥民间组织和志愿者作用，支持公众和环保团体有序参与、有序保护、有序维权。强化环境信息公开，扩大环境监测信息公开，加强环境监测信息发布系统建设，建立和实行以例行报告为基础、专题报告为重点的环境质量公告制度，环境保护主管部门定期发布环境状况公报。定期公开集中式饮用水水源地、重点流域断面水质数据。加大环境污染治理政策措施的信息公开力度，及时公开排污单位环境监管信息，督促排污单位公开污染治理效果。推进执法信息公开，每年要发布重点监管对象名录，公开执法检查依据、内容、标准、程序和结果。强制公开重污染行业企业环境信息。

第二篇 常州武进以规划系统推进生态文明建设

为深入贯彻落实党的十八大和十八届三中、四中全会精神，积极主动适应经济发展新常态，认真落实江苏省委、省政府关于加强生态文明建设的决策部署，推进武进（西太湖）生态文明试验区建设，探索生态文明建设的有效模式，增强引领示范效应，研究制定生态文明建设规划纲要。

第一章　背景与意义

一、建设武进生态文明试验区,是深入贯彻落实习近平总书记重要指示、为建设美丽中国贡献力量的具体行动

党的十八大把生态文明建设纳入社会主义现代化建设"五位一体"总体布局,习近平总书记对江苏发展提出"深化产业结构调整、积极稳妥推进城镇化、扎实推进生态文明建设"三项重点要求,殷切期望我省加快转型发展,早日实现凤凰涅槃、腾笼换鸟。推进武进(西太湖)生态文明试验区建设,有利于更好地贯彻落实以习近平同志为核心的党中央的决策部署,打造生态文明建设和生态体制改革先行区,为深入实施我省生态文明建设工程、早日实现美丽中国的宏伟愿景和目标贡献力量。

二、建设武进生态文明试验区,是推进苏南现代化示范区建设、保障太湖流域和长三角城市群生态安全的重要任务

武进地处长江三角洲核心区域,也是国家规划建设的苏南现代化示范区重要节点之一,承担着保持经济中高速增长和区域生态环境良好的双重任务。推进武进(西太湖)生态文明试验区建设,有利于在产业发达和人口密集、资源环境压力较大的苏南地区,培育形成创新驱动发展、构建长远发展优势的新亮点,为保障太湖流域生态安全、提升长三角地区可持续发展水平提供有力支撑。

三、建设武进生态文明试验区,是武进推动经济提质升级增效、实现人与自然和谐发展的必然要求

改革开放以来,武进广大干部群众抢抓重大机遇,积极探索实践,乡镇企业、民营经济等许多工作开全国先河,县域经济实力一直处于全国领先地位,也比其他地区更早遇到转型发展的难题。面对绿色转型、低碳发展的世界潮流,面对资源环境约束趋紧的严峻形势,面对人民群众对良好生态环境的热切期盼,武进只有大力推进生态文明建设,倒逼结构调整和经济转型,才能更好适应经济发

展新常态，真正走上生产发展、生态良好、生活宽裕的文明发展道路。

四、建设武进生态文明试验区，是深化生态文明体制改革、形成可复制可推广生态文明制度模式的积极探索

按照党的十八届三中全会部署要求，中央成立经济体制和生态文明体制改革专项小组，鼓励地方、基层和群众大胆探索，加强重大改革试点工作。坚持发展与改革统筹谋划、一起部署、协同推进，加强武进（西太湖）生态文明试验区建设，积极开展自然资源资产产权、生态补偿等生态文明制度创新试验，可以为我国探索以湖泊为中心的区域生态文明建设路径提供借鉴，对我国在经济发达、人口稠密地区建立生态建设与环境保护新模式具有重要示范意义。

第二章　基础与前景

一、武进区生态文明建设已有良好工作基础

武进是苏南的精华、吴文化发源地之一，拥有 5000 年文明史、2700 多年古城建设史和 2500 多年文字记载史，自古以来就是经济富庶、人文荟萃之地，也是我国近代民族工业发祥地之一。西太湖总面积 164 平方公里，位于太湖流域西部，是仅次于太湖的苏南第二大湖泊，地处长三角核心区与沪宁线中心位置。2013 年，武进区实现地区生产总值 1726 亿元，人均 GDP 达到 16.77 万元，地方公共财政预算收入 125.8 亿元，城乡居民收入分别达到 3.9 万元和 2.1 万元，蝉联全国最具投资潜力中小城市百强区第一名，跃升到中国中小城市综合实力百强区第三位。

牢固确立生态文明理念，生态文明建设组织推动有力。武进区委、区政府把生态文明建设摆上突出位置，成立生态文明建设领导小组，加强统筹谋划和组织协调。先后出台《武进区生态文明建设规划纲要》《武进区生态文明建设行动方案》《武进区生态文明建设三年行动纲要（2010—2012）》《武进区 2014 年"生态绿城"建设实施方案》《武进区加速生态文明建设实施方案》等一系列文件，对生态文明建设认识比较深入，责任明确到位，工作落实有力。

大力实施环境整治工程，部分领域取得明显成效。抓住制约生态文明建设的突出问题，实施改善西太湖水体环境的"清水工程"，防治大气污染的"蓝天工程"，综合整治农村环境的"乡村美化工程"，治理土壤重金属污染的"治土工程"，提高城市绿地覆盖率的"绿化工程"等，取得积极成效。"十二五"以来，全区年度节能减排目标任务均顺利完成。2013 年末，主要河流断面主要污染指标与上年持平，竺山湖、滆湖水质综合营养状况降低，城市饮用水水源水质100% 达标。

初步建立生态文明制度体系，生态文明加快融入经济社会建设。生态文明建

设目标向各领域、各部门渗透，产业结构向生态化方向调整，政府部门之间围绕生态文明建设的协调、沟通机制开始形成，环保部门探索实施了水环境资源区域补偿制度和环境执法联动机制等工作制度，生态文明建设引领经济社会发展的机制正在加快建立。

广泛开展示范创建活动，生态品牌示范带动效应不断显现。充分调动全社会积极性和主动性，加强生态文明示范创建活动，已成为生态文明建设的品牌密集区。2010年，被联合国授予"人居环境特别荣誉奖"和中国首个"人居实验城市"。2011年，被环保部确定为全国第三批生态文明建设试点地区。还先后获得"国家生态示范区""国际花园城市""国家生态区""中国旅游可持续发展示范区""全国首家绿色建筑产业示范区""全国粮食生产先进县（区）""中国花木产业示范基地"等众多殊荣。

二、武进区生态文明建设面临诸多挑战困难

资源环境约束压力仍在加剧。当前，武进区污染减排任务依然十分艰巨，水环境质量不容乐观，治理太湖形势仍然严峻，全区Ⅲ类以上地表水比例距离现代化要求还有很大差距，灰霾天气时有发生，土地资源约束加剧，部分区域环境问题仍然突出。

生态文明制度体系有待健全。目前武进生态文明建设体制机制尚不完善，制度体系需要加快建立。尽管重点领域环境治理取得明显进展，但具有短期、表面、局部的特征，实现生态环境全面好转，从根本上要靠体制机制创新和长效化推进落实。

生态文明创新试验存在成本风险。武进经济社会发展和生态文明建设走在全国前列，在今后的生态文明改革创新方面较少有现成模式可以借鉴复制，需要自身不断探索和大胆试验，试验探索和改革创新的风险成本不可避免，不仅靠自身努力，也需要国家和省、市给予关注指导和政策支持。

区域部门有效合作模式尚未形成。长三角地区污染防治和环境整治协同机制刚刚起步，面对具有开放特征的河湖治理难题，武进在可调用资源、行政权限等方面都相对不足。生态文明建设是需要系统推进的综合工程，如何调动包括环保部门在内相关部门、单位、院校以及社会组织力量，形成协同推进的有效机制，仍然需要继续探索。

三、武进区生态文明建设定能取得显著成效

人民群众期盼良好生态环境，成为生态文明建设的推动者和主力军。全区人民生活水平较高，2013年城乡居民人均收入分别高于全国同期平均水平的42.2%和131.2%，良好的生态环境已成为城乡居民热切追求的精神和物质财富之一。广大群众自觉加入生态文明建设队伍，成为推动和监督政府生态文明建设行动的有生力量。

产业结构调整成效显著，具备低碳化生态化转型的客观条件。经过长期努力，目前全区二次产业中传统产业升级改造加快，战略性新兴产业、环保型产业逐步成为主导力量，现代服务业比重不断提高，第一产业中家禽饲养等产业得到控制和提升，三次产业结构正朝着低污染、低排放、资源高效利用方向发展。

物质积累相对雄厚，形成生态文明建设坚实基础。武进地处经济发达的苏南地区，财力条件较为充裕，政府服务规范高效，创新型人才队伍不断壮大，信息、交通、能源等重要基础设施条件具备，为推进生态文明建设提供了良好条件。

前期生态文明建设积累的经验，有助于降低生态文明创新实践成本。在前期的生态文明建设中，全区在产业结构调整、经济空间布局、资源环境管理、制度机构建设、科学技术攻关等领域进行了相应探索和创新，初步摸索了适合本地实际的生态文明建设路径，为进一步推进生态文明建设提供了宝贵经验，必将降低改革发展成本。

第三章　总体要求与目标步骤

一、确立全区生态文明建设的指导思想

高举中国特色社会主义旗帜，坚持节约优先、保护优先、自然恢复为主的方针，充分发挥武进（西太湖）生态、区位和文化优势，坚持先行先试，以改革创新为动力，以绿色循环低碳发展为路径，以重点行动为抓手，形成节约资源和保护环境的空间格局、产业结构、生产方式、生活方式，建设成为全省和全国生态体制创新基地、生态产业集聚基地、生态城镇示范基地和生态文化彰显基地，成为绿色发展、循环发展、低碳发展的新高地，为全省和全国生态文明建设积累经验、提供示范。

二、明确全区生态文明建设的战略定位

生态体制创新基地。以制度创新为核心任务，以可复制、可推广为基本要求，紧紧围绕破解生态文明建设的瓶颈制约，先行先试、大胆探索，力争取得重大突破，为苏南地区乃至全国生态文明建设积累有益经验，发挥示范引领作用。

生态产业集聚基地。突出经济绿色转型，大力推进生态环保领域科技创新，加快发展战略性新兴产业、现代服务业和生态农业，率先实现生产、消费、流通各环节的绿色化、循环化、低碳化。

生态城镇示范基地。扎实推进新型城镇化和城乡发展一体化，严守生态红线，加强水、大气、土壤等重点领域污染防治，加快西太湖流域环境综合整治，改善城乡人居环境，建设美丽乡村，打造人与自然和谐发展的美丽家园。

生态文化彰显基地。把历史文化、地域文化、创新文化与生态文化有机融合起来，加强生态文明宣传教育，引导公众形成绿色行为习惯，广泛开展与国内外发达城市交流合作，打造全方位、立体式展示生态文明建设新成就的重要平台。

三、规划全区生态文明建设的目标步骤

到 2015 年，生态文明试验区建设全面启动，重点工程取得明显成效。完成以西太湖试验区为核心的生态文明建设战略部署，将生态文明建设纳入党政领导班子和主要负责同志政绩考核体系，融入政府行政体制、企业内部制度和公众行为规范，加快构建人与自然和谐发展的生态制度框架，规划与重大决策环评执行率达到 100%，生态环保投资占财政收入比例 ≥ 15%，环境信息公开率达到 100%，重点企业自测自报信息公开率超过 80%。

到 2020 年，生态文明试验区基本建成，生态文明水平全国领先。基本建立符合主体功能定位的西太湖生态红线保护区、绿色建筑产业集聚示范区、低碳示范区、科技产业园、现代农业产业园、水稻高产示范区"六大板块"开发格局，基本形成节约资源和保护环境的空间结构、产业结构、生产方式和生活方式，形成一批可复制、可推广的生态文明建设制度成果，环境质量明显提升，成为太湖流域乃至全国一流的生态文明建设先行区域。

第四章 方向与原则

一、坚持社会经济的生态化方向

坚持社会生态化，提高全社会节约资源、保护环境、保育生态的理念，推进资源节约型、环境友好型和生态保育型社会建设。坚持经济生态化，推进经济决策更加注重资源环境承载力，扎实实行环评、能评、水评等资源环境影响评价工作，实现经济发展的量地而行、量水而行、量能而行。重点推进自然资源资产核算，将资源消耗、环境污染、生态占用等纳入干部考核体系和经济核算成本范畴。

二、坚持生态的经济社会化方向

坚持生态经济化，树立生态资产理念，建立健全生态资产保护、经营与管理的体制机制，重点建设生态资产产权、评估、交易、补偿制度，让生态保育能够获得相应的经济回报。坚持生态社会化，让生态融入社会，宣传普及资源、环境、生态知识，密切生态与社会关系。

三、坚持敢于率先的原则

率先推进生态文明制度的创新建设，重点推进生态文明建设的组织、评价、决策、考核、参与、监督等体制机制的创新。敢于大胆试验，重点以西太湖生态试验区为核心，通过融合生态红线保护区、绿色建筑产业集聚示范区、武进低碳示范区、西太湖科技产业园、武进现代农业产业园以及水稻高产示范区等六大板块，推进产业转型升级、现代化小城镇建设等，并以此带动生态文明建设。

四、坚持多维融合的原则

坚持主体多维，充分发挥政府、企业、非政府组织和家庭等在生态文明建设中的作用。坚持客体多维，系统治理资源、环境、生态、空间等。资源治理突出资源的节约集约利用；环境治理重视污染物减排与治理；生态治理注重生态系统恢复和保护；空间治理重点优化空间格局、保护生态空间和农业空间。坚持手段多维，采取规划、制度、科技、资金和教育等手段，扎实推进生态文明建设。

五、坚持部门协同的原则

坚持管理协同，重点加强发改、环保、国土、水利、规划、住建等部门协同。坚持规划协同，促进国土、区域、环保等规划协同，推进城镇建设、产业发展、土地利用和生态文明建设"多规合一"。坚持规范协同，重点推进资源、环境、生态等标准和规范的统一。

六、坚持区域差异化推进的原则

坚持局部先试、重点突破。重点建设西太湖生态文明试验区，融合生态红线保护区、绿色建筑产业集聚示范区、低碳示范区、西太湖科技产业园、现代农业产业园以及水稻高产示范区等六大板块，打造经济升级版引领高地。坚持梯度推进、先易后难。扎实、有序、高效地推进全区生态文明建设。

第五章　重点领域

一、推进水环境水生态治理

保护饮用水源。加强对漏湖保护区及上游地区污染源的排查工作，重点加强对制药、化工、冶金等重点行业、重点污染源的监督管理，建立风险源名录，源头控制隐患。完成备用水源地建设，确保备用水源地水质安全。

源头控制污染。实行环评前置审批，强化政策环评和水污染物排放总量控制。科学提高污水处理标准。严控工业污水排放，控制农业面源污染，开展农村水环境综合整治。加强畜禽养殖整治。控制生活污水排放，对雨水、污水管网建设不到位的镇和开发区，实行项目禁批。加强水上交通污染防治。

流域综合整治。推进太湖水污染综合整治。优化水系布局，全面推进全区污染河道整治工作，重点推进城区河道整治和水域功能完善。全面提升污水处理能力，加快污水处理设施建设，提高处理设施覆盖率、运行负荷率和达标排放水平。强化落实"河长"制和"断面长"制，巩固已整治河道的水质，持续提升长效管理水平。

实施生态补偿。开展镇级区域上下游水环境补偿，按入境断面污染物浓度增量计算补偿费用。开展水源地保护补偿和生态补偿。实施排污权有偿取得和排污交易制度。

加强监测预警。完善太湖、漏湖蓝藻监测预警体系，强化入湖河道沿线污染源监管。扩展河道断面和污染源自动监测监控点位，加强水环境预警监测。加强乡镇河流交界断面水质监测、评价和考核。

二、推进大气环境综合治理

加强宏观优化。强化源头控制。调整产业结构，淘汰落后产能，压缩过剩产能。调整能源结构，控制煤炭消费总量，提高能源利用效率，推进清洁能源改造。优化城市空间布局，形成有利于大气污染物扩散和减少污染物排放的城市和区域空间格局。完善区域协作机制，加强区域联防联控，建设区域联动的重污染天气应急响应体系。强化大气污染防治管理应用研究和关键技术研发示范应用。提升大气污染监控预警能力和大气污染防治保障能力。

加强中观治理。实行环评前置审批，强化政策环评，完善大气污染防治责任体系。加快工业园区生态化循环化改造。持续提高化工、钢铁、水泥、有色金属冶炼等重点行业清洁生产水平，提高大气污染物排放标准。优化集中供热布局。推进高污染燃料禁燃区建设。加快城区重污染企业关闭与搬迁改造。提升燃油品质。发展绿色交通。加强城市公共交通设施建设。开展船舶和非道路移动机械污染控制。加强城市扬尘综合整治。强化油烟污染防治。加强秸秆综合利用和禁烧管理。推广低碳建筑。开展大气多污染物协同治理。

促进微观自觉。鼓励公众参与，对单位和个人举报大气污染违法行为并经查实的，给予奖励；发现政府相关部门不依法履行大气环境相关监督管理职责的，可检举控告。加强环境信息公开，落实公众的环境信息知情权，及时公开大气质量监测、环境违法案件及查处、主要污染物总量减排等信息，主动向社会通报大气环境状况、重要政策措施和突发环境事件及其应急处置信息，积极探索建立公众大气环境举报、信访、舆情和环保执法联通机制。集中开展宣传工作，普及大气污染防治科学知识，使公众认识到全社会共同行动开展大气污染防治的必要性。

三、推进土地节约集约利用

严控增量。实施建设用地总量控制和减量化战略。强化对城镇建设用地总规模的控制，合理引导乡村建设集中布局、集约用地，遏制土地国土开发和建设用地低效利用。逐步减少新增建设用地规模。

盘活存量。实施土地内涵挖潜和整治再开发战略。将实际供地率作为安排新增建设用地计划和城镇批次用地规模的重要依据。建立健全低效用地再开发激励约束机制，建立存量建设用地盘活利用激励机制，推进城乡存量建设用地挖潜利用和高效配置。

优化结构。实施土地空间引导和布局优化战略。合理调整城镇建设用地比例结构，控制生产用地，保障生活用地，增加生态用地。优化农村建设用地结构，保障农业生产、农民生活必需的建设用地，支持农村基础设施建设和社会事业发展。加强产业与用地的空间协同。重点保障与区域资源环境和发展条件相适应的主导产业用地，合理布局战略性新兴产业、先进制造业和基础产业用地，严禁为产能严重过剩行业新增产能项目提供用地。

提高效率。强化城市建设用地开发强度、土地投资强度、人均用地指标整体控制，提高区域平均容积率，提高城市土地综合承载能力。探索推进西太湖地区"多规合一"试点工作。统筹地上地下空间开发，推进建设用地的多功能立体开发和复合利用，提高空间利用效率。统筹城镇各功能区用地，鼓励功能混合和产城融合。

四、推进土壤污染综合治理

强化土壤污染监管监测与风险控制。全面摸清土壤环境状况，建立严格的耕地和集中式饮用水源地土壤环境保护制度。加强土壤环境监管能力建设，建成土壤环境质量监测网，配备土壤环境监管监测专职人员，开展粮食产区、蔬菜基地和集中式饮用水源地土壤环境质量常规监测，掌握土壤环境变化情况。强化被污染耕地安全利用和被污染地块开发利用的环境风险控制，建立土壤环境强制调查评估制度和应急监测预警预报系统，要求新增工业用地必须开展土壤环境调查评估。

推进土壤污染治理与修复。推进关闭或搬迁工矿企业等污染场地土壤的综合治理与修复，对污染来源去向、污染机理、生态系统受损情况等进行辨识与评价，提出一个基于武进社会经济发展水平的集污染源防治、污染去除与净化、生态系统重建的生态修复措施。选择典型地区开展农田土壤修复与综合治理。开展农业面源污染治理，全面实施测土配方施肥，全面推广精确施肥、高效植保机械化技术，引导农户使用生物农药和高效、低毒、低残留的农药。

五、推进产业体系低碳发展

招大引强战略性新兴产业和大力发展现代服务业。积极培育战略性新兴产业。抓住国家加快转变经济发展方式、推进经济结构战略性调整的政策机遇，加强与央企、外企和同行业领先企业合作，强力推进电子信息、节能环保、新材料、生物医药等新兴产业的发展。大力支持现代物流、金融服务、健康养生、信息科技等新兴服务业发展，加快三产服务业主导力量的形成。

低碳化升级改造传统产业。综合运用技术改造、延伸产业链条、提高资源综合利用水平、大力发展循环经济等手段，实现化工、钢铁、水泥、有色金属冶炼等重点行业企业转型升级和低碳化。定期开展强制性清洁生产审核，推进高碳重点行业、企业开展自愿性清洁生产审核。开展重点企业清洁生产绩效审计，评估企业清洁生产改造取得的效益及清洁生产水平。深入挖掘空间节能减排潜力，推动产业集聚节约发展。

加快淘汰落后产能与严控"两高"行业新增产能并举。积极组织实施国家、省最新出台的落后产能淘汰政策，完善淘汰落后产能目标责任制，建立提前淘汰落后产能激励机制，鼓励企业加快生产技术装备更新换代。认真清理产能严重过剩行业违规在建项目，建立以提高节能环保标准倒逼过剩产能退出的机制，落实财税、土地、金融等扶持政策，支持鼓励产能过剩行业企业退出、转型发展。严格执行国家、省"两高"产业准入目录和产能总量控制政策措施，坚决遏制"两高"行业扩张产能。对钢铁、化工、水泥等高耗能高排放行业，实施行业产能等量或减量替代、能耗和污染物排放总量减量替代。

六、推进建筑绿色低碳发展

推行建筑能效标识与节能监管体系建设。按照国家建筑节能标准和相关法规，制定武进区建筑能效测评与标识管理办法，逐步对全区已有的主要公共建筑、大型商用建筑、学校建筑、医院建筑进行能效测评。加快公共建筑能耗计量信息系统建设。建设公共建筑能耗监测平台，对重点建筑实行分项计量、联网运行、适时监控和监测数据共享，强化公共建筑节能运行管理，并纳入省能源利用监测与信息管理系统，实现能耗监测联网运行。开展公共建筑能耗统计、能源审计和能耗公示工作。对公共机构办公建筑和大型公共建筑采暖、制冷、照明、用气和用水等资源能源消耗基本信息开展调查统计，制定相关能耗（电耗）限额标准，指导业主单位加强用能管理，研究制定超限额用能惩罚性措施。对单位面积能耗排名在前的高能耗建筑和具有标杆作用的低能耗建筑进行能效公示，接受社会监督。

加快既有建筑节能改造。根据建筑能效标识制度，结合社区、庭院、危旧房改造等城区更新工程，对既有居住建筑进行节能改造，以机关办公建筑和大型公共建筑电器照明设施进行改造为突破口，以建筑屋顶、门窗、供热计量节能改造为重点，逐步进行节能改造，提高建筑节能效果。

推进可再生能源在建筑中的应用。建立可再生能源建筑应用的长效机制。集中连片推广可再生能源建筑。加快太阳能建筑光热一体化推广应用，在全区民用建筑建设中推广太阳能热水器与建筑一体化设计和施工，具备条件的新建、改建（扩建）居住建筑和其他公共建筑统一设计和安装应用太阳能热水系统，引导居住建筑公共区间与建筑庭院采用太阳能光伏照明。全区公共区域尽可能采用太阳能、风能等可再生能源提供照明，鼓励新建工业厂房采用太阳能光伏发电屋面。鼓励分布式光伏发电的开发利用，积极推进与建筑结合的地热利用和地源热泵供暖制冷技术，提高地热资源利用水平。

推广建筑节能材料、产品和技术。加强新型建筑节能结构体系的推广应用。促进新型建材的应用和发展。建立推广应用建筑节能新技术和新产品的长效机制。研究建立符合武进实际的绿色建材认证制度，引导市场消费行为，加强建材生产、流通和使用环节的质量监管和稽查。加大对新型建材产业和建材综合利废的支持力度，择优扶持相关企业。制定相应的绿色建筑奖励机制，对经过国家相关部门审核、备案及公示的二星级以上的高星级绿色建筑给予奖励。

七、推进绿色低碳交通发展

构建智能交通网络。大力发展智能交通技术，积极引导交通运输企业强化运营管理的信息化建设。加快物联网技术在运输领域的推广应用，推广智能化调度系统和无纸化作业、智能化公共交通与运营管理工程等。完善全区交通信息化基础设施建设，实现对全区重点道路、桥梁、隧道、码头、库区、车站、货运场站等区域的实时监控，实现对全区注册登记的货运车辆、客运车辆、公交车、出租车、船舶的行踪监控，为智能交通提供可靠的基础信息资料。建立网络化交通管理数据平台，加强交通公共信息发布服务能力，完善管理体制和行业发展政策。

创造绿色出行环境。坚持"公交优先"战略，加大城乡客运一体化建设，实现区、镇、新型农村社区间客运公交化，网络化。同时大力发展城际公共交通，实现客运"零换乘"，提升公共交通服务能力，提高公交吸引力，引导公众出行方式向公共交通转变。逐步推进自行车道和行人步道建设，提升、优化自行车、步行出行环境。推行公共自行车租赁工程，建设服务站点，提高公共自行车数量。在现有交通公众信息服务平台中，增加低碳交通信息服务功能，努力建设和完善公众出行信息服务系统，采取多种方式发布交通出行信息，提供安全、便捷、舒适、低碳的出行方案。

建设低碳交通基础设施。选择具有较好基础条件的公路、港口、场站枢纽建设项目，切实提升低碳建设理念，实施低碳优化设计，强化低碳施工组织和运营管理，合理使用低碳建设和运营管理技术、设施、设备、材料、工艺等。加快新材料、新技术在交通建设领域的研发推广，实施沥青混凝土拌合站"煤改气"改造，工业废料电石渣在公路工程中的再利用、新建高速公路段应用太阳能照明灯等项目，加强各种运输方式有机衔接，构建绿色生态型运输站场，优化配置运输通道资源，加强公路管理养护，探索固碳增汇新途径。

推广低碳交通运输装备。合理提升清洁能源和新能源车辆的拥有比例，强化营运车辆燃料消耗量限值准入工作。大力推广新能源交通工具，重点推广纯电动汽车以及天然气及混合动力车，建设相应基础配套设施，推行营运车辆"油改气"工作。推广双燃料、低能耗车辆的应用，鼓励购买小排量、新能源等环保节能型汽车。降低地面交通的尾气排放量，形成低碳交通工具的示范效应。加速老旧车辆淘汰与更新，稳步推进运营车辆的标准化改造，推广使用站场设施装备和运营车辆的节能减排技术，推进绿色驾驶培训设备。

加强机动车环保管理。严格执行国家、省机动车排放标准，禁止机动车销售单位销售不符合规定标准的新车，不符合要求的新车不予注册登记；外地转入车辆实施与新车相同的排放标准。推广使用环保电子卡，按省统一部署建设机动车环保标志电子智能监控网络。加强柴油供应管理，重点推进中、重型柴油车尾气治理。提升燃油品质，提升高标准车用柴油供给能力。定期开展油品质量监督检查活动，严厉打击非法生产、销售行为，所有加油站严禁销售不符合标准的车用汽、柴油。

八、推进绿色低碳能源发展

积极发展非化石能源。积极发展太阳能、风能、生物质能等可再生能源。积极推进太阳能建设工程，鼓励分布式光伏发电的开发利用，加快太阳能光伏发电、多晶硅、太阳能电池硅片、太阳能电池等项目建设；积极推进风能建设工程，加快风电机组项目建设；加快垃圾填埋气发电、秸秆沼气利用、可再生能源等项目建设，鼓励在公共建筑和新建住宅小区开展地源热泵项目示范。大力发展太阳能、风能、生物质能、地热能等可再生能源，建设生活垃圾、工业余热余压等发电机组。

提高天然气利用比例。大力推进"气化武进"工程建设，加大工业、服务业及居民的"煤改气"力度。重点巩固和稳定现有天然气供应，积极开拓新气源；完善天然气门站、管线、储备设施和加气站等配套工程建设，加强燃气管网建设；积极发展天然气分布式能源建设项目，稳步增加天然气供应量和使用量。

推进全区供热改燃工程。推进集中供热，逐步淘汰工业锅炉，实现能源的高效利用满足产业集聚区、中心城区、各镇（街道）居民及集聚区周边企业的用热需要。加强城镇供热锅炉并网，对燃气管网内的工业锅炉推行燃气锅炉替代燃煤锅炉的技术改造，逐步实现武进供热锅炉改燃或热电联产替代。

提升能源使用效率。突出重点，坚持不懈地进行产业与行业结构调整，实施能源总量控制，推进能源结构优化，加快技术进步，从根本上提高武进区能源利用效率。

九、推进新型农业形态发展

积极发展休闲体验型农业。转变以售卖农产品为主要经济利益获得途径的传统思路，充分发挥临近现代化大都市的区位优势和拥有的水乡泽国独特农业生产活动内容优势，加强对农业生产全过程的市场价值挖掘，以参观、体验、教育、审美、分享等为旅游内容，积极发展休闲体验型农业。今后继续推进基础较好的雪堰镇休闲体验型农业发展，充分挖掘前黄镇和洛阳镇的水产养殖休闲体验旅游价值，因地制宜适度开发。

加快发展生态保育型农业。对于生态价值明显但经济效益还有待提高的农业经营，通过补贴、补偿、扶持、扶助等措施促进其健康发展。强化打造园艺农业品牌，促进嘉泽、湟里等镇花木产业发展；加强体制改革和政策创新，促进前黄镇水稻籽种农业发展；扶持横林镇强化木地板产业发展，带动本区秸秆综合利用和低碳农业发展；在湖滨湿地等地，结合农业旅游开发和乡村环境综合整治活动，打造景观农业，促进景观美化和环境修复。推动生态农业与畜牧业互为依托，有机结合，实现良性循环发展。

科学发展高效设施型农业。科学发展增产高效型农业。高度重视设施农业潜在的环境风险，本着预防为先、加强监测、综合治理的原则，充分做好环境影响评估和加强环境监测工作，继续推进郑陆、奔牛、横山桥、牛塘等镇设施农业的科学发展。在设施农业发展中要加强土壤重金属污染控制，同时，严防水产集中养殖区水体污染。通过科学合理选址、严控用地规模、技术改造升级、推广精准技术、促进减量排放、加强排放监测、提高治理效果等措施，最大程度减少设施农业的污染物排放和降低对生态环境的潜在风险影响。

十、推进生态系统恢复建设

加强生态空间保护。严格落实生态红线区域保护规划，健全保护机制，落实保护措施，严守西太湖生态红线。完成各生态红线区界及一、二级管控区内标识、标牌系统建设。落实生态补偿机制。推进污染土壤调查、治理与修复，积极实施土地整理和废弃宕口复绿、利用。加强自然保护区建设，切实做好生物多样性保护；加强野生动植物保护管理监管体系、野生动物疫源疫病监测防控体系、濒危野生动植物拯救工程建设；全面加强对湿地的抢救性保护和对自然湿地的保护监管。

推进城乡绿化。按照城区园林化、郊区森林化、道路林荫化、农民庭院花果化要求，大力发展城区和乡村绿化。中心城区重点抓好综合性公园和大型绿地建设，加快小游园建设，开展园林小区、园林单位创建活动，大力发展屋顶、墙壁等立体绿化。加强西太湖、宋剑湖等重要湿地保护和建设，建设西太湖生态观测站，启动西太湖生态资源的调查工作。开展太湖重要岸线保护区山体生态复绿，建设郊野公园，实施集镇绿化达标提升，推进集镇道路河道绿化、公园绿地建设。建设生态廊道、生态绿道和生态驿馆。积极推进产业集聚区、镇（街道）和新农村社区绿化，提升绿化水平。

努力增加碳汇。加快林业生态区建设，积极推进国家森林城市创建工作。加快建设天然林保护、退耕还林、重点地区防护林工程，全面加强山区生态体系、农田防护林体系、生态廊道、城镇林业生态建设、野生动植物和自然保护区建设、湿地保护、森林抚育改造等重点生态工程建设。

十一、推进生态文明社会建设

大力弘扬生态文化。全面拓展生态文明宣传渠道，强化舆论宣传，广泛传播、弘扬生态文化，培育公众生态文明价值观，倡导科学、适度的生活理念和方式，树立勤俭节约、绿色出行、理性消费的生态文明道德，促进形成节约资源、保护环境的绿色生产方式，努力营造植绿护绿、低碳出行、绿色消费的生态文明健康生活方式。

加强生态文明教育。编制地方生态文明教育读本，培育以生态环保为主题的校园文化。将生态文明教育作为各级党校、成校教育的重要内容。开放文化广场、图书馆，加快生态科普、生态景观等各类生态教育示范基地。挖掘地方文化和民族文化中有利于生态保护和可持续发展的元素。

加快生态细胞创建。继续推进各级生态村、绿色社区（生态文明示范社区）、绿色学校、绿色机关、绿色宾馆等绿色细胞创建活动。组织开展国家生态文明建设示范镇、示范村创建，推进低碳城镇化建设，建设低碳小城镇，创建低碳社区，尽可能减少对自然的干扰和损害，节约集约利用土地、水、能源等资源，促进废弃物处置与污水处理低碳化。建设低碳型政府，提倡绿色办公、低碳出行，鼓励政府公务人员以公共交通或非机动交通等低碳出行方式上下班，严禁超标准、超编制采购公务用车。扩大政府绿色采购范围，完善强制采购和优先采购制度，提高绿色采购比率。

第六章 重要举措

一、实施西太湖生态治理大行动

严守生态红线。严格落实生态红线区域保护规划。加强滆湖饮用水水源保护区、滆湖重要湿地、太湖湿地重要保护区、横山生态公益林、淹城森林公园、太湖岸线重要保护区、宋剑湖湿地公园、滆湖重要渔业水域、新孟河（武进区）清水通道维护区等生态红线区域保护。明确保护机制、建立保护机构。实行分级管理，一级管控区严禁一切形式的开发建设活动；二级管控区以生态保护为重点，严禁有损生态功能的开发建设活动。

拓展生态空间。有序推进退田还湖，扩大森林、湖泊、湿地等生态空间面积，保护生物多样性，增强生态产品生产能力。优化区域生态功能区划，在环太湖湾重要生态景观保育生态功能区，西南片、西北片、武南城镇农田建设生态功能区，武进中心区景观建设生态功能区，东片、东北片、沿滆湖产业发展生态功能区，实施差别化管护政策。将重要生态湿地保护及生态公益林保护纳入补偿范围，研究科学、合理的生态补偿方法，各级财政逐步设立生态补偿专项资金，建立和完善生态补偿机制。

强化生态修复。以恢复和提升生态系统服务功能为核心，实施重大生态修复工程，加大岸线整治力度。构建河湖生态湿地拦截系统，推进水土流失等综合治理。控制空间开发强度，退圩还湖，退渔还湖，推动太湖、滆湖等湿地生态系统建设。通过水系沟通、绿廊相连、景观塑造，建构区域生态网格。

二、实施重点水体专项整治行动

实施太湖水污染治理工程。关停太湖流域一级保护区内的所有化工企业。全面落实太湖、滆湖应急防控措施，进一步加强蓝藻预警监测，建立蓝藻打捞机制。控制入湖污染物总量。

实施重点小流域整治工程。实施京杭大运河与锡溧漕河的提级工程，做好永安河、新孟河、新沟河等河道武进境内的延伸、拓浚工程。落实重点水质断面达标方案。持续推进严重污染或水质不稳定河道综合整治，强化农村河道集中连片整治。

实施重点污染源整治工程。全面排查河湖污染成因。以点源污染为切入点，控源截污、排污提标、中水回用，加强达标断面沿线重点污染源综合整治，以严格的水环境管理促进重污染企业转型发展。建立重点水污染源环境信息公开机制和环境执法联动机制。

实施面源污染防控工程。加大种植业面源污染防治力度，推广应用测土配方施肥、商品有机肥和缓释肥，实施化学农药替代工程，推进面源氮磷流失生态拦截农业湿地工程，重点实施河浜和沟渠塘生态拦截工程。全面实行畜禽禁止养殖区、限制养殖区、适度养殖区分区管理，强化畜禽养殖场集中整治。严格控制新建畜禽养殖场，压缩全区畜禽养殖规模。实施循环水产养殖工程。

实施污水处理能力提升工程。加强集中式污水处理设施建设、改造，扩大污水收集管网覆盖范围。推进被撤并镇污水处理设施和管网建设。加强分散式生活污水处理设施及配套污水收集管网建设。配套建设规模养殖企业粪污处理设备设施。完善污水处理设施长效管护机制和监管手段，提高设施利用水平。划定建设项目限批区，凡污水处理设施、雨污分流设施等基础建设不到位区域，新建项目原则上不予审批。

三、实施大气污染专项综合整治行动

实施工业大气污染综合治理工程。全面整治燃煤小锅炉，实现清洁能源、可再生能源替代或淘汰。在2012年基础上不新增全社会用煤量。加快重点行业脱硫、脱硝、除尘改造工程建设。严格控制挥发性有机物新增污染。建立重点大气污染源环境信息公开机制和环境执法联动机制。

实施机动车尾气治理工程。加快淘汰黄标车和老旧车辆。推广应用新能源汽车。规范环保标志的发放和抽查，加强在用机动车年度检验。加强尾气检测站的监管。开展路面监测，加大查处力度。

实施扬尘控制工程。规范建筑文明施工，加强建筑扬尘控制。对钢铁企业、港口码头等物料堆场进行扬尘综合整治。强化道路扬尘控制，提升道路机扫率。

实施秸秆综合利用工程。继续提高秸秆综合利用水平。试点建立秸秆利用大户承包区域内的秸秆收集与利用模式，形成秸秆利用与收集责任关联体系。加快秸秆收集、储运等设施建设。周密做好夏秋两季秸秆禁烧的宣传、巡查和监测预警工作，禁止野外焚烧秸秆。

实施油烟整治工程。制定餐饮油烟服务业布局规划，严格餐饮行业审批程序，对重点街道、重点区域持续开展餐饮油烟整治，全力推进餐饮环保示范街和示范社区创建。

实施重污染天气应急保障。将重污染天气应对纳入政府突发事件应急管理体系，实行政府主要领导负责制。编制和修订重污染天气应急预案并向社会公布，定期开展应急演练。依据重污染天气的预警等级，启动应急预案，采取应急控制措施，引导公众做好健康防护。加强重大节日烟花爆竹禁燃限放管理。

四、实施土地区片整理配置行动

推进集体经营性建设用地区片整理和入市改革。基于武进区经济发展水平和城镇化进程，在明晰区片建设用地整理的实施主体、区片规模、推进步骤、返还比例等的前提下，与财税制度等相关改革有机结合，对于城中村、城边村、乡镇企业用地、零散新增建设用地等，除需国家继续征收的土地外，以农民集体为主体开展区片建设用地整理，以此为突破口，深入推进集体经营性建设用地入市改革，促进城乡一体化发展。

有序增加建设用地流量。在确保耕地保有量和基本农田保护面积不减少、建设用地总规模不增加的前提下，逐步增加城乡建设用地增减挂钩、工矿废弃地复垦利用和城镇低效用地再开发等流量指标，统筹保障建设用地供给。建设用地流量供应，主要用于促进存量建设用地的布局优化，推动建设用地在城镇和农村内部、城乡之间合理流动。允许建设区规划指标由区按各地项目实施情况，实行统一调整、管理和使用。

探索农村集体建设用地流转。结合农村土地综合整治，因地制宜、量力而行，在完成集体土地确权基础上，对符合土地利用总体规划和城镇规划、权属合法、界址清楚和已经依法批准的农村集体建设用地，在坚持尊重农民意愿、保障农民权益的原则下，按规划进行区位调整、产权置换，促进农民住宅向集镇、中心村集中。

加大土地整理复垦开发力度。排查后备土地资源。充分利用城乡建设用地增减挂钩政策和废弃工矿地整治试点政策，开展农村宅基地和废弃工矿用地复垦整理。在集中成片、条件具备的地区，推动整理后土地区片配置和挂钩利用。

五、实施镇村环境综合治理行动

强化对各个镇村重点污染源的治理。重点加强对当前各个镇村共同污染源污水、生活垃圾、畜禽粪便等的治理。以点源污染为切入点，通过采取控源截污、排污提标、中水利用和生态修复等措施，进一步整治环境问题突出的黑臭河浜。加强镇村生活垃圾污染治理，完善垃圾收集转运体系建设，推行生活垃圾分类投放、分类收集、分类运输、分类处置。

优化各个镇村治理方案的设计。在环境综合治理过程中，根据各个镇村主要污染源来源、排放特点、产业的资源消耗情况、可选处理手段、镇村发展空间布局规划等优化治理方案。对于有条件促进资源循环利用的镇村鼓励通过合理的产业发展设计加强对废弃物资源的综合利用。

积极提高各个镇村的绿地面积覆盖程度。一是尽力增加绿化平面面积，通过加强在村镇公共活动空间、交通道路两旁、河流水塘周围的绿化工作和鼓励村民在自家房前屋后栽花种草，大面积增加平面绿地覆盖程度；二是鼓励绿化向立体空间纵深发展，通过加强对墙体、屋顶、阳台的绿化，使绿化程度向多维空间发展。

大力美化各个镇村的整体外在景观面貌。加强对各个镇村整体景观面貌的设计，严禁随意布局、破坏镇村整体景观面貌的行为，结合产业发展规划和群众审美需要，在条件的镇村适度建设有利于景观美化的工程。

六、实施工业企业节能减排行动

强化重点用能单位节能管理。继续在重点高耗能行业开展现场节能监察、单位产品能耗限额地方标准设定、能效水平对标等活动，重点抓好火电、钢铁、建材、化工、纺织等重点行业及年耗能3000吨标准煤以上用能单位节能工作。对重点企业，明确其节能量，签订目标责任书，实行能源审计制度和能源利用状况报告制度，加强跟踪、指导和考核。加快工业企业绿色发展科学评价体系与诚信体系建设。每年组织开展企业（单位）节能目标任务完成情况考核，公布考核结果，对超额完成年度节能任务的企业和单位予以表彰，对未完成任务的实行强制能源审计，督促限期整改。在评先创优中一票否决。

大力实施工业节能与减排技术改造项目。大力实施燃煤锅炉（窑炉）改造、余热余压利用、节约和替代石油、电机系统节能、能量系统优化等节能技术改造项目。对火电行业实行二氧化硫和氮氧化物排放总量控制，新建燃煤机组全部安装脱硫脱硝设施，现役单机容量30万千瓦及以上燃煤机组全部加装脱硝设施，不能稳定达标排放的要进行更新改造，烟气脱硫设施要按照规定取消烟气旁路。对钢铁行业实行二氧化硫排放总量控制，全面实施烧结机烟气脱硫设施改造，新建烧结机必须配套安装脱硫脱硝设施。强化水泥、有色金属等行业二氧化硫和氮氧化物治理。积极争取中央、省、市政府扶持。尽快全部完成低效工业锅炉、窑炉、电机、变压器等的更新改造，推进主要耗能设备能效指标到达国内先进水平。

持续提高重点企业清洁生产水平。引导企业开展ISO14000环境管理体系、环境标志产品和其他绿色认证，全面推行清洁生产。化工、钢铁、水泥、有色金属冶炼、机械制造等重点行业应定期开展强制性清洁生产审核，推进各类排放大气、水、固废等污染物的重点行业、企业开展自愿性清洁生产审核，推进企业清洁生产审核中、高费方案的实施率。开展重点企业清洁生产绩效审计，评估企业清洁生产改造取得的效益及清洁生产水平。推进非有机溶剂型涂料等产品创新，减少生产和使用过程中挥发性有机物排放。

加快工业园区生态化循环化改造。坚决执行环境保护与园区准入制度，合理规划工业园区布局，提升集聚发展能力。促进企业循环式生产、园区循环式发展、产业循环式组合，构建循环型工业体系。推动国家级园区和省级园区全部实施循环化改造，达到国家级生态文明示范工业园标准，大幅提高主要有色金属品种以及钢铁的循环再生比重。加快淘汰落后产能和装备，大力推进资源综合利用工作，加强再生资源回收利用体系建设，拓展资源综合利用的新途径、新领域。

七、实施绿色低碳建筑样板行动

积极培育绿色新建建筑样板。实施绿色建筑样板工程，开展绿色建筑运行标识申报工作，深入推进星级绿色评价标识项目经验，挖掘节能企业的优势技术资源，以点带面，示范带动，规模化发展绿色建筑。落实全省绿色建筑行动实施方案，全面实施《武进区绿色建筑发展规划》，保障性住房、政府投资项目以及大型公共建筑等新建项目全面执行绿色建筑标准建造，其他类型新建项目逐步全部执行绿色建筑标准建造。推动新建建筑全面按绿色建筑标准建造，并逐步全面按一星及以上绿色建筑标准建造。积极推进商业房地产开发项目执行绿色建筑标准，鼓励房地产开发企业建设高星级绿色住宅小区。积极推进可再生能源规模化应用，推动太阳能热水系统、地源热泵、空气源热泵、光伏建筑一体化、"热—电—冷"三联供等技术和装备在建筑中的应用。

积极打造既有建筑节能改造样板。开展既有建筑改造的试点工作，以既有机关办公建筑和大型公共建筑为重点，进行建筑节能高标准试点示范。将节能改造与区中村和旧城改造、区容整治、老旧小区改造等工作统筹规划。严格执行居住建筑节能、公共建筑节能的强制性标准，研究编制居住建筑节能、公共建筑节能设计标准和实施细则。加强建筑能耗统计、分析，开展建筑能源审计和节能诊断，通过政策引导、财政补助和引入合同能源管理模式等措施，推进既有建筑空调、采暖、通风、照明、热水等用能系统的节能改造。

培育低碳建筑相关绿色节能企业发展。积极培育样本，发挥示范带动。培育一批绿色节能企业，通过可再生能源开发利用先进技术，借助太阳能和地表水、地下水等资源优势，推动地源热泵技术在武进建筑领域广泛应用。

八、实施生态文明细胞创建行动

开展生态文明示范园区建设。探索建设西太湖生态文明建设试验区。启动建设生态农业园常台高新农业创意园区——江南普罗旺斯项目；推进武进国家高新技术产业开发区、西太湖科技产业园（经发区）开展国家级生态工业园区创建工作，启动住建部（武进）绿色建筑产业集聚示范区生态行业园区创建工作，同时，积极申报国家绿色生态示范区和省级建筑产业现代化示范区。

开展生态文明示范社区建设。加快国家级生态村、江苏省生态村、常州市生态文明示范村、常州市生态村、市级绿色社区等生态系列创建工作，在生态文明宣传教育、信息公开公示、宣传绿色消费理念、垃圾分类处理、节水节电、建筑节能改造、绿色低碳出行等方面达到高标准的要求，并将有益的建设经验推广至全区域所有社区。

开展生态文明示范企业建设。选取不同行业中具有典型性的企业开展生态文明建设工作，在节能减排、优化能源结构、提高用能效率、节能技术普及率、污染治理效果、绿色生产和办公等方面达到高标准要求，并探索实施碳交易，以期将有益经验推广至全区域所有企业。

开展生态文明事业单位建设。倚靠事业单位党员力量，大力宣传生态文明理念，培养办公生活节水节电、电子化办公的氛围；限制公务车使用，倡导绿色低碳出行；推动公共建筑节能改造，提高空调、采暖、通风、照明、热水使等用能系统的用能效率和管理水平。

开展生态文明校园建设。在中小学开展讲解生态文明和环保的课程，规定每学期最低课时数，并编制配套课本；在小、初、高和各大高校定期开展创建生态文明的校园活动，将生态文明理念贯穿所有教育和再教育阶段。

九、实施绿色低碳能源发展行动

有力推进电网建设项目。切实做好区电网规划建设工作领导小组办公室工作，分解落实年度电网（含配网）建设项目任务。加大协调解决电网建设、重点项目用电面临矛盾的力度。改革发电调度方式，电网企业要按照节能减排、经济高效的原则，优先调度水电、风电、太阳能发电、余热余压、填埋气、垃圾和节能、环保、高效火电机组等发电上网。

抓好能源有序供应方案。密切关注全区天然气供应，切实做好天然气突发事件应对工作。积极与市经信委、供电公司做好有序用电方案的编制对接工作，保障居民生活、重点企业、重点项目用电需求。

推进能源清洁高效利用。逐步改革、创新和变革传统生产方式和工艺流程，提高生产过程中的能源利用效率；清洁开发、高效使用、节约利用化石能源。加快淘汰钢铁、建材、造纸等行业的落后生产能力；新建燃煤机组全部安装脱硫脱硝设施，现役燃煤机组必须安装脱硫设施，不能稳定达标的要进行更新改造，装机容量30万千瓦及以上燃煤机组全部加装脱硝设施。积极发展集中供热替代纺织业、造纸业的小锅炉；鼓励常规火电厂进行供热改造，积极推进节能的余热（气、压）发电、热电联产及热电冷联供的电站建设。

加快天然气利用和推广。加快发展清洁能源，大力推进天然气的利用和推广，加快提高天然气高压管网的覆盖率，构建全区统一的天然气高压管网，积极争取上游气源，提高天然气供应保障能力，改善全区用能结构；推进随武进大道东延等道路建设的高压储气调峰官网建设；积极沟通，做好天然气加气站项目建设服务、管理工作。

实施服务清洁能源利用项目。积极跟踪省、市光伏尤其是分布式光伏发电的政策和项目管理实施办法，服务企事业单位、个人投资建设光伏电站，努力为投资者争取国家、省的政策、资金支持。跟踪高新区、西太湖、绿建区在区域分布式能源供应站建设的动向和发展，及时与省、市能源主管部门做好信息通报和项目申报工作。依托新誉风电、中弘光伏、格林保尔等龙头企业，大力整合集聚上下游产业，构建较为完整的产业链条，进一步提升产业规模。积极支持开发秸秆、沼气等生物能源。

十、实施低碳绿色健康出行行动

完善公交体系和道路建设。合理设计公交线路，适当增加站点和交通枢纽，实现"村村通公交""网点全覆盖"的目标，方便市民搭乘公共交通工具出行；提升公交服务水平，建设便民的公交站台（如提供遮阳板、座位、车次抵达信息等），提高市民乘坐公交的体验。同时，在公交系统里引进节能、低碳技术，使公交成为真正低碳健康的出行方式。

加强步行和自行车交通系统建设。建设武进区慢行系统，逐步推进建设沿河、沿湖区域休闲廊道，大力发展城市公共自行车网络。增加道路单车道，规范单车管理准则，保障单车出行安全；倡导近距离的上下学和通勤选用单车出行；在报刊亭、药店等便民店里提供免费打气筒，为单车出行增添关怀。完善人行道、斑马线、人行红绿灯、人行天桥、人行地下道建设，保障市民安全出行；增加道路绿化率，推进汽车尾气治理，提高市民出行体验。

推广应用新能源汽车。落实江苏省"十二五"新能源汽车产业推进方案和江苏省新能源汽车推广应用示范方案，落实鼓励使用新能源汽车的优惠补贴政策和鼓励电动汽车使用的电价政策，引导新能源汽车市场需求有序释放。在公交、环卫、邮政等公共服务领域和政府机关率先推广使用新能源汽车，推进公交车、出租车"油改气"或"油改电"。加快新能源汽车配套基础设施建设，积极规划布局和建设新能源汽车加气站、标准化充换电站等公共设施。

引导低碳交通方式选择。制订低碳交通宣传教育方案，通过媒体、网站、公益活动、培训班等方式对广大民众进行宣传教育与培训，加强建设低碳交通运输体系的全社会参与意识，倡导"低碳出行"理念。开展绿色低碳健康出行活动，定期设置单车日、步行日、单车比赛、竞走比赛等，倡导市民参与其中。设置限号等强制性的公务车限行方案，减少公务车使用，尤其重视校园和事业单位的宣传教育工作，让绿色出行概念深入人心。加强节能低碳驾驶技术的培训、宣传，特别是加强运输经营企业驾驶人员的节能驾驶技术训练。建设全域的汽车信息管理平台，实施私家车和货车"黄标车"的限行和淘汰补贴制度，建立"黄标车"淘汰及购买新车一站式服务中心，实现各项手续办理、补贴发放一条龙服务，方便车主将更新车辆以最快速度投入市场运营。

十一、实施现代高效生态农业行动

挖掘生态农业市场价值。通过科学规划和精准定位，最大程度挖掘生态农业潜在的最大市场价值。转变发展思路，变传统的直接提供最终产品为全程营销农业生产各个环节的潜在市场价值。加强对本区富有特色农业生活活动的研究，积极发现其潜在的休闲、娱乐、审美、教育等价值，通过制定科学的发展规划和提供完善的基础设施服务，促进本区生态农业向深层次的市场价值开发方向发展。

创新生态农业产销模式。通过发展订单农业和社区农业，为生态农业发展寻找稳定而高阔的市场。充分发挥本区农产品资源丰富、品质优良、声名在外的优势，结合当前消费者在市场寻找安全食品而不得的形势，创新本区生态农产品产销模式，通过发展订单农业和社区支援农业，与消费者建立起深层次的丰富产销联系，为本区的生态农业发展提供广阔而稳定的市场。

打造生态农业区域品牌。通过加强产地生态环境建设和区域品牌营销，打造区域品牌整体优势。政府利用不断改善的生态环境，继续加强对生态农产品产地生态环境的投入，持续改善农产品产地自然生态环境，在此基础上，通过策划和推广，积极创造各种平台，让本地企业有机会推广自身的产品和服务，形成区域品牌整体合力优势。

提高生态农业标准化和规模化程度。通过推广标准化生产模式和发展园区农业，增强生态农业规模经济优势。为克服生态农业生产中的各种不确定性以及由此带来的市场风险，本区积极推广生态农业标准化生产模式，在有条件的乡镇大力发展园区农业，促进生态农业规模经济优势的形成。

加强生态农业相关技术研究。通过加强生态农业相关技术研究，大力降低生态农业生产成本。对本区生产有明显优势的几个农业行业，今后加强对其生态农业技术、资源节约技术和循环利用技术的研究，以进一步减少成本和降低对环境的污染。

十二、实施城镇绿地建设修复行动

优化绿地空间格局。建立以水系林网和道路林网为框架、以湿地自然保护区、森林公园和城郊森林为嵌点、村镇四旁绿化相配套的林网，加快"二沿（沿水、沿路林网）、二带［西部花木产业带与东部木材深加工（木地板）与林果产业带］、多点（全区范围内的各类自然保护区、森林公园、城镇森林和村镇防护林等成点状分布的生态建设地带）"体系的形成，将林网建设与河流湿地保护、生物多样性保护等生态建设工作相结合，构建城郊乡一体化的绿色生态网格体系。

建设试验区绿地。试验区突出"一环、二楔、二湿、六廊、九园"的绿地系统，即环滆湖生态林地，城区外围2个大型绿色楔装绿色开敞空间，滆湖、宋剑湖2座湿地公园，大运河防护绿廊、常武路防护绿地等三横三纵6条绿色廊道，建设淹城遗址公园、南田公园等9座大型公园。

建设带网状绿化体系。协调推进不同场所绿化建设，实现以大环境绿化为基础，公共绿地为重点，公园广场绿化为亮点，单位园区绿化为特点，社区绿化为普及，道路绿化、城市组团间隔离绿带为网络的带网状绿化体系，突出花都水城特色，实现"城在绿中，绿在城中"。

实施城乡绿化工程。以生态格局和绿道建设为抓手，通过"增核、扩绿、连网"行动，重点实施公园绿地建设工程、道路河道绿化工程、集镇景观绿化工程、村庄绿化提升工程、城乡绿化管护工程等"五大工程"建设，每年新增绿地面积1万亩以上。做好"森林城市创建"工作，确保武进区"生态绿城"建设走在全市前列。

第七章　保障措施

一、加强对生态文明建设的组织领导

建立全区生态文明建设领导机构。成立"生态文明建设领导小组",负责全区生态文明建设的全局规划、统筹协调、推进实施、督促检查工作。领导小组在区委、区政府领导下工作,由区委、区政府主要领导任组长,相关领导任副组长,区各有关部门负责人为成员。领导小组下设办公室,办公室设在环境保护局,具体负责每年制定生态文明建设工程年度行动计划,细化目标,分解任务,推动生态文明建设工程取得实效。办公室下设综合组、宣传组、督导组、保障组。

狠抓"一把手"责任落实。开发区、各镇和各责任部门"一把手"要切实承担起第一责任人的职责,坚持一把手亲自抓、负总责,健全工作网络,细化工作方案,落实具体措施,确保生态文明建设各项工作的顺利进行,坚决做到守土有责、守土尽责。

探索成立生态环境执法司法机构。高度重视生态环境监督执法联动机制建设,明确联动执法的流程、程序和要求,加强环境执法联动机制建设的资金保障。组建生态环境保护审判庭、环境保护检察机构、环境保护警察队伍,有序引导环境公益组织发展,健全环境司法鉴定机构,提升生态文明建设法治化水平。

二、建立生态文明建设科学顾问机制

成立生态文明建设专家委员会。由国务院发展研究中心资源与环境政策研究所、江苏省政策研究室联合牵头,整合环境、农业、规划、能源、建筑、交通、文化等领域专家资源,成立"武进区生态文明建设专家委员会",为武进区生态文明建设提供智力支持。成立"武进区生态文明研究与促进会",每年召开一次生态文明建设论坛,协助区委、区政府深入推进生态文明建设。

实施科技引领和人才优先战略。以产学研合作关系为纽带，进一步加强武进区与各研究机构、高等院校和企业等机构的合作交流。引荐大学青年教师、博士柔性进企业，建立生态文明大学生实习基地。建立中央国家机关青年干部调研基地，邀请中央国家机关青年干部到武进调研考察生态文明建设成效，选送武进区生态文明建设领域优秀青年到中央国家机关、中央企业交流学习。大力实施"武进英才"计划，引进一批在生态文明建设领域创新能力强的领军人才和创新团队。

提升生态文明国际合作水平。与国外发达城市建立生态文明建设合作关系（日本滋贺县：琵琶湖治理；瑞士日内瓦市：日内瓦湖治理），拓展合作领域，提升合作层次。建立人员定期交流与培训机制，学习国外生态环境保护先进理念和技术。积极争取国际政策、资金与技术支持，吸引外资进入流域区域污染治理、新能源开发、资源能源再生利用、自然生态保护与修复等项目。

三、建立生态文明建设宣传动员机制

实施生态文明宣传工程。环保、宣传、教育、广电、新闻出版和文化等部门要积极配合，全面开展生态文明建设系列宣传活动，以世界环境日、地球日、世界水日、无车日、湿地日、植树节、低碳日等节日为契机，广泛开展主题鲜明、形式多样、创意新颖的知识普及活动。充分利用区内外报纸、电台、电视台、网站、政务微博、手机短信平台等新媒体，及时发布环境质量信息，增加环保公益广告，普及生态文明知识。开设生态文明建设专栏，策划优秀选题。组织采编人员深入基层、深入实际，加大武进生态文明建设的宣传力度。发掘武进地方文化中有利于生态文明建设的元素。鼓励推出一批高质量、有影响的反映武进生态文明建设成就的优秀剧目、优秀图书、优秀影视片、优秀音乐作品以及公益广告。

推进生态文明科普工程。编写武进区生态文明建设科普读本，将生态文明科普作为各级党校、成校教育的重要内容，纳入党员、干部、成人教育培训系列课程。推进中小学、幼儿园生态文明科普活动，培育以生态文明为主题的校园文化。将生态文明科普工程的推广变为武进文教的亮点与特色。举办生态专题讲座、绘画、征文比赛和科技创新大赛等丰富多彩的课外活动，积极培养和发展青少年生态文明科普志愿者队伍。

促进生态文明公共参与。积极引导、支持民主党派、工青妇、NGO 及社会公众依法、理性、有序参与生态文明建设。筛选一批有条件、有代表性的城市、农村、学校、企业开展全民生态文化建设试点，扩大全民生态文化建设覆盖范围。加快建设生态科普、生态景观、生态社区、生态村落、污染防治等各类生态教育示范基地。开放文化广场、图书馆，实施全民宣教，不断激发广大群众投身生态文明建设的主动性和积极性。

四、建立生态文明建设科学评价制度

科学遴选评价指标体系。从生态承载（生态空间）、生态环境、生态经济、生态社会和生态制度等五个方面对各街道、乡镇进行生态文明建设评价。

优化评价主体结构。生态文明建设评价由独立第三方（生态文明研究与促进会）客观公正、科学规范、透明可信地进行。

重视评价结果的应用。各开发区、街道、乡镇，各部门应本着负责、科学的态度，重视和应用评估结果，作为检验生态文明建设水平、发现生态文明建设主要问题、校正生态文明建设轨迹的重要手段，保证生态文明建设的顺利、有效推进。

五、建立生态文明建设政府考核制度

健全评价考核体系。科学遴选考核指标，执行环保考核分值两倍于 GDP 考核分值的评价考核制，建立基于生态文明建设的绩效考核指标体系，使之成为党政领导干部政绩考核的重要依据。根据武进区发展现状和生态环境特点，实行差别化的评价考核制度，提高资源消耗、环境损害、生态效益等指标权重。

完善考核制度。以开发区、街道、乡镇为主要的考核主体，把生态文明建设纳入各地、各部门年度工作考核。区政府接受同级人民代表大会及其常委会的质询、检查等，同时自觉接受社会的监督、评价和考核。

注重考核结果的应用。把生态文明建设的成效作为考核各部门和主要负责人工作成效和实绩的重要内容，并将考核结果与部门评先创优、干部选拔任用等有机地结合起来。实行部门及领导干部考核生态环境保护"一票否决"制。

六、建立生态文明建设部门联席机制

建立生态文明建设联席会议制度。区政府分管领导为联席会议召集人，分管生态文明建设工作的负责同志为联席会议成员。根据生态文明建设工作需要，定期或不定期召开会议。联席会议后形成纪要，明确议定事项。发改、环保、财政、农业、水利等相关职能部门要各负其责、形成合力，明确生态文明建设总体目标和年度工作目标，细化年度工作计划和方案，分解落实重点工作。各开发区、街道、乡镇要主动对接，狠抓落实，确保生态文明建设各项目标任务顺利完成。

完善生态环境监督机制。加强人大法律监督，政协民主监督，充分发挥新闻舆论、各级群团组织和社会公众的监督作用，形成不留死角、全覆盖的监督体系。

七、实施生态文明建设重大专项行动

实施水体生态环境恢复专项行动。继续实施"清水工程"建设行动，通过加强重大技术攻关和资金、人才等方面的投入，并通过加强与其他相邻区域的合作和流域管理水体管理模式创新，促进水体生态环境质量进一步向良性发展。

实施农业土壤重金属治理专项行动。加强对各种土壤重金属污染治理技术研究，在污染较严重区域首先展开试验，探索适合本区的重金属治理污染治理技术，优化治理方案。

实施大气污染监测与减排专项行动。通过壮大现有监测队伍规模，增加监测观察设备和合理布局监测网点，加强监测技能培训和提高监测技术水平，争取较全面掌握本区大气污染的排放规律，并在此基础上深入研究，通过优化能源结构和产业结构，进一步制定有利于大气污染控制的可行减排方案。

实施畜禽粪便资源化利用专项行动。在现有畜禽粪便资源化利用技术基础上，通过加强科技技术研究和推广普及力度，促进畜禽粪便资源化利用技术在本区全面推广运用。

实施农业秸秆综合利用专项行动。扶持横林镇强化木地板产业的发展，支持其在农业秸秆综合利用方面的深入研究和示范推广，促进农业秸秆综合技术在本区的全面普及。

八、加强生态文明建设领域交流合作

建立与不同类型主体的合作关系。依据区域环境一体性和环境治理联合性的要求，加强与周边相邻区域的环境治理合作，共同研究制定治理方案，共同实施和管理方案；加强与国内相似区域的生态文明建设合作，积极吸收其他区域的生态文明建设成果和成功管理经验；积极与国内外拥有本区生态文明建设亟需的某项科学技术或管理经验的机构的合作，借助他人成果，更快更好促进本区生态文明建设。

强化生态文明建设支撑要素的合作。加强重大攻关技术的合作，对本区当前生态文明建设亟需的治水、治土、治气、治垃圾的重大攻关技术优先展开合作；加强生态文明建设管理经验与管理模式的合作，尤其是加强与已经取得成积极成果的国内外相关机构或地区关于生态文明建设制度创新方面的合作；加强人才培养和资金管理方面的合作，学习其他国家或地区关于生态文明建设的人才培养、人才使用方面的经验和促进生态文明建设的资金筹措与高效使用方面的经验。

优化合作形式与合作途径的选择。总体上根据不同的合作主体选择不同的合作形式或合作途径，积极提高合作效率，促进互利共赢。对周边相邻区域，主要通过平等协商、共同出资、利益补偿以及资源环境建设成果共享等形式；对于拥有先进技术或管理经验的国内外机构，主要通过成果购买、人才委托培训以及建设成果共享等形式；对于国内外相似地区，主要通过技术、人气互动交流以及产业合作等形式。

九、加强生态文明建设基础能力建设

实施人才引进战略。根据本区生态文明建设的中长期需求，在用好现有人才资源基础上有计划、多渠道、多形式引进相关领域的紧缺性人才，并对这些引进人才实施一定的优惠激励型政策。

制订技术攻关计划。通过充分调研和相关论证，依照本区生态文明建设治水、治土、治气、治垃圾的有关需求，分别针对这些领域存在的重大关键性难题，制订相应的技术攻关计划并认真组织实施。

成立绿色财政资金。为保障本区生态文明建设有足够的财力保障，建立生态文明建设专项资金，每年从政府财政收入中划出一部分，作为基本投入资金；对绿色产业实施一定的税收优惠和产业发展补助政策，从绿色产业中征收来的税费收入也主要用于支持绿色产业的进一步发展壮大。

加强信息情报供给。为保证本区生态文明建设能获得足够的信息资源支持和充分汲取其他机构（或地区）在生态文明建设中的有益成果，成立专门的生态文明建设情报网站，这些网站负责搜集相关市场需求信息，并定期发布产业发展动态和报道最新技术成果研究进展，提供绿色产业发展相关建议，以此推动本区绿色产业的健康发展。

建立硬性约束制度。针对生态文明建设在某些领域约束力还比较薄弱的特点，今后通过加强制度创新探索、优化职能机构建设和改变现有的工作模式，大力强化生态文明建设对其他社会经济活动的钳制作用和引领作用，积极促进生态文明建设向各个领域渗透和蔓延。

第三篇　中新（南京）生态科技岛经济和生态体制协同改革探索

第一章 中新(南京)生态科技岛发展态势分析

一、中新(南京)生态科技岛发展历程

南京生态科技岛是由新加坡贸工部与江苏省委、省政府共同推动的合作项目,是继苏州工业园区之后江苏与新加坡合作的又一个重大项目。双方于2008年11月签署框架协议。2009年5月23日,中新(南京)生态科技岛项目推进小组正式成立。同年5月25日,中新(南京)生态科技岛举行奠基仪式,并启动建设。2009年11月24日,中新(南京)生态科技岛项目综合开发主体——中新(南京)生态科技岛开发有限公司成立,生态科技岛项目进入实质开发阶段。2011年10月26日,中新(南京)生态科技岛项目在新加坡举行推介会,来自中国、新加坡、日本、德国、美国等地的30家企业与生态科技岛项目方签订合作意向书。2014年1月9日,中新(南京)生态科技岛首个标志性项目规划展示中心封顶,8月16日展示中心顺利开馆。

二、中新(南京)生态科技岛发展成绩

(一)工程项目建设

生态科技岛各主要工程项目进展顺利。2014年8月16日,生态科技岛新纬壹科技园展示中心顺利举行开馆仪式,这是生态科技岛首个标志性展示建筑。项目开展以来,中新(南京)生态科技岛安置房工程建设稳步推进。2014年8月,一期安置房中东组团3000余套住房通过验收并交付使用,西组团正在进行内部装修,二期安置房已取得项目核准文件和选址意见书。滨江风光带及市政基础设施建设也已达到序时进度,现已完成沿夹江侧12公里滨江风光带水利、景观工程建设,栽植乔木3700余棵,完成启动区8公里河道整治,完成核心区8条共约20公里市政道路建设并投入使用,大市政自来水、燃气顺利接入中新(南京)

生态科技岛并投入使用，电力正在抓紧施工。此外，青奥森林公园已完成一期核心区建设，栽植乔木4000余棵，江心公园栽植乔木1500余棵，现也已建成并向市民开放。

（二）招商推介与人才引进

中新（南京）生态科技岛项目运作以来，中方积极组织和参与各类招商推介活动，先后赴欧美等地举行了数十场招商活动，并在上海设立全球招商中心，积极推介生态科技岛。经过多年宣传推介，生态科技岛的市场认可度越来越高。同时，生态科技岛办会同中新公司共洽谈客商200余家，成功引进了仁恒国际广场、胜科南京国际水务中心、省广电文化创意园、大明文化旅游度假区、夏苏鲁院士科创中心、地理信息产业园及永银文化创意产业园等项目。

生态科技岛项目注重高科技人才引进，截至目前，已成功申报引进"321"科技创新创业人才13人（其中，院士2人、千人计划特聘专家3人），其中已有在计算机软件方面取得了国家发明专利的人才，产生了经济和社会效益，丰富了生态科技岛的建设发展内涵。

（三）征地拆迁

全岛征地拆迁工作有序推进，全岛共需征地拆迁约2.2万亩，涉及村民8765户、工企246家。截至目前，共实施了4期征地拆迁，涉及征用集体土地1.5万余亩。项目运作以来，共实施土地挂牌出让1100亩，获得出让金收入88.8亿元。为加快推进项目建设，降低中新公司融资成本，市政府先行返还了部分出让金。截至目前，已累计返还土地出让金47.82亿元，有力支持了项目的开发建设。

三、当前中新（南京）生态科技岛建设所遇到的问题

（一）土地指标问题

为加快推进生态科技岛建设，2012年拟启动实施的基础设施建设、产业开发等项目共需用地指标约2700亩。同时，前期提前征地拆迁的地块中，有部分用于市政基础设施建设，现面临卫片检查处罚风险，需要各级政府给予用地方面的倾斜支持，以利建成的市政项目及时交付使用并移交养护。

（二）预算成本问题

2013年，市审计局对中新（南京）生态科技岛土地开发整理成本概算进行

了审计，并对重要事项进行了延伸和追溯。经审计，项目开发总成本约265.7亿元人民币，其中，尚未明确纳入成本的市政及公建配套设施投入约31.4亿元，主要包括垃圾中转站、消防站、综合医院、教堂、中学、小学、公交首末站、公共停车场、有轨电车、社区中心公共部分、基层中心公共部分、幼儿园、地铁通道连接和三个交通枢纽等14个项目。2009年，市政府与中新（南京）生态科技岛开发有限公司签定的《合作协议》对项目成本构成未具体表述，需要政府相关部门给予正式确认，以利项目后续建设的顺利推进。

第二章 经济和生态体制
协同改革探索内容

一、试验区建设内容

中新（南京）生态科技岛南北长约 12 公里，东西平均宽度 1.2 公里，岛屿总面积 15.21 平方公里，独立性较好，具有天然的建设实验区的优点，科技岛将打造现代服务业发展与生态文明建设相结合的产城融合模式，为此，应努力打造江苏省省级经济和生态体制协同发展改革试验区。

二、试验区的目标

南京市在推进江北新区发展战略过程中，仅 15 平方公里的中新（南京）生态科技岛担负着承前启后、承接南北的新功能。继中新苏州工业园、中新天津生态城、中新广州知识城之后，中新（南京）生态科技岛应主动打造成中新合作应对信息社会与智慧城市发展的第四代项目，努力学习借鉴新加坡在产城融合、生态环境治理与社会治理等方面的先进经验，结合国家新型城镇化、生态文明建设、苏南现代化、长江经济带等战略规划要求，将之塑造成中国新型城镇化、工业化、信息化、绿色化与农业现代化，五化一体的改革发展"样本"与"典范"。

三、试验区发展的基本原则

坚持把改革创新作为推进生态科技岛建设的基本动力。为将生态科技岛打造成为中新合作新典范、现代化城市建设新标杆，必须坚定深化改革创新的信心、坚持深化改革创新的正确方向、凝聚深化改革创新的共识，勇于打破旧的体制机制束缚。"改革创新，不落窠臼，顶层设计，先试先行"。一方面要协调顶层设计，由高层部门牵头，结合生态科技岛实际，积极探索创新驱动的生态经济发展模式、更高水平互利共赢的开放格局、宜居智慧幸福的花园城市、科学系统的生态文明制度体系以及和谐稳定共享的社会治理结构等，以最严格的制度、最严密的法规为生态科技岛经济社会发展的协调推进提供可靠保障；另一方面要做好先行先试，借鉴上海自贸区等的做法，在项目审批、备案等方面为企业提供优质服务，在努力营造亲商、安商、富商投资环境基础上，营造勇于改革的氛围，为后续争取改革创新打下坚实基础。

坚持中新合作、学习与先进经验借鉴的基本定位。生态科技岛建设既然定位为中新合作，必然强调充分发挥双方优势，加强合作、学习，尤其要充分借鉴新加坡在现代服务业发展、社会治理、产城融合、生态文明建设等方面的先进经验。为更好发挥中新合作在建设生态科技岛中的价值，应注重"一个深化、两个拓展"，即深化新苏合作基础，通过政府协商、人才交流、学术论坛与研讨会等多种方式不断提升合作水平，并在充分借鉴新加坡经验基础上，结合生态科技岛本地实际，发挥双方优势，扎实推进信息科技服务业、高端服务业项目等重点跨国项目，完善合作机制，在新的起点上推动合作向更高层次迈进，打造一个兼容并蓄、优势互补的国际合作生态科技岛。

坚持统筹协调、共同推进的基本路径。中新双方在良好合作开端基础上，应进一步加强协同互动、强化整体统筹，单打独斗势必影响生态科技岛建设进程。这就要求一方面双方应以更加积极主动的态度在合作中寻找商业机会，扩大生态科技岛上两国经贸、投资等领域合作，深化高端服务业等旗舰项目，联动互惠，共建共享；另一方面，在管理上更应加强沟通，整体统筹，结合新加坡先进项目管理经验和生态科技岛本地的试验区政策支持，更高标准、更大力度推动新加坡·南京生态科技岛规划建设。此外，在具体建设过程中，还要遵循突出重点和整体推进相统一的原则，在推进招商引资的同时，优化发展环境，提升服务水平，重视社会综合治理与生态文明建设，共同将生态科技岛打造成为中新合作新典范、产城融合发展的长江明珠。

坚持政府引导与市场机制相结合的基本方针。为将中新（南京）生态科技岛建设成南京最宜居、最具品质的板块，吸引高端人群、高端产业的入驻，既要通过政府规划引导、政策激励、组织协调，为产业发展创造良好环境，又要及时跟踪市场创造需求，充分发挥市场配置资源的决定性作用，激发各类市场主体特别是企业的积极性。此外，不仅招商引资过程中需要政府引导与市场机制相结合，在推进生态文明建设、社会综合治理与产城融合等发展过程中，同样需要重视政府与市场的关系。要努力形成政府引导、企业主体、多方参与、全民行动的经济、社会、文化、政治、生态文明协同推进的良好氛围。

坚持规划引领、科学有序的基本要求。为了保证生态科技岛建设能够顺利推进，需要一系列的制度保障。一方面，要严格遵循规划引领原则，按照国家新型城镇化、生态文明、社会治理能力现代化等的要求，结合生态科技岛前期规划，重点围绕生态文明建设、生态环境治理与社会治理、产城融合等方面，制定综合规划和有关专项规划，促进科学、合理、有序发展；同时，还需要配套的法律法规保驾护航，让生态科技岛的建设有章可循、有法可依；此外，生态科技岛建设必须坚持科学有序的原则，这就要求在确保规划科学的前提下，要实现生态科技岛发展多重目标的相互协调、步调一致。

四、试验区的四个定位

（一）构筑中新现代服务产业合作的桥头堡

中新（南京）生态科技岛应定位于发展高端产业商务服务，为南京人才提供现代化服务业岗位与高品质生活环境的综合发展区。今后应重点发展生态环保服务业，大力发展研发、设计、金融等生产性服务业，加快发展都市型农业及其伴生的休闲观光旅游业，多位一体，构筑中新现代服务产业合作的桥头堡。

（二）打造中新生态文明建设合作的示范区

在充分借鉴新加坡生态文明建设经验基础上，通过推进土地集约节约利用、生态系统修复与治理、水环境水生态治理、建筑和交通低碳化发展、低碳产业体系和生活体系构建等，让中新（南京）生态科技岛最终成为活力、宜居、生态、智慧洲岛，成为全球高科技研发业者、投资者与创意人才的聚集地，打造中新生态文明建设合作的示范区。

（三）树立中新产城融合发展合作的新样板

中新（南京）生态科技岛作为南京城市中心区的重要组成部分，其职能定位为综合型城镇，必须以产城融合发展为目标，大力发展科技研发产业和现代生活居住，以高端产业商务服务、信息科技服务和生态科技产业服务功能为主体，配合发展文化、娱乐、旅游、休闲和现代金融业为支撑，重视中新双方的产业合作与人才培养，推进岛上基础设施、生态用地的完善，树立中新产城融合发展合作的新样板。

（四）开辟中新社会综合治理合作的试验田

中新（南京）生态科技岛全岛未来规划总居住人口和就业人口控制在10万人左右，这意味着中新（南京）生态科技岛在五年内人口将从1.5万膨胀到10万，亟需创新的社会综合治理方法。中新（南京）生态科技岛应学习新加坡成功的社会治理经验，共建社群，联系社区，开启先行先试的社会治理新模式，服务社区需求，开辟中新社会综合治理合作的试验田。

五、改革试点的具体内容

根据当前中新（南京）生态科技岛所面临的形势，结合《南京市城市总体规划（2007—2020）》《南京市建邺区总体规划（2009—2030）》《中新（南京）生态科技岛概念规划》（2010）、《中新（南京）生态科技岛控制性详细规划》（2011）确定其主要定位方向为：

生态科技产业与现代生活社区。中新（南京）生态科技岛为南京都市区规划中的34个新市镇之一，其发展战略是承接主城和副城的产业转移，积极发展都市现代服务业和先进制造业服务的配套功能，形成专业化的城市居住和科技产业基地。中新（南京）生态科技岛的职能定位为综合型城镇，主要发展科技研发产业和现代生活居住。中新（南京）生态科技岛作为南京城市中心区的重要组成部分，将以生态科技产业服务功能为主体，配合发展文化、娱乐、旅游、休闲和现代金融业为支撑，重视生态景观建设和环境质量保护。

高端产业、商务服务业与高尚生活社区。中新（南京）生态科技岛应作为河西新城的拓展区，应定位于发展高端产业商务服务，联动河西新城，并为河西新城高层次人才提供高品质生活环境的综合发展区。

科技、智慧产业与生态宜居社区。中新（南京）生态科技岛应建设成为以科技、智慧型产业为引领，产业和居住融为一体的生态科技岛。其主要理念是建立一个可持续发展的环境，强调保护修复并强化自然生态系统，采用低碳技术进行城市建设，同时倡导环保高科技产业的研发和优质生活，作为南京主城区的有机组成部分，最终成为活力、宜居、生态、智慧洲岛，全球高科技研发业者、投资者与创意人才的聚集地。

生态科技产业与低碳智慧社区。中新（南京）生态科技岛应依托河西新城，衔接江北新城，发展集环保科技服务业、新能源服务业、现代农业服务业、生态旅游、文化创意、商务休闲、生态居住等功能为一体，立足南京越江发展战略和长三角一体化发展战略的多功能复合的"生态科技城，低碳智慧岛"。其产业规划为信息科技服务业、生态环保服务业、都市服务业以及都市型农业四种类型。功能定位为低碳体验岛、科技发展岛、综合服务岛、文化创意岛、休闲旅游岛。人口规划与土地规划为岛内总居住人口 10 万人，就业岗位 10 万个。规划总用地面积控制在 675 公顷，总建筑面积控制在 650 万平方米。

六、改革试点的中长期目标

为到 2020 年，能成功构筑江苏乃至全国改革开放新高地，建成国内领先、世界知名的生态科技岛，需要循序渐进，稳扎稳打，一步一个脚印推进示范区建设。这个过程大体要经历两个阶段。

第一阶段（2015—2016 年）。初步建成省级经济和生态体制协同改革试验区。学习借鉴新加坡和国际先进经验，严格落实前期规划，完成岛上基础设施建设和招商引资，高起点推进城市功能和优势产业建设，精心谋划现代治理规范，初步建成省级经济和生态体制协同改革试验区，为深化中新现代服务产业、生态文明建设、产城融合发展、社会综合治理等方面全方位合作奠定基础。

第二阶段（2017—2020 年）。建成全国生态文明国际合作示范基地。进一步强化与新加坡在理念、体制、人才、产业方面的合作，构筑中新现代服务产业合作的桥头堡，打造中新生态文明建设合作的示范区，树立中新产城融合发展合作的新样板，开辟中新社会综合治理合作的试验田，形成全省乃至全国改革开放新高地、生态产业集聚基地、生态城市社会示范基地、生态文化彰显基地等，探索形成一批可复制、可推广的成功经验。

七、评价指标体系

到 2020 年，生态科技岛应具有独一无二的优越环境和可持续的生态体系，拥有蓬勃发展的高科技经济和充满活力的国际化社区，具体指标如下：

目标		评价指标	单位	指标	达标年份
生态优美	可持续的生态体系	生态环境状况指数 EI	–	≥ 80 且不降低	2020
		连通并完善水网系统	%	完成连通	2018
		水质	水质	Ⅳ 级以上	2020
	独一无二的优越环境	住宅建筑到最近公园/绿地的距离	米	200—300	2020
		人均公共绿地	平方米/人	15	2020
		本地/本土植物指数	%	80	2020
		屋顶绿化率	%	民用30，产业50	2020
		全岛绿化覆盖率	%	60	2020
		建成区道路广场中透水面积比重	%	50	2020
	碳中立岛	比照 GB50189-2005，公共建筑减少的能耗比率	%	30	2020
		住宅和公共建筑中绿色建筑的比例	%	100	2020
		利用当地可再生能源比例	%	住宅 10，公建 15	2020
		岛内早晚高峰时段绿色交通出行方式（公共交通、步行、自行车）占比	%	80	2020
		日人均生活耗水量	升	140	2020
		人均生活垃圾产出量	千克/人日	0.8	2020
		生活垃圾分类收集覆盖率	%	100	2020
		区域环境噪声达标率（GB3096-2008，GB12523-90）	%	100	2020
		每单位 GDP 产生的碳排放量	吨/百万美元	140	2020
科技创新	蓬勃发展的高科技经济	投资江心洲的知名高科技企业数量	个	5	2020
		知识密集型产业增加值占比	%	≥ 80	2020
		信息化发展指数	–	≥ 90	2020
		每万名劳动力中从事科技创新活动的科技人员的全时当量	人年	70	2020

社区幸福	充满活力的国际化社区	无障碍设施率	%	100	2020
		国际学校与国际医院等服务机构的数量	个	2	2020
		参加环保和公共意识培训居民比例	%	100% 新住户和工作者	2020
		生活便捷度	%	80	2020
		社区服务中心覆盖率	%	100	2020

第三章 中新(南京)生态科技岛生态文明发展分析

一、打造生态文明建设合作示范区的意义

(一)生态文明建设是中新(南京)生态科技岛可持续发展的必然选择

生态文明建设是新时期全面建设小康社会、实现江苏"两个率先"的必然选择。由于中新(南京)生态科技岛面积有限,只有精心谋划和深入推进生态文明建设,才能形成节约能源资源和保护生态环境的产业结构、增长方式、消费模式。中新(南京)生态科技岛以"智慧"为引领,以建成世界级"生态科技城,低碳智慧岛"为目标,非常契合生态文明发展的要求。在中新(南京)生态科技岛进行生态文明建设,以体制创新推动绿色发展、循环发展、低碳发展,从源头上缓解经济增长与资源环境之间的矛盾,必将促进更有质量、更有效益、更可持续的发展,为打造江苏经济升级版作出有益探索。

(二)有利于完善南京城市功能

在中新(南京)生态科技岛进行生态文明建设,是增强南京示范带动作用的重要途径。经过多年发展,南京城市综合服务功能日趋完善,特别是随着中新(南京)生态科技岛和江北新城的开发建设,南京焕发出新的生机活力,在全省、长三角乃至全国的地位和作用更趋凸显。同时要看到,发挥南京城市示范带动作用,不仅需要完善服务和创新功能,更需要资源充足与环境健康的多重保障。在中新(南京)生态科技岛发展生态文明,立足于协调经济发展与生态安全的关系,通过推进低碳交通、低碳建筑、新能源推广、现代农业、立体花园等创新举措,借鉴新加坡花园城市模式,建成全球生态城市典范,必将提升南京的科技、管理、文化等辐射带动功能,为全省和全国推进生态文明建设提供成功样本。

3. 有利于打造中新合作新典范、形成可推广的新成果

在中新（南京）生态科技岛之前，中新合作项目主要有中新苏州工业园、中新天津生态城、中新广州知识城。其发展定位与功能定位都有所不同，研究界普遍认为，中新苏州工业园是中新合作应对现代工业发展的第一代项目；中新天津生态城作为中新合作应对全球气候环境变化的第二代项目；中新广州知识城作为中新合作应对后工业知识社会变化的第三代项目。顺着这一发展逻辑，结合中国生态文明建设新要求和新加坡建设经济发达的花园城市的有益经验，将中新（南京）生态科技岛塑造成生态文明建设的新样本与新典范，有利于深化中新合作，并形成一批可借鉴可推广的生态文明建设新成果。与此同时，由于中新（南京）生态科技岛范围较小，便于重新设计和规划管控，非常适合进行生态文明建设实验。在中新（南京）生态科技岛进行生态文明建设，学习借鉴新加坡先进理念，推动产业竞争力与环境竞争力同步提升、物质文明与生态文明共同发展，必将为中新（南京）生态科技岛的发展注入强大生机活力，开创江苏省生态文明建设新局面。而其建设生态文明的经验，对如今承受明显资源环境约束的南京市、江苏省乃至全国其他人口稠密、经济发达的城市和地区都将具有重要的推广和借鉴意义。

二、生态文明建设示范区建设的基础与态势

（一）生态文明建设进展

中新（南京）生态科技岛因其独特的区位条件、丰富的产业资源、扎实的开放基础和优势明显的体制优势，为未来中新（南京）生态科技岛生态文明的建设创造了有利条件。目前，经过五年多的规划、开发与建设，中新（南京）生态科技岛在生态文明建设方面已取得了一定成绩：

规划先行，充分体现了生态文明理念。由世界知名设计院完成的中新（南京）生态科技岛总体规划，突出强调生态环境保护、绿色循环低碳发展、空间集约节约，充分体现了生态文明理念。在此规划指导下，中新（南京）生态科技岛全岛绿化美化、环境综合治理、旧村改造建设和土地整理、产业绿色化发展等工作稳步推进。

严格落实生态型的产业规划。根据详细的产业战略规划和创新的"特别鼓励清单"制度，中新（南京）生态科技岛围绕绿色低碳的信息科技服务业、都市服

务业、生态环保服务业和都市型农业展开招商引资工作，推进产城融合和产业战略招商、落后产能淘汰和生态化改造，支持开展减量化、资源化、产业共生链接和系统集成等关键技术的研究和示范，积极构建绿色、循环和低碳产业体系。目前，已与300多家企业进行了招商洽谈，且已经引入了符合产业规划的江苏广电、江苏信息测绘技术有限公司等信息科技服务企业。

重视生态环境保护。实施了一批生态修复工程，中新（南京）生态科技岛沿岸景观提升及小流域综合整治工作持续推进，岛东夹江绿地生态河岸建设初具规模。加大了环境整治力度，现两平方公里核心区内环境整洁优美，面貌焕然一新，初具新加坡花园城市的雏形。加强了沿岸滩涂建设管理，重点农业和景观区域生态建设取得初步成效。加大了对青奥公园建设扶持力度，目前青奥生态公园已经全面开放，岛上生物多样性得以维护。还整合国土、环保、林业、规划、水文等部门空间管制要求，初步探索以生态功能红线、环境质量红线和资源利用红线为核心的生态保护红线体系。

积极推进低碳建筑、低碳交通。以高标准推进岛上建筑低碳化，目前银城长岛、保利紫荆公馆、升龙公园道以及仁恒综合体等一批低碳建筑项目陆续开发建成；新纬壹科技园主体建筑、单体写字楼、综合商贸楼等也陆续建成，正在实施招商工作。同时，规划设计实施岛内步行区和交通立体化网络建设，积极倡导低碳出行方式，目前岛内"人车分流"生态交通体系在规划和建造上雏形初现，"南京眼"步行桥连接奥南区域，中新（南京）生态科技岛与主城连接，完全实现步行桥、夹江大桥、地铁的多形态交通对接，以倡导低碳出行方式。此外，对建筑低碳、交通低碳、生活低碳可实现全过程监督的低碳控制体系已展开工作。

（二）生态文明建设中存在的问题

集中的新建任务带来的环境压力。从现在到至少未来五年内，中新（南京）生态科技岛上都将一直进行如火如荼的建筑工作，包括商品房、写字楼、市政设施、交通路网等，建筑垃圾如何处理？建筑减碳可否实现？建筑污染如何控制？这无疑会为成为中新（南京）生态科技岛生态文明建设碰到的首要问题。

人口涌入对中新（南京）生态科技岛生态环境承载力的考验。中新（南京）生态科技岛原来只有1.5万居民，经过拆迁和重新规划，预计在未来将有10万人居住。这10万人包括原住民、岛上就业人口以及其他人口，虽然整体而言，规划的人口密度低于都市区水平，但对中新（南京）生态科技岛来说也是一个五六倍的增量，不可忽视这突增的人口与岛上生态系统的承载力之间的关系。

历史遗留的土壤修复和污水治理问题。中新（南京）生态科技岛之前以农业用地为主，农业化肥与生活垃圾的排放未得到很好的处理，对岛上的土壤和周边水质依然有不可磨灭的影响。在新建现代农业与生态用地之前，应利用最先进的土壤修复技术与水质净化技术进行修复治理工作，并重视土壤与水质污染的动态监督，为未来治理工作做准备。

尚不成熟的生态文明政策与机制保障。根据新加坡等发达国家的建设经验，建立完善的政策和法律保障可以成为中新（南京）生态科技岛建设生态文明的强大支撑，推进环保市场化、环境的公众参与等机制创新是生态文明建设的有益助力。然而，生态文明建设在国内仍处于示范区建设的试验阶段，尚未总结出通用的经验成果供中新（南京）生态科技岛借鉴，因此在中新（南京）生态科技岛生态文明建设方案仍需要自行摸索。也因如此，中新（南京）生态科技岛的生态文明建设更显得潜力巨大、难能可贵，应鼓励其在建设过程中对先进经验先行先试，尽早探索出适合中新（南京）生态科技岛生态文明发展的政策与机制保障。

三、生态文明建设新加坡相关经验与启示

中新（南京）生态科技岛在生态建设方面与新加坡有很多相似之处，二者均有土地空间资源紧缺、经济基础较好的特点，也均面临国内外经济结构转型的困难期和机遇期。如何在我国两个"百年"中实现跨越式发展，在南京城市建设与发展中实现海天一色，山水相依，城市与自然和谐一体，新加坡的建设经验可资借鉴。

（一）坚持规划先行和生态优先

新加坡1965年建国后就通过联合国聘请世界一流专家，历时四年，高起点、高质量地编制了城市概念性发展规划，并以此为总纲，制定了城市总体规划、城市分区规划和控制性详细规划，为未来40—50年城市空间布局、产业发展等提供了战略指导。新加坡无论是概念性规划，还是城市总体规划、分区规划，都体现了先进的理念，较好地运用了区域生态经济、城市意象等规划理论，有效引导了"花园城市"个性特色的塑造。新加坡政府要求按照"可持续新加坡"目标的要求，体现"生态优先"的理念，优先规划绿地和集水区，以生态建设和水资源保护为龙头，力保经济发展对环境破坏最小化。

新加坡注重用发展的眼光谋划城市未来，努力使规划满足城市可持续发展的要求。比如，新加坡自 1960 年代就把地铁规划出来，把所有的管线都规划到地下，先规划后建设，先地下后地上，有了这些长远的规划，就避免了各类管线铺设带来的道路重复开挖和对城市交通的负面影响。新加坡的规划特别注重非建设空间的管制，处处体现对自然的保护和对人的关怀。从散布于公路旁的鸟类庇护所，可以看到新加坡人尊重、崇尚自然的思想。每个住宅小区都规划有服务功能齐全的商业区，居民步行 5 分钟均可到达商业区，公交车站到组屋连廊，体现了以人为本的思想。

为此，要把生态理念融入中新（南京）生态科技岛发展规划、交通规划、土地利用总体规划，使保护环境的着力点从微观层面进入宏观层面，使环境影响评价成为新经济发展的助推器、城市规划的优化器和防止生态环境破坏的控制闸，增强规划在生态城市建设中的可操作性。协调生态文明建设、保护与经济发展的关系，发挥国民经济和社会发展规划、城市总体规划、土地利用总体规划在生态科技岛建设生态文明城市的指导和统领作用，保障生态科技岛饮用水源安全、生物物种多样、生态系统稳定、生态产品丰裕。

与此同时，生态资源是最紧缺、最珍贵的珍稀资源。要自觉地推动绿色发展、循环发展、低碳发展，大力发展"低投入、低消耗、低污染"和"高产出、高效益、高附加值"产业，使人口流向、资源开发和产业布局适度集中，换取生态环境的自我繁衍、休养生息。当经济发展与生态环境发生矛盾时，优先考虑生态环境，坚决摒弃以牺牲环境换取经济增长的发展模式，加大对污染治理、生态修复和环境建设的投入力度，提升环境承载力和城市宜居水平，使全体岛民共享发展成果。

中新（南京）生态科技岛只有约 15 平方公里的土地，更需要学习新加坡在规划中体现土地集约化利用的生态规划。一方面，可以采用大疏大密的总体规划结构，集约利用土地，保证生态基地的延续；另一方面，在具备一定开发量的基础上，需立刻引进先进的生态市政设施，及时创造生态效益。

（二）坚持法律保驾护航

从 20 世纪 60 年代开始，新加坡政府先后制定了一系列环境保护的条例和标准，并不断完善，以控制工业污染。如从 1980 年起，发电厂、炼油厂等主要空气污染源只准使用硫磺含量不超过 2% 的液态油发电。对于排放空气污染物的工业企业，要求其必须安装特别设备以确保排放的气体符合国家标准。新加坡政府的环境保护立法，在理念上并无特别之处，在结构上也是宏观的法律辅以具体的法规，但其最大优点是法规条文内容详尽、权责清晰、处罚透明，具有极强的可操作性。

开展生态文明建设顶层设计，亟待制定实施中新（南京）生态科技岛生态文明建设规划。按照生态文明建设要求，加快制定生态文明建设立法，推进资源节约、大气污染防治、土壤环境保护、生态红线管理、水域管理以及促进绿色消费、实施生态补偿等专项工作。研究出台建筑废弃物排放收费政策，减少建筑垃圾排放；制定雨洪资源利用管理办法和技术规范，提升全岛水资源循环利用的水平；完善生态环境经济政策，深化资源环境价格改革，完善阶梯式水价、电价等资源收费制度。健全完善实施生态补偿机制，加大对基本生态控制线、水源保护区及重要生态功能区的生态补偿力度。积极推进碳交易和排污权交易，全面推进环境污染强制责任保险，开展损害鉴定评估试点。

同时，要加强生态环境执法，创新执法手段，实施重点环境问题挂牌督办、涉嫌环境犯罪案件移送等制度，严厉打击非法排放有毒有害物质等生态环境违法行为。大力推行生态环境违法行为有奖举报，支持环境公益诉讼，严格追究生态环境违法行为的民事、行政和刑事责任。严格执行生态文明建设考核办法和考核指标体系，全面推进生态文明建设考核工作，考核结果作为评估领导干部政绩和任免奖惩的主要依据。

（三）坚持政府主导与政企分工合作

新加坡政府实行指引、监督、惩罚为一体的系统模式。在规划指引方面，从规划管制入手，在土地规划、工业项目的合理选址、发展与建筑等方面实行管制，对环境基础设施的建设进行系统化的管理措施。在监督方面，定期监测地面空气质量、内陆河道及近岸海域的水质、监控道路上排放黑烟的车辆、评估管制措施的效率等。在惩罚方面，在新加坡的公共汽车上到处可以看到"乱扔垃圾罚款1000新元"的告示。乱扔烟蒂、随地吐痰、攀花折木、破坏草坪、驾驶冒黑烟的车辆等违规者必会收到罚单，如果不按时交纳罚款，就会受到法院的传讯。新加坡的执法之严厉到了"不近人情"，如对信手涂鸦等恶意破坏环境的行为，甚至规定了严酷的鞭刑。对于一些破坏公共环境者，其法律规定让他们穿上印有"垃圾虫"字样的黄色夹克去扫马路，使受罚者深受其辱，从而产生畏惧心理，杜绝了重犯的可能性。

尽管新加坡生态城市建设由政府统一组织、统一规划、统一实施，但在实施过程中，公共机构和私人企业紧密合作，优势互补，双方共赢。由政府提供环境基础设施和私人企业提供服务是当前较为普遍的做法。如实马高岛岸外垃圾填埋场的建设由政府全额投资，而垃圾的收集、运输等均交由私人企业界来完成。又如吉宝西格斯大士垃圾焚化发电厂，是新加坡国家环境局首个国家与私人合作的垃圾处理项目。其建设、建造、拥有和经营都交由吉宝组合工程集团旗下的吉宝西格斯环境科技公司负责。在这个项目下，公司为国家提供 25 年的垃圾焚化服务，合同金额 5 亿新元。

(四)坚持污染物排放减法和生态建设乘法原则

新加坡在污染物减法方面，重点举措包括：结合市场机制和规范化管理整合资源，鼓励实行分类处置建筑、生活、医疗废弃物以及污泥和农业秸秆，自主建立再生资源回收网点，建立再生资源回收网络，提高垃圾分类收集率和资源化率，加强提高资源利用效率；强力推进国家餐厨废弃物综合利用试点建设，加强对餐厨垃圾特别是潲水油和地沟油监管力度，杜绝非法流通，逐步建立餐厨垃圾回收、处理和处置体系，实现餐厨垃圾专门收集、统一清运；编制再生水利用工程实施方案，推进污水处理厂再生水利用工程建设，提供河道生态补水及工业、市政、景观用水；实施建筑节材和建筑废弃物源头减量化战略，推进建筑废弃物再生利用项目建设；加强机动车排气污染控制，提高新能源机动车比例，逐步在城市推广使用清洁燃油；研究建立低碳发展评价考核体系，建立健全温室气体排放的统计、核算及评估机制，建立低碳产品认证、碳标识制度以及碳排放交易机制；严控道路扬尘污染，加强施工工地扬尘治理，通过全方位、超常规的治理措施，持续提升空气质量，打造清洁低碳城市。

实践证明土地、雨水、空气、植被和动物等资源相互影响，要素合理利用可以推动其他要素的保护，相反，要素的破坏可以带来其他要素的损失。新加坡在推进整体生态建设乘法原则方面，重点举措包括：坚持保育为先、恢复为主、建设并重的原则，多主体多渠道发挥土地、雨水、空气、植被和动物等资源在生态建设中的综合作用，提升生态资源的承载能力，提高城市生态要素资源聚合能力，发挥生态资源利用与管理效用成几何级增长；尽量保留现有的各种林地、绿地、水面、湿地、岸线、滩涂等重要生态资源，开展生物多样性和外来物种入侵情况调查和评估，抢救性保护重要的生境和珍稀动植物物种资源；探索推行"水资源配置、雨水收集利用、水体循环、建筑节水"四方面的水资源保护与利用生态规划，同时开展生态治水模式，开发雨洪系统，增强河流自净能力，开展地下水基础状况环境风险评估，建立健全地表饮用水源地和地下水环境风险防范与水质预警监控体系；扩大绿化规模，加强生态公园、城市背景绿地和绿道网的建设与保护，推进裸露地块的绿化覆盖，推进建筑群立体平台、人行天桥、立交桥、屋顶等立体绿化，加强住宅区和庭院绿化，实现住宅区围墙透绿、阳台增绿，提升绿化质量，开展道路绿化，沿铁路、高快速路两侧、海岸线建设生态景观林带，积极推进主干道路绿化景观建设，完善"滩涂郊野公园—市政公园—社区公园"三级公园体系，加快建设"公园之城"；推动生态文明国内国际交流合作平台建设，强化城市与周边地区大气污染联防联治、跨界河流共同治理，进一步拓宽环境保护与可持续发展领域的合作，推进船舶空气污染治理及持久性有机污染物控制，重视水体污染控制，加强生态文明国际交流与合作。

（五）坚持注重生态文明教育

环境保护成为新加坡人的共同理念，政府的环境危机感逐渐演变成全民共同的忧患意识。新加坡政府特别重视环保教育，将环保教育列为学校课程的一部分，鼓励每所学校至少成立一个环境保护俱乐部。同时，新加坡政府把新生水厂、垃圾无害化填埋人工岛等环境工程作为环保教育基地，要求各机构组织员工、学校组织学生进行参观，现场接受环保教育。

新加坡政府鼓励人人参与环境保护活动，自1990年以来，每年都开展"清洁绿化周"活动，推动企业、学校和社会团体参与环境保护。鼓励社区成立园艺小组，市民可根据自己的喜好选择种植树、花的种类，政府会资助一些专家为小区做一些评估，为小区居民提出是否适宜植物生长的土壤、水文等专业建议，绿化的具体费用由小区或个人筹集，市民全程参与的方式提升了他们建设家园、保护环境的积极性和自豪感。

四、打造生态文明建设合作示范区的目标与步骤

（一）生态文明建设的总体目标

秉承制度引领、局部先试、差异化推进、品牌创建的战略方针，以中新（南京）生态科技岛为重点试验区，建成经济发达、环境优美、社会和谐的生态新中

新、幸福新中新，牢固确立其在全国、全世界的领先地位。

全力打造生态制度创新基地。加强对生态文明建设的组织领导，创新生态文明建设科学顾问机制，建立生态文明建设科学评价制度、建立生态文明建设政府考核制度、建立生态文明部门联系机制，建立生态文明区域联动机制，加强生态文明建设领域交流合作等。

全力打造生态经济引领基地。加快推进传统产业转型升级，构建以高效农业为基础、环境友好型工业为重点、现代服务业为支撑的循环高效产业体系，倡导环保产业化，增强生态产品生产能力，促进产业结构和经济格局进一步优化。

全力打造生态细胞示范基地。编制生态文明体制协同改革试验区规划，推进土地节约集约利用，进一步强化环境污染防治和生态环境保护，推进绿色社区（生态文明示范区）、绿色学校、绿色机关、绿色企业等绿色细胞创建活动。

全力打造生态文化品牌基地。在全岛牢固树立人与自然和谐共处的生态文明理念，开展系列生态文化普及行动，营造优美城市生态景观风貌，提升全岛居民的幸福福祉，叫响"智慧低碳"等系列生态文化品牌。

重点打造中新（南京）生态科技岛生态文明试验区。在做优做强中新（南京）生态科技岛生态文明建设试验区的基础上，积极探索区域生态环境保护与地区科学发展的路径和模式，努力把试验区打造成全国乃至世界生态文明建设的先行区域。

（二）中新（南京）生态科技岛生态文明建设的阶段目标

中新（南京）生态科技岛生态文明建设推进期限为2014—2020年，其中2014年为基准年，2015—2016年为重点推进期。分阶段的主要目标为：

2015年，完成以中新（南京）生态科技岛试验区为核心的生态文明建设的战略部署，建立系统完善的生态文明制度体系，将"生态文明"内容列入各级党委、政府目标考核，不断提高在班子干部考核中的占比，全面融入政府行政体制、企业内部制度和公众行为规范，加快构建人与自然和谐发展的生态制度框架，到2015年，规划与重大决策环评执行率达到100%，生态环保投资占财政收入比例≥15%，环境信息公开率达到100%，重点企业自测自报信息公开率超过80%。

2016年，着力打造中新（南京）生态科技岛试验区的"六大板块"，分别是中新（南京）生态科技岛生态红线保护区、绿色建筑产业集聚示范区、低碳示范区、生态科技岛科技产业园、现代农业产业园，积极探索区域生态环境保护与地区科学发展的路径和模式，为中新（南京）生态科技岛全面推进生态文明建设打下坚实基础。

2016—2020年，全面推进中新（南京）生态科技岛生态文明建设，基本形成节约资源和保护环境的空间结构、产业结构、生产方式和生活方式，环境质量明显提升，生态文明理念深入人心，努力把中新（南京）生态科技岛打造成全国一流的生态文明先行先试区域。

五、打造生态文明建设合作示范区的方向与原则

（一）坚持社会经济生态化方向

社会生态化。社会生态化指社会结构应趋向一种社会和谐、融合且社会各阶层齐心协力的状态，包括社会关系的和谐，民主与法治的统一、公平与效率的统一、活力与秩序的统一、科学与人文的统一、人与自然的统一、城乡发展的平衡等。

经济生态化。运用生态学规律指导经济活动，加快产业生态化转型，坚持经济结构进一步优化，加大服务业三产比重；加快经济发展包容性增长，重视经济发展质量，严格控制高耗能、高排放行业低水评重复建设，安排专项资金用于节能降耗的技术改造，将"绿色政绩观"作为干部的考量；构建以高效农业为基础、环境友好型工业为重点、现代服务业为支撑的循环高效产业体系。积极发展高效农业，严格控制农业面源污染，提高"三品"种植占农业种植面积比例；重点打造现代新型工业，营造高科技、无污染产业发展的优良环境。加快发展现代服务业，强化现代服务业发展的统筹规划和资源整合，培育服务业循环经济示范点。

（二）坚持生态经济社会化方向

生态经济化。按照生态亦是资源、资产的理念，在资源开发环节，推进生态资源产权界定工作，建立使用生态资源付费制度，推进生态补偿机制建设，同时，在保护生态的前提下，积极推进生态衍生资源以及与生态资源具有密切联系的相关资源的开发利用在生产环节，大力发展环保产业，营造水环境治理、大气环境治理、固体废物再利用、环保装备、环境服务等领域的企业发展优良环境，提高生态产品的生产能力；在资源废弃物产生环节，促进垃圾资源化产业的发展；在社会消费环节，大力提倡绿色消费。

生态社会化。坚持生态建设的社会化和生态福利的社会化。生态文明建设是一个社会化的系统工程，需要社会公众的广泛参与。生态福利是一种公众福利，不能被某个人、某个组织或某个阶层所占用，应让生态福利成为社会的福祉。

（三）坚持五生态同步推进方向

创新自然生态、经济生态、社会生态、文化生态、政治生态"五生态同步"理念，将其融入中新物质文明建设、精神文明建设和政治文明建设全过程。

改善自然生态。坚持整治与保护并重，营造最美环境。建立科学有效的生态保护红线体系，制定城市绿地地积极探索和建立"国家公园"保护式开发模式。

改良经济生态。以生态学规律为指导，加快产业生态化转型，促进构建以高效农业为基础、环境友好型工业为重点、现代服务业为支撑的循环高效产业体系。

改进社会生态。以构建民生幸福和谐家园为目的，全力推进城乡一体化建设，加快推进公共服务均等化，努力消除城乡生活差距，打造生态人居工程，提高居民收入水平和生活幸福指数。

改构文化生态。以"生态新中新、幸福新中新"为主题重塑中新形象，更广范围促进生态观念普及并使其深入人心，打造中新生态文化系列品牌。

改革政治生态。以提升"绿色执政力"为重点，从空间准入、环境准入和效率准入三个方面完善生态文明制度体系，从生态行政、行业管理和社会监督三个方面强化生态文明制度执行。

（四）坚持敢于率先的基本原则

敢于创新。以"生态行政"创新为重点，创新生态文明建设科学评价制度，创新生态文明建设科学顾问机制、创新生态文明建设责任制度、创新生态产业引领制度、创新生态建设细胞工程建设。

敢于试验。以中新（南京）生态科技岛为核心，通过融合生态红线保护区、绿色建筑产业集聚示范区、中新低碳示范区、中新（南京）生态科技岛科技产业园、中新现代农业产业园以及水稻高产示范区等六大板块，更大力度推动产业转型升级，更实举措推进现代化小城镇建设，更高要求开展生态文明建设，积极探索区域生态环境保护与综合发展统筹兼顾的做法、经验。

敢于示范。总结生态文明建设创新和试验的成果，注重特色彰显和品牌打造，使生态文明建设深入人心，在全省乃至全国起到模范带动作用。

（五）坚持多维融合的基本原则

多维融合有助于中新生态文明建设的全方位推进，要体现主体的多维、客体的多维、领域的多维、手段的多维。

主体多维。包括政府、企业、家庭、行业协会、志愿者和专家委员会等，应调动最广泛的力量参与共同推进中新生态文明。

客体多维。包括资源、环境、生态、空间等，资源方面涉及水、土、能源、矿产、生物资源等，应坚持资源利用的集约节约高效；环境方面应重视污染物减排、治理及垃圾循环利用；生态方面应注重生态系统的恢复和保护；空间方面应科学确定建设空间、生态空间和农业空间，探索各类空间有效保护和开发利用。

领域多维。包括生态区尺度、中新（南京）生态科技岛核心区尺度、镇尺度、各级生态村尺度、社区尺度等，应拓展生态文明建设的深度和广度。

手段多维。包括规划手段、制度手段、科技手段、资金手段和教育手段等，应重视多手段的灵活组合运用。

（六）坚持部门协同的基本原则

部门协同有利于建设信息畅通和决策负责的生态行政体系，要体现机构协同、规划协同、规范协同、管理协同、组织协同。

机构协同。成立由发改、环保、国土、水利等多部门组成的生态文明建设领导小组，统领全区生态文明建设。

规划协同。征求各部门意见，编制中新（南京）生态科技岛生态文明建设纲要，并纳入"多规合一"系统，促进规划衔接与融合。

规范协同。调动多部门力量制定生态文明建设的科学评价体系，将环评、地评、水评、人评及重大事项科学论证作为前置审批，理顺现有规范，制定多部门统一的行业规范。

管理协同。建立环境与发展综合决策机制，把"绿色政绩观"作为干部的考量，把"绿色执政力"作为提升的重点，落实部门责任人制度，避免决策失误造成资源浪费和环境污染。

组织协同。动员及联合行业协会、环保组织、专家委员会及更广泛的社会力量为中新生态文明建设出谋划策，并发挥社会监督的作用。

另外，基于环境影响的广泛性，还应建立基于流域、区域污染防治联席会议制、生态补偿等制度，加强区域部门间的协同。

（七）坚持区域差异化推进原则

局部先试。设立中新（南京）生态科技岛生态文明试验区，融合生态红线保护区、绿色建筑产业集聚示范区、低碳示范区、生态科技岛科技产业园、现代农业产业园以及水稻高产示范区等六大板块，更大力度推动产业转型升级，更实举措推进现代化小城镇建设，更高要求开展生态文明建设，积极探索区域生态环境保护与综合发展统筹兼顾的做法、经验，充分展示生态文明建设的新理念、新方法、新成果。

重点突破。完善流域管理，探索生态管理改革创新路径。推进科学管理，探索生态红线保护区建设创新路径。健全体制机制，探索生态经济建设创新路径。发动社会参与，探索生态文化建设创新路径。统筹城乡发展，探索生态人居建设创新路径。

梯度推进。按照先易后难原则，将中新（南京）生态科技岛生态文明建设区分为优势区、中度区和攻关区。优先试验生态文明发展优势区，带动中度区和攻关区发展。

六、生态文明建设合作示范区的合作方式或模式

中新（南京）生态科技岛的生态文明建设工作是一项系统性的工作，应重视与新加坡方面的合作与沟通。在合作的过程中应坚持从生态科技岛的社会实际情况出发，通过多种途径发动政府与社会民众的积极性，广泛学习、深入理解并消化吸收新加坡的先进经验。在模仿先进经验和将其本土化的同时，应尝试与新加坡方面一同探讨面向未来的生态综合治理新观点、新思路、新制度和新模式，努力摸索出一套符合中新（南京）生态科技岛、符合我国实际情况的先进生态文明发展模式。中新的主要合作模式主要包括以下几条。

组织社会各界人士赴新加坡考察学习生态文明建设的先进经验。广泛学习与模仿先进模式和经验是消化吸收的前提，要发动政府、社会组织、企业及民众代表组成考察团，实地学习新加坡先进经验，并适时将成果总结公布。必要时可建立相关人员的定期培训交流制度，在生态文明建设的不同阶段有所侧重地进行考察学习。

定期合作举办生态文明建设主题论坛和研讨会。广泛发动政府与社会的力量参与到生态文明的建设探索中来，通过举办"中国·新加坡生态文明"等主题论

坛及相关研讨会，邀请两国社会各界人士一同交流生态文明建设的经验，并就中新（南京）生态科技岛在建设过程中的新成果、新局面、新困难、新问题等交换意见，共同推进可持续发展的观念与制度创新，为生态科技岛推进生态文明建设建言献策。

建立关于新加坡生态文明建设经验输出的中新政府协商机制。重点发挥政府在生态治理中的主体作用，通过构建双方协商机制，包括定期召开双方政府间治理经验协商或联席会议等形式，力求将新加坡在生态城市建设过程中生态优先、规划先行、污染治理、生态建设与法制保障等方面的有益经验进行系统梳理，并结合中新（南京）生态科技岛实际转化为切实的方案为我所用，进而总结形成可供借鉴的生态文明建设成果进行推广。

双方合作开展干部交流与挂职锻炼，引进或借调优质人才。创新人才引进与培养制度，为生态科技岛生态文明建设提供人员保障。通过双向挂职、干部借调等多种形式引进新加坡拥有丰富经验的人才驻生态科技岛指导生态文明建设及创新。

七、打造生态文明建设合作示范区重点与关键措施

（一）推进土地节约集约利用

优化土地利用结构。严格按照中新（南京）生态科技岛规划方案实施土地空间引导和布局优化战略，合理分配建设用地比例结构，控制企业用地，保障生活用地，增加生态用地。协调生态用地与建筑用地关系，保证中新（南京）生态科技岛绿地面积达到70%的规划要求。

提高土地利用效率。强化中新（南京）生态科技岛建设用地开发强度、土地投资强度、人均用地指标整体控制，提高区域平均容积率，提高中新（南京）生态科技岛土地综合承载能力。统筹地上地下空间开发，推进建设用地的多功能立体开发和复合利用，例如在快速路隧道上方建设立体绿地公园，以提高空间利用效率。统筹岛内各功能区用地，鼓励功能混合和产城融合。

（二）推进生态系统的修复与治理

强化土壤污染监管监测与风险控制，推进土壤污染治理与修复。建立土壤环境质量监测网，并运用最新技术手段对岛上原有工矿企业、传统农业等污染场地土壤进行综合治理与修复净化；对将建企业与农业制定严格的土壤环境调查评

估，开展农业面源污染治理，全面实施测土配方施肥，推广精确施肥、高效植保机械化技术，引导使用生物农药和高效、低毒、低残留的农药。

推进全岛绿化，增加碳汇。大力发展全岛绿化，科学规划、重视立体绿化，让全岛绿化覆盖率达到 70% 以上。中心建筑区发展立体公园和大型绿地建设，岛外圈设立大型公园和现代农业，建设园林小区、园林单位，发展屋顶、墙壁等立体绿化。加强中新（南京）生态科技岛湿地保护和建设，建设中新（南京）生态科技岛生态观测站。建设生态廊道、生态绿道和生态驿馆。积极推进产业集聚区和社区绿化，提升绿化水平。

加强生态空间保护。严格按照中新（南京）生态科技岛规划方案开展建设工作，严禁占用滩涂等非建设用地。加强公园、绿地、湿地和农业用地的分类管理，加强岛上生态空间保护。

(三)推进水环境水生态治理

源头控制污染。实行环评前置审批，强化政策环评和水污染物排放总量控制。严控工业污水排放，控制农业面源污染。控制生活污水排放，加强水上交通污染防治，重点加强对生产和生活垃圾的监督管理，从源头控制隐患。

流域综合整治。联合南京其他城区及其他城市，加强对长江保护区及上游地区污染源的排查工作，推进长江水污染综合整治。优化水系布局，全面推进全岛污染河道整治和江堤改造工作，重点推进城区河道整治和水域功能完善。全面提升污水处理能力，加快污水泵站、雨水泵站、垃圾中转站等设施的建设，提高处理设施运行负荷率和达标排放水平。巩固已整治河道的水质，持续提升长效管理水平。

加强监测预警。完善岛边蓝藻监测预警体系，强化入湖河道沿线污染源监管。扩展河道断面和污染源自动监测监控点位，加强水环境预警监测。加强河流交界断面水质监测、评价和考核。

(四)推进建筑绿色低碳发展

推行建筑能效标识与节能监管体系建设。按照国家建筑节能标准和相关法规，制定中新（南京）生态科技岛建筑能效测评与标识管理办法，对所有在建项目进行能效测评。加快公共建筑能耗计量信息系统建设，对重点建筑实行分项计量、联网运行、适时监控和监测数据共享，强化公共建筑节能运行管理，并纳入省能源利用监测与信息管理系统，实现能耗监测联网运行。开展公共建筑能耗统计、能源审计和能耗公示工作，接受社会监督。

加快既有建筑节能改造。根据建筑能效标识制度，对既有居住建筑进行节能改造，以建筑屋顶、门窗、供热计量节能改造为重点，逐步进行节能改造，提高建筑节能效果。

推进可再生能源在建筑中的应用。建立可再生能源建筑应用的长效机制，集中连片推广可再生能源建筑。全区公共区域尽可能采用太阳能、风能、光伏、地热等可再生能源提供照明、供暖。

推广建筑节能材料、产品和技术。加强新型建筑节能结构体系的推广应用。促进新型建材的应用和发展。建立推广应用建筑节能新技术和新产品的长效机制。研究建立符合中新实际的绿色建材认证制度，引导市场消费行为，加强建材生产、流通和使用环节的质量监管和稽查。加大对新型建材产业和建材综合利废的支持力度，制定相应的绿色建筑奖励机制。

（五）推进绿色低碳交通发展

构建智能交通网络。大力发展智能交通技术，加快物联网技术在岛上的推广应用，推广智能化调度系统和无纸化作业、智能化公共交通与运营管理工程等。建立网络化交通管理数据平台，加强交通公共信息发布服务能力，完善管理体制和行业发展政策。

创造绿色出行环境。遵循现有自然机理，融合多条通江绿带及小河流，保留现有林荫路使之称为慢速交通专用道，设置步行栈道、单车道、创意长廊、滨水商业带等，为绿色出行创造条件。鼓励使用公共交通工具，科学规划公交站、地铁站并添加装饰，吸引乘客乘坐。

推广低碳交通运输装备。从公车和公共交通设备开始，大力推广新能源交通工具，并建设相应基础配套设施。控制交通尾气排放量，对尾气排放超标的车辆增加限制上岛等规定。

（六）推进产业体系低碳发展

重点引进信息科技服务业。积极培育战略性新兴产业，抓住国家加快转变经济发展方式、推进经济结构战略性调整的政策机遇，加强与新加坡，以及央企、其他外企和世界领先企业合作，强力推进电子信息、节能环保、新材料、生物医药、文化创意产业等新兴产业的发展。将研发创新产业园、信息服务园、文化创意产业园融合为一体集中布置。

大力支持生态环保服务业。划出生态环保服务业的集聚区，重点发展生态技术展示、生态环保服务业研究机构、科研平台。

积极发展都市型服务业。发展现代物流、金融中心、健康养生等新兴服务业发展，建立相关配套标志性设施。

推进新型农业形态发展。都市型农业积极发展生态科技农业、生态休闲农业，兼顾旅游观光，同时要注意其对土地、水源带来的相关风险，因此在建设新型农业区时，注意配套污水处理、环境监测等基础设施。

第四章 中新（南京）生态科技岛产业发展分析

生态科技岛未来将是中新现代服务产业合作的桥头堡，是南京服务业转型升级新的起点，服务业发展的高地，人才集聚的高地、知识创新的高地，生态南京的样板，中新特色、中新合作的示范窗口是生态科技岛作为"桥头堡"的重要意义，其信息科技服务业、生态环保服务业、都市型服务业在南京市乃至江苏省甚至全国都应处于引领作用。

一、现代服务业发展态势

现代服务业是与经济发展阶段相适应的产物，伴随着信息技术和知识经济的发展产生，用现代化的新技术、新业态和新服务方式改造传统服务业，具有智力要素密集度高、产业附加值高、资源消耗少、环境污染少等特点。党的十八大提出"加快传统产业转型升级，推动服务业特别是现代服务业发展壮大"。为了促进现代服务业发展，从国家到地方各个层面都相继出台了相应的政策以引导、指导我国的服务业发展。

中新（南京）生态科技岛所在地南京是我国东部发达地区的区域中心，已经进入社会现代化阶段，服务业发展迅速，规模不断扩大，已成大势所趋，但也存在诸多不足：一是服务业结构不尽合理，以传统产业为主，新兴产业占比很低；二是行业开放度不高，服务业内部各行业外资比重很低；三是服务业布局不适应城市发展方向，过于集中于老城区；四是竞争力和辐射力不强，对外服务能力较弱。总的来说，目前南京服务业发展与发达国家服务业存在明显差距，亟待转型升级。

新加坡是亚洲经济发达地区，服务业发展经验值得借鉴。从上世纪八九十年代，新加坡的现代服务业就注重高技术化；进入本世纪初，注重高知识化；目前，面对信息时代对现代服务业发展带来的全新机遇，新加坡又提出实施"智慧国家 2015 计划"，通过信息化建设对现代服务业进行彻底改造和重新定位，全面提升包括金融服务、旅游与零售、保健与生物医药、教育与学习，政府服务等现代服务业经济领域的发展水平。

中新（南京）生态科技岛具有完全独立与清晰的地理边界，岛上开发强度较低，生态环境良好，具有中外投资各方的资金和招商优势、新方服务业发展的经验优势，所在南京的人才集聚优势等，在产业设计中，服务业转型升级的迫切需求已经为江心洲的发展指明了方向，江心洲最终的产业布局应聚焦在现代服务业领域，并在南京乃至江苏省服务业转型升级中占据高地。

二、新加坡经验与启示

（一）中新合作启示

新加坡与中国合作的项目主要有中新苏州工业园、中新天津生态城、中新广州知识城以及中新（南京）生态科技岛。从新加坡与中国另三个城市合作的发展项目来看，具有一些相似特征。

合作模式相似。都是在中新双方合作的大框架下推进主题合作项目建设，新加坡输出城市开发与园区营运管理经验。

国家层面扶持。中新苏州工业园位于国家级开发区苏州工业园内，中新天津生态城位于国家重要战略区域滨海新区内，中新广州知识城位于国家级开发区广州开发区内，三个合作区域均位于国家级开发区内，享受国家特定优惠政策。

产业定位明晰。中新苏州工业园以高薪技术产业为主导；中新天津生态城聚焦生态绿色产业；中新广州知识城以知识密集型服务业为主导。

与以上三者相比较，中新（南京）生态科技岛拥有其独特的地理位置（相对封闭但又开放的江中岛）和优良生态资源环境，但也有其发展的局限所在，中新（南京）生态科技岛所在的南京建邺区目前还只是一个市辖区，与另三个园区属于国家级园区相比，顶层设计受到局限，很难享受到国家层面的优惠政策。同时园区面积也最小，产业发展空间受限，产业选择方面应更趋于高端化、高知化。

表 1　中新合作园区项目概览

名称	面积	园区级别	总体定位	管理／协调机构
中新苏州工业园	288km²，中新合作区 80km²	位于国家级开发区内、中新合作的首个样板	以高新技术产业为主导，电子信息制造、机械制造	中新两国政府联合协调理事会中新双边工作委员会，由苏州市长和新加坡裕廊镇管理局主席共同主持
中新天津生态园	31.23 km²	位于国家重要战略区域滨海新区范围内	聚焦生态绿色产业，产业重点为科研开发、节能环保、文化创意等领域	中新生态城协调理事会、双方工作性联席会谈、三方会谈，（由建设部规划司牵头，滨海新区管委会及新加坡政府驻生态城办事处负责人三方参加）
中新广州知识城	123 km²	位于国家级开发区广州开发区内	以知识密集型服务业为主导，发展研发服务、创意产业、教育培训、生命健康、信息技术、生物技术、能源与环保、先进制造八大支柱产业	新加坡——广东合作理事会知识城工作委员会，中新广州知识城合作理事会知识城工作推进小组；中方由广州市推进粤新合作"知识城"项目建设领导小组负责

（二）新方经验启示

纬壹科技城。纬壹科技城建设计划成立于 1998 年，总规模 2 平方公里，以生命科学、生物制药和资讯科技研发等产业为主导，是新加坡发展知识型经济的标志，突出贡献在于搭建了研发、创新和实验于一体的平台，工作、学习、生活和休闲实现了"一体化"，实现了人才的高知化，产业的高端化，生活的便利化。其主要经验启示有：一是政府主导高知型开发。2000 年以后，新加坡力推知识经济的发展，纬壹科技城以复合发展模式开发新型高科技园区，由多节点区块组成，在初期的"启奥城""启汇城"的开发伊始，就有新加坡国家科技局等单位确定入驻，一期基本建成时，国家级的科研主体入驻比重约为 70%，有很强的带动和示范效应。二是良好的基础设施配套。提供多样化的办公和居住空间：适应不同规模等级的企业需求，鼓励与培育小企业的成长。资讯与交易平台能够实现科技成果与产业化生产的商业化转化，每年约有 6—8 个科研项目实现产业化。三是较强的开放性。园区近新加坡国立大学和荷兰村，充分结合周边教育科研、商业、居住、餐饮、休闲等设施，开放的园区创造集工作、居住、玩乐及学习为一体的活力和个性环境，与城市及周边社区联为一体，设施共享，提高活力和效率。交通便捷，轨道站点深入园区。

裕廊工业园区。新加坡裕廊工业园，是亚洲最早成立的开发区之一，位于新加坡岛西南部的海滨地带，距市区约10多公里，面积为60平方公里。裕廊工业园开启了园区开发的模式，之后的几十年内，成立了30多家工业园区，对新加坡快速实现工业化起到了重要作用。其主要经验启示有：一是政府主导的开发运营模式。园区的开发运营主要是由政府垄断开发。在整个开发过程中，裕廊工业园区的资金筹集、土地运用、招商引资等均采用一级政府统一规划，专业化分工建设、管理和服务协调相配合的发展模式。园区的初期开发建设资金来自政府。后期资金的来源虽呈多样化趋向，但项目建设的初期投入资金仍然主要来源于政府。政府用法律制度来安排土地的开发利用，由JTC统一控制全国工业用地和各类园区的供给，园区由经济发展局遍布世界的专业招商队伍统一负责招商。二是全球范围内的集中招商模式。采取公司总部统一招商策略，由经济发展局统一招商，在世界各地设立分支机构。这种策略的主要特点是：拥有高度的营销自主权；为跨国公司提供优质服务的基础，如新加坡首创的"一站式"服务；有效选择客户群。经济发展局主要招商的客户群体有三类，分别是：战略性公司，重点吸引其财务、市场等重要部门至园区内；技术创新型公司，重点吸引其核心产品及技术研发的部门至园区内；公司的重要部门，重点吸引其最复杂的生产程序和最先进的生产技术部门到园区内。通过这三类公司的引进，裕廊工业园区不再仅仅是一个低成本的生产中心，而是公司进行战略运作的长期基地。

从以上案例可以看出，园区在发展过程中政府作用及良好的发展环境必不可少。政府主导开发模式的优点是：保证项目快速启动并尽快达到规模经济；快速并以较低成本获取私人土地；有效吸引跨国公司的投资；园区的竞争对象在国外而不在国内，园区之间没有恶性竞争。良好的发展环境包括前瞻性的规划、公平竞争的市场环境、完善的基础设施，公平交易的法律制度环境及方便的生活环境等，这些都有助于高素质人才和高端客户群的进驻以及未来的良性园区运营。

三、构筑中新现代服务产业合作桥头堡的目标与原则

(一) 发展目标

构筑中新现代服务产业合作的桥头堡，采取"优先发展信息科技服务业，重点发展都市服务业，大力夯实生态环保服务业，加快发展都市农业"的思路，立

足产业链的上游，引领服务业产业的转型升级，实现从江心洲—南京—江苏—全国的全幅射。

产业培育期（2015—2020年）。初步达成生态岛建设指标，形成国家级的现代服务业集聚区，初步构建长三角乃至中国的"知识创新岛、生态服务岛"。

产业发展期（2020— ）。在我国创新型社会建设过程中汇聚创新研发、技术评价等战略性作用、生态环境指标领先的国际知名生态科技岛，在研发创新领域形成辐射和吸附力。

表2 分期目标及任务

	产业培育期	产业发展期
年份	2016—2020	2020—
工作重点	编制区域性详细规划和专项规划；加快公共、商业设施建设；产业服务链导入；高端人口导入；全面推动招商引资	完善城市化建设；产业服务链成熟；高端人口大量导入
主要产业导入	着重培育以信息科技、都市服务、生态环保为重点特色的现代服务业，主导产业形成1—2家标杆企业，每年储备100—200家具有发展潜力的企业；重点扶持以企业孵化、资本运作为核心的生产性服务业；发展人性化的国际社区	主导产业每年培育1—2家高成长的标杆企业，储备100家左右具有成长性企业；建立退出机制，无发展潜力的企业陆续退出，实现区域产业的可持续发展；建立生态智慧岛在企业孵化、产业服务方面的优势地位
预期目标	建设生态专项设施 完成1平方公里的产业引进	达到预期产业发展目标 完成2.5平方公里的产业导入

（二）基本原则

起点高。中新（南京）生态科技岛是新加坡贸工部与江苏省委、省政府共同推动，新加坡仁恒置地集团、盛邦新业集团和胜科集团联合投资，与江苏省南京市有关方面合作，共同开发建设的项目，也是继苏州工业园区之后江苏与新加坡合作的又一个重大项目。但与中新合作的其他三个国家级项目相比，生态科技岛的发展目前还局限在省市级层面，未来应立足于高起点，确立构筑"中新现代服务产业合作的桥头堡"的发展目标，在产业政策、用地指标、资金分配方面在国家层面获得更多的支持，并率先在全国建立相关产业的标准。

格局大。生态科技岛现代服务业发展不能局限于15平方公里的小岛上，作为中新合作的新亮点，应放在对内示范、对外交流的大格局下进行，不仅仅是一个地区的简单的项目性质的合作，一定要为国家发展提供试验样本，为国家发展大局作出思考。对外方面，是中新苏州工业园区合作模式在新的历史条件下的推广运用和体现科技生态产业发展特色的创新提升；对内方面，应在对促进开放型经济的转型升级、现代服务业和高端生态科技产业的发展，体制机制的创新，以及促进南京"跨江发展"战略的实施产生重要影响。

业态新。作为中新合作现代服务业的桥头堡，生态科技岛肩负传统产业升级改造、新业态引领的重任。根据南京和江心洲的区域特性，生态科技岛的服务业应具有高知性、高附加值性、高导向性的特征。受到发展面积的限制，应借鉴新加坡纬壹科技城的产业发展经验（重点打造"启奥园""启汇园""媒体园"），有选择的重点发展以生态科技、知识创新为代表的新兴服务业。

动力足。生态科技园的创新动力来源于完善的基础设施、公平的制度环境、良好人才发展环境等。为产业搭建研发、创新和实验于一体的平台，为企业发展提供与全球接轨的自由市场经济制度、高效的监管制度、统一的规则标准、健全的政策体系以及法治社会的行程，为人才提供工作、学习、生活和休闲"一体化"环境等。

四、构筑中新现代服务产业合作桥头堡的方向与重点

（一）产业发展方向

到 2020 年江心洲初步形成以生态科技、知识创新为核心的现代服务业集聚区，形成"3+1"的产业体系：

以知识及信息服务为重点，发展信息科技服务业：包括研发创新产业、信息服务业、文化创意产业。

顺应全球低碳经济潮流，发展生态环保服务业：包括环保技术服务业、环境咨询服务业、环境贸易和金融服务业、环境功能服务业。

突出文化会展服务功能，发展都市型服务业：包括科技中介服务业、旅游服务、商业、酒店业、文化娱乐服务业、生态居住配套业。

围绕生态农业基础，配套发展都市型农业，包括现代农业技术服务业、生态农业休闲服务业。

（二）重点发展产业

（1）信息科技服务业

信息科技服务业是南京生态科技岛的核心支柱产业，将以知识及信息服务

为重点，发展信息科技服务业：包括研发创新产业、信息服务业、文化创意产业三类。

研发创新产业重点利用专业软件技术开展的创新研究，如生物产业的研发平台、模型设计、中试等等，配套南京市提出的4大支柱产业（电子信息、石化、钢铁、汽车）和8大新兴产业（风电光伏装备产业、电力自动化与智能电网产业、通信产业、节能环保产业、生物医药产业、新材料、轨道交通产业、航空航天产业），整合南京市各类资源，进行研发服务和公共研究平台建设。

信息服务产业以软件产业和互联网信息服务业为基础，大力发展面向产业、面向消费和面向娱乐的信息服务业。向城市智能管理、物联网、电子商务解决方案、电子政务解决方案，行业解决方案、企业解决方案、企业信息化建设等提供信息化服务，带动通信设备制造业、手机制造业、内容提供商、增值服务提供商的发展。

文化创意产业积极发展以软件、网络信息服务等为表现形式的文化与信息创意服务业，加快文化艺术、新闻出版、广播影视、动漫游戏等文化内容产业发展。开展动漫游戏、影视传媒、数字出版等领域衍生品的开发。

（2）生态环保服务业

生态环保服务业是南京生态科技岛近期的重点培育产业，也是中远期南京生态科技岛的支柱产业。

环保技术服务业重点依托相关市场发展生活废水的处理和处置，商业和工业污水监测及水中废物的处理技术研发产业。适当培育噪声消除服务—监测产业。利用江心州污水厂及周边规划的地球公园等载体，引进国内外知名水务处理和噪音处理企业。

环境咨询服务业顺应21世纪国际环境保护的大趋势，大力引进新能源设备研究、绿色家电研究、新能源交通工具研究认证、绿色食品的研究认证机构；合作建设各类环境技术的分级分类、水平评定，可接受的环境测试技术研发，对于环境技术的适用性和经济性的评估测试平台；引进国内清洁生产及技术的评价机构、清洁生产标准和技术的宣贯与培训机构；建设大气和水质监测技术研发、生态指标的测量服务技术研发、全球定位系统（GPS）技术研发平台；培育污染物在空气、水、或土壤运动的计算机模拟、为工程项目进行生态模拟的软件开发企业。

环境贸易和金融服务业是 2009 年哥本哈根会议后，温室气体减排成为世界各国的共识，中国作为最大的发展中国家，碳减排的市场空间巨大，生态科技岛应重点发展小规模的碳减排项目的交易平台，在瞄准 CDM 领域减排量小的项目容易开发，在联合国注册顺利的同时，降低每单位 CERs（已核准的碳排放量）开发商务成本，提高交易的可能性。通过引进碳交易平台，发展认证、金融担保、技术研发等服务型企业。

环境功能服务业大力发展环保节能会展服务和生态规划、设计服务业，具体引进各种全球高层研讨、国际性会议、主题论坛等，提供有关环保节能设施设备、技术的展示服务，加强产业引导能力；以生态城为蓝本，大力发展生态城规划，花园城市建设规划服务产业。

（3）都市型服务业

为完善江心洲岛域服务功能，配套发展 6 类都市型服务业包括科技服务业、旅游服务业、商业、酒店业、文化娱乐服务、生态居住服务等。

科技服务业主要为研发创新企业的发展提供的融资平台、资产管理、企业孵化等服务。为科技活动提供社会化的服务与管理，在政府、各类科技活动主体与市场之间提供居间服务的组织，开展信息交流、技术咨询、技术孵化、科技评估和科技鉴证等服务。

旅游服务业紧密围绕文化会展及生态农业，南京具有悠久的历史文化积淀，可突出发展以海峡两岸文化为特色的文化交流设施，中国传统建筑与新加坡侨民建筑交相辉映的文化旅游产业链，也可围绕科技研发和生态农庄开发科技观光游和农业体验旅游；通过保留一定的民俗、江岛元素，江心洲农业成功转型，原始湿地演变为"湿地森林公园"基础上，潜洲设计大众高尔夫球场，发展生态休闲旅游业。

特色商业为岛上居民及相关商务活动配套的商业，包括生态服务消费区，社区商业中心，便利店网络构成的多层次的商业网络。

酒店业主要结合滨江带发展休闲娱乐产业，通过展示、博览与滨江休闲娱乐相结合，生态农业与参与性休闲相结合的旅游业发展模式，并配套设计生态商务型酒店、生态休闲型店，两类酒店覆盖经济到奢侈的所有等级。

文化娱乐服务业围绕南京"六朝古都"独有的文化亮点，探寻适合新世纪，体现生态文明和谐健康的文化娱乐休闲方式。

生态文明建设的江苏实践

生态居住配套服务业在拟建国际化、生态居住区基础上，依托产业发展以及其他重大项目，为 10 万人口进行教育、医疗等居住配套，各种服务完善的中高档生态社区。

（4）都市型农业

围绕生态农业基础，适度发展都市型农业，包括：现代农业科技、生态休闲农业。引进各类有助于提升农业科技水平和农业附加值，增加农民收入的科研、商务服务、休闲旅游机构。

现代农业技术服务业，引进标准化、高附加值农业服务企业，吸引花卉拍卖、种子银行等高端业态，形成东亚科技农业中心。

生态农业休闲服务业引进生态农庄、葡萄花卉等主题休闲农业项目，打造南京市市民旅游第一目的地，将江心州的农业产业由自然经济状态升级为现代服务业态。

五、构筑中新现代服务产业合作桥头堡的关键措施

（一）成立服务业促进部门

生态科技岛可以成立服务业促进部门，发挥引导作用，出台相关奖励措施，积极鼓励企业进行制度创新、技术创新、营销创新，并努力营造崇尚创新、追求创新的社会环境。具体作法为：

对上，在国家层面争取更多政策、资金、用地方面的支持。支持开发区纳入国家投资项目计划，争取国家级土地指标。积极争取国家支持建立科技风险投资机制，争取南京市政府对企业科技投入的支持力度，为企业拓宽科技融资渠道创造良好的环境，同时积极吸引国内外创新成果和风险投资；争取国家政策性银行对高技术工程项目的科技信贷规模等。

对内，积极构建"生态科技岛产业联盟"，搭建"产业扶持基金"平台。制定《生态科技岛服务业促进办法》，鼓励以行业领军企业发起，相关成员企业，关联企业响应的行业集群。加快构建以政府为主导，社会资本参与的产业扶持基金。由政府发起并设立种子基金，社会资本按一定比例提供后续资金。基金定向为目标产业中符合条件的企业提供资金支持，优先给予"生态科技岛产业联盟"成员及其的合作单位。同时，建立扶持资金的审批、发放、到账、使用登记备案以及定期审计等一系列制度。

对外，开展精准招商。精准招商有助于使招进的企业更符合地区需要，更具有根植性，有利于构建产业生态系统，提高招商成效。具体包括四个环节：一是产业链招商。对产业链的每个环节进行分析，寻找上下游产业链条的薄弱环节，找准附加值高的核心环节，丰富产业链配套，拉长产业链条，对核心和补缺环节进行重点招商。二是锚定目标企业。在明确产业细分方向的基础上，找出该产业的市场集中度，梳理出该产业的领导型企业、关键性技术、行业协会以及行业内潜在的战略性力量，从而锁定招商目标企业。三是锁定核心利益点。与意向企业进行深入沟通，准确判断企业投资的核心需求，点对点进行精准对碰。四是精细化服务。对重点项目提供绿色通道服务，跟踪服务入驻企业，延长服务链条，以企业的发展和对当地经济的贡献推动产业培育。

（二）创新"负面清单"+"特别鼓励清单"企业管理模式

从禁止和鼓励两方面而言——凡制造业都在负面清单之列，不得上岛；研发、创意等高端服务业项目落地，则将受到欢迎和鼓励。"负面清单＋特别鼓励清单（2014版）"主要针对科技研发业、金融业、文化创意业、公共与专业服务业、商贸业、房地产与建筑业和都市农业等七大主导产业，限制制造业，按照《2011国民经济行业分类注释》进行分类编制，其中"负面清单"包括15个行业门类、34个大类，明确特别管理措施100条；"特别鼓励清单"包括13个行业门类、23个大类，明确特别鼓励措施40条。

（三）搭建"一站式"服务平台

一是要以"上海自贸区"为标准，简化申报手续，加快审批进程，减少行政收费。二是适应外资项目的要求，加快对项目的决策速度，对部分外资项目要能突破出国额度，赴所在国进行商务谈判。三是要严把项目准入关，把洽谈，审核有机结合起来，对目标产业客户，要做到全方位审核、考察，切实做到把有限的资源，向优质项目、国际化项目倾斜，促进生态科技岛产业的全面发展。

（四）开展开放式多边合作模式

生态科技岛发展要提高开放性。在吸收引进新方先进经验和模式的同时，加强与周边园区的合作，实现优势共享，提高活力和效率。南京目前已有14个开发区通过国家级及省级开发区的设立审核，其中国家级开发区4个，省级开发区10个，可以在争取政策优惠、产业发展、管理经验、设施共享方面进行多方合作和借鉴。可考虑对接南京综合保税区，作为后者在市区范围内的延伸，借助综保优惠政策，更好地发挥商务展示、产品研发等功能，为相关研发机构所需的研发器材、试剂给予保税，促进研发等经营活动，并享受综合保税区的相关优惠政策。

（五）开启创新促发展模式

"六个创新促发展"：一是创新建立"保税仓库"。积极争取在生态岛设立珠宝、钟表、服饰、艺术品、食品等保税仓库，为进出口贸易企业提供更多便利。二是创新建立"项目库"。争取构建离岸金融中心、设立外资科技金融示范中心，试点与国内外资本市场合作、试点设立信用保证制度与创新型金融机构等。三是创新建立"人力资源库"。制定企业人才发展战略，为企业发展提供人才保障。四是创新建立"信息平台"。及时发布产业发展规划、政策等，帮助企业争取国家、省、市政策等多方面的支持。五是创新建立"绿色通道"。争取参照上海自贸区运作模式，营造"国际贸易便利、外汇管理宽松、物流监管便捷"等政策环境，逐步建立具有中国特色和国际竞争力的对外开放示范区。六是创新建立"电子口岸"。商检、海关、口岸设立办事处，建立"电子口岸"。

第五章　中新（南京）生态科技岛产业与生态协同效应分析

一、树立中新产城融合发展合作新样板的意义

"产城融合"是在我国转型升级的背景下相对于"产城分离"提出的一种新的发展思路。产城融合是指产业与城市融合发展，以城市为基础，承载产业空间和发展产业经济，以产业为保障，驱动城市更新和完善服务配套，以达到产业、城市、人之间有活力、持续向上发展的模式。

"产城融合"是中新（南京）科技岛产业和生态文明协同发展的主要方式。开展产城融合示范区建设，将中新（南京）生态科技岛的现代服务业与生态文明建设相结合，打造成中新产城融合发展合作的新样板，是主动适应经济发展新常态、推动经济结构调整、促进区域协同协调发展的重要举措。

有利于实现中新（南京）生态科技岛土地集约化，扩大产业空间、加速产业聚集，实现可持续发展；

有利于协同推进全岛产业发展、人口集聚和功能完善，促进资源优化配置和节约集约利用，规避盲目建设带来的空城现象；

有利于在岛上形成功能各异、协调互补的区域发展格局，构建城市产业生态体系，增强产业自我更新能力，亦可推动经济和人民生活协调发展；

有利于深化中新合作，探索产业和城镇融合发展的新型发展模式，便于总结经验、形成可复制可推广的发展模式，供南京和全国其他城市和区域模仿借鉴，开创新一轮产业发展模式改革并因此受益。

二、树立中新产城融合发展合作新样板的态势

中新（南京）生态科技岛过去五年多来的规划、开发与建设，充分体现了产城融合的理念，也为今后产城融合的进一步发展奠定了坚实的基础。

开发主体方面。成立运行中新（南京）生态科技岛管理委员会、中新（南京）生态科技岛开发有限公司、新南京生态科技岛投资发展有限公司、南京洲岛置业有限公司、南京洲岛现代农业发展有限公司、南京洲岛现代服务业发展有限公司等，统筹全局，分工合作，保障生态岛项目开发的有序推进。

招商引资方面。为确保生态科技岛产业体系的科学性和先进性，在顶层设计方面进行了"特别鼓励清单"等有益研究和探索。同时，注重搭建起良好的产业集聚平台，进一步严格招商机制，规范招商流程，优化招商服务，实现了一批重点项目正式落地、储备了一批优质项目，初步形成集群效应。

产城布局方面。目标是打造集环保科技服务业、新能源服务业、现代农业服务业、生态旅游、文化创意、商务休闲、生态居住等功能为一体的多功能复合的"生态科技城，低碳智慧岛"。在保留原生态区域不动和增加绿色廊道的前提下，规划岛上打造五个不同产业主题的分区，同时在各分区内集约利用空间，均衡布局产业与居民居住区域。目前，中新（南京）生态科技岛目前主要集中在住宅开发领域，安置房一期25栋高层住宅已全部竣工交付，商品房如银城长岛、保利紫荆公馆、升龙公园道、仁恒综合体等陆续开发建成，环境整洁优美、面貌焕然一新，亟待加快产业落地和带动就业。

基础设施方面。岛东夹江绿地生态河岸建设初具规模，青奥生态公园已经全面开放，小学、幼儿园、社区中心施工基本完成，大市政自来水、燃气已顺利过江接入中新（南京）生态科技岛，市供电公司正进行供电过江设施建设；岛内部分道路已具备通车条件，与岛外人车分流雏形基本形成，"南京眼"步行桥连接奥南区域，中新（南京）生态科技岛与主城连接，完全实现步行桥、夹江大桥、地铁的多形态交通对接。根据规划，未来中新（南京）生态科技岛基础设施尤其是污水处理、垃圾处理、地热等环保类设施完善；立体、便捷、绿色、低碳的交通设施将大大提高岛内出行效率和通勤、居住体验；保留的原生态用地、现代休闲农业观光区、绿色廊道、五公里长的湿地公园、千米垂钓区也将为建设中新（南京）生态科技岛成为高尚、生态、低碳、宜居生活社区提供无可比拟的环境保障。

三、新加坡产城融合发展的经验与启示

新加坡仅用一代人的时间，便实现了城市的快速发展和经济的持续增长。在这个国家经济崛起过程中，产业与城市融合发展起到决定性作用。中新（南京）

生态科技岛的建设，应着重借鉴新加坡产业空间规划及发展启示。

（一）土地制约迫使最大程度创新利用空间

由于新加坡国土面积很有限，而经济发展需要较多的空间。这一矛盾迫使新加坡不得不创新产业空间的利用模式，以最小的用地获得最大的空间利益。中新（南京）生态科技岛面积仅有 15 平方公里，其面临的土地制约问题，可以从新加坡经验中汲取解决方案的养分。新加坡空间利用创新的具体手段概括起来就是：向地下、向空中、向海面不断延伸拓展空间。

向地下发展。就是将一些基础设施安置到地下，比如建设地下污水处理厂、地下变电站、地下仓库以及联通大士港口的地下运输通道，腾出地面空间。JTC 在纬壹科技城建立多层地下设施，节省 30%—40% 土地。在位于裕廊岛地下 132 米，建设地下岩石洞，用作地下储油库。在科学园区地底计划打造相当于 30 层楼的科学城，供未来生物医疗和生命科学产业使用。

向空中发展。就是为了最大化利用土地，工业建筑不断向上生长。从大型低密度厂房到多层厂房，再到斜坡式厂房，开发强度不断提高，容积率从 1.0—1.4 提高到 2.0—2.5。在新提出的产业集群综合体的概念中，容积率甚至可以达到 3.0。在 2west 规划中，提出利用主干路上空，把空中环境平台设计成为主要活动场所，联系人的出行，满足社会交流与休闲多种功能所需。

向海上延伸空间。就是通过对垃圾填埋场填海造地以及建立离岸的海运中心扩张空间。通过在海上建立巨大的石油海上漂浮结构（VLFS）的系统，储备石油和化学品。为新加坡发展全球能源和化工中心的战略目标提供创新空间载体。

（二）产业空间的混合性兼容性不断加强

在新加坡工业布局规划原则中，有 3 个重要的原则：在规划设计中考虑工作和居住的区域布局平衡、在交通政策方面要分散工作岗位减少通勤压力以及接近劳动力市场布局工业。这几个原则就是强调工作与居住功能的平衡，突出用地混合和兼容。这与我们在中新（南京）生态科技岛建设过程中秉持的产城融合理念是完全一致的。

从新加坡建立第一代的裕廊工业镇开始，就可以看出，产业园区要求自我供给，不光是布局重工业与轻工业，还布局各类住宅、生活设施以及绿色休闲场所。在 HDB 新镇发展的成熟时期，标准建设模式就是考虑在新镇住宅区周边预留发展轻工业和无污染的清洁工业。在纬壹科技城的规划中，内部强调工作、生活、游憩、学习多种功能的融合，外部周边规划有各种类型的住宅：组屋、私人公寓、独立住宅，以及教育设施、体育设施等生活配套设施，充分体现用地混合和兼容的特点。2west规划理念，由于制造业向更高等级形态发展，对环境影响较少，在功能中将制造业融入工作、生活、游憩、学习中。可以看到新加坡的产业空间的混合性不断加强，空间的生产和经济效率在不断提升。

（三）产业园区越来越重视绿色与可持续发展

在工业升级换代过程中，新加坡一方面提升产业空间的经济效率来最大化利用有限的土地，另一方面却大方地留出绿地，大力发展绿色公共空间。在裕廊工业镇规划开始，就有计划留出10%的用地作为公园建设，如建设飞禽公园、中国园、日本园。要在被工业围绕的地区规划出对环境敏感的鸟类公园，本身就是要表明新加坡对大气、环保、环境绿化的重视。

1972年清洁空气法案使得企业采取更多的措施来解决空气和水污染问题，进一步促使企业减少了污染。1998年，裕廊岛作为一个化工岛，有计划建设成为一个生态工业园。通过建设水廊把企业联系起来，并运输废弃物和原料，组成相互依赖的企业网络减少废弃物的排放。

在走向更高形态的科技知识园区建设中，更加突出强调公共空间和开敞绿地。在纬壹科技城区内，规划将一些市政基础设施埋入地下，在地面上创造公共空间与绿带，周边就有休闲娱乐和夜生活中心荷兰村与以餐饮和历史建筑为特色的罗彻斯特公园，整片区域融入城市公共空间系统和绿色网络之中。在传统工业区内，拓展和翻新引入生态工业规划等，创造适宜高品质生活和工作的环境，吸引高端人才。

2010年公布的清洁科技园是新加坡首个生态商务园，选址及布局突出强调了对自然环境和生物多样性的保护，在园区中心打造一个商务办公与自然生物共融的绿核，包括山顶公园、野生动物走廊、溪水和沼泽林，并成为新加坡艺术与绿色科技环岛游的节点。这个项目获得2011年新加坡BCA-NParks绿色标志铂金奖（BCA-NParks Green Mark Platinum Award）。

（四）规划与管理手段不断创新以适应产业发展需求

要做好区域发展规划，必须突出规划的战略性、长期性和连续性，切实发挥规划在新型城镇化建设中的"龙头"作用，避免规划频繁调整造成的重复建设和资源浪费。新加坡是公认的"规划实验室"，相比其他国家城市，其规划在城市管制中的作用发挥到"极致"，在产业园区规划、开发和管理中也有充分体现。

由于新加坡作为全球城市，是全球贸易链的一环，较大程度受到世界经济波动，产业发展需要具备更多的灵活性。新加坡的规划不光有整体规划、长远眼光，在碰到新情况新问题的时候，同样具有较大的灵活动态性去适应这些变化。在概念规划、总体规划以及土地利用规划指引中得到具体体现。2001年概念规划提出在7大关键建议中，明确提出"为商业/工业提供更大的灵活性"，规划认为未来的制造业和服务业的界限越来越模糊，将6大工业功能（商务园、轻工业、一般工业、仓储、电信设施、公用设施），按照对环境影响转化为2类新商业区。这样在产业发生变化的时候，无须进行区划调整，灵活应对产业的变化。1995年提出的白地概念，由于可以兼容办公、商业、清洁工业、研发产业和休憩等功能，这就为多种混合功能提供更大的灵活性。也就促使了像纬壹科技城这样的产业空间的出现。2003版的总体规划在区划体系上给予了工业、商务用途用地性质更大的灵活性，并将研发部门及清洁工业也列入考虑之中。同时在其他计划及土地利用规划指引中也提供了一系列的详细的准许及规定。在具体产业园区开发中采用细致的城市设计导则来引导开发建设。

在开发建设理念方面，新加坡突出即时建设，不需要提前建设"筑巢引凤"来吸引投资者，这样就灵活充分使用土地。在土地管理上，制订工业用地计划，在租约延期、转租和土地归还退出机制上制订管理措施，淘汰和限制落后产业，通过多种办法鼓励提高土地生产力。这些管理手段不断提高产业空间的生产率和适应市场变化的能力。

中新（南京）生态科技岛在借鉴新加坡具体的产业和城市规划经验同时，要注意结合自身特点。为了保证规划能够顺利实施的制度保障，一方面，要坚持规划先行的建设原则；另一方面，还需要配套的法律保驾护航。在此基础上，结合高水平的城市管理，才能保证中新（南京）生态科技岛的产城融合建设和发展有章可循。

四、树立中新产城融合发展合作新样板的目标与步骤

（一）产城融合建设的总体目标

产城融合要求产业与城市功能融合、空间整合，以实现"以产促城，以城兴产，产城融合"。中新（南京）生态科技岛应该主动打造为中新合作应对信息社

会与智慧城市发展的第四代项目，结合中国新型城镇化、苏南现代化、长江经济带等战略规划要求，特别在新型城镇化战略规划实施中，将之塑造成中国新型城镇化、工业化、信息化、绿色化与农业现代化，五化一体的改革发展"样本"与"典范"。

把握产业趋势，发挥产业引领功能。实现产业驱动型洲岛建设，需要强化产城融合规划设计，并且在产业规划与产业招商层面，围绕原先成熟成型的产业规划内容，更加严格地筛选项目、优化招商工作、监督产业实施进程，必须深层次推动目标产业的合理布局与产业植入，采取"优先发展信息科技服务业，重点发展都市服务业，大力夯实生态环保服务业，加快发展都市农业"的思路，同时坚决落实低碳智慧的发展模式，嵌入各个产业板块，真正打造以"产业驱动，就业增长，服务完善，宜居社区，低碳智慧岛"为特色的产城融合创新发展的新型城镇化示范级洲岛模式。

以"产城融合"推动新型城镇化示范区。瞄准未来国家发展方向，紧密围绕"低碳智慧"为特色的"产城融合区"建设，确立南京首个高标准"新型城镇化建设示范区"的目标，并率先建立标准。做到把"土地利用、土地开发、拆迁安置、生态环境建设、基础设施开发、产业增长、就业增长、宜居社区、城市管理、社会治理"等进行全面高标规划，并建立具体管理制度，改革体制机制，最终为新型城镇化发展示范区建立可操作、可检验、可持续发展的样本模式。

（二）中新（南京）生态科技岛产城融合建设的阶段目标

产城融合的建设一般经历三个阶段，中新（南京）生态科技岛的产城融合建设也要循序渐进，大致需遵循以下步骤：

第一阶段：成型期（2014—2015年）。此时中新（南京）生态科技岛正处于建设起步阶段，功能单一，岛上基础设施只能满足施工工人的生活要求。这个阶段是规划与布局阶段，是未来建设的准备与基础阶段，此时应学习借鉴新加坡和国际先进经验，科学布局产业和城市规划，为产城融合作准备。

第二阶段：成长期（2016—2018年）。这个阶段是中新（南京）生态科技岛开发区是向综合功能区转变的发展阶段，目标是产城融合试验区初具规模，成为全国高新技术产业集聚基地、生态服务业、科技服务业彰显基地。应以高新技术为主导的产业结构，带动周边产业的发展与产业结构升级；同时，中新（南京）生态科技岛产业规模不断扩张和结构完善过程中也会产生对生产性服务业及消费性服务业的内在需求，也将促进自身产业升级和配套服务产业的发展。从空间上看，这个时期开发规模应扩展到全岛，并增加与周边城市的联系，并且产生辐射扩散效应。从就业人群上来看，高技术产业人群比例增加，就业人群构成逐渐丰富，收入层次逐渐拉开。各类服务设施逐渐完善，应逐步建设完善工业邻里、职业培训机构、人才公寓、酒店、产业服务平台等生活性和生产性服务设施。这个时期尽管产生了一定的配套服务，但是仍以产业发展为重点。

第三阶段：成熟期（2019—2010年）。这个阶段中新（南京）生态科技岛应该已经由一个产业功能主导区逐渐转变为产城融合发展的新城区。中新（南京）生态科技岛的发展由最初依赖政策优势转向依靠自身的体制优势和创新优势，这个时期资本应由追求规模逐渐转变为追求效率，由龙头企业为主转变为现代服务业和信息科技服务业交错发展。从空间上看，这个时期规模由于受中新（南京）生态科技岛面积影响，无法继续扩充，但应还能在江北副城形成带动区域发展的新区域。从就业人群上来看，结构复杂化，出现各个层次不同功能的需求，城市服务设施逐渐完善，配套能级不断增加。这个时期是产城融合发展的重点时期，其核心是关注就业人群和居住人群结构的匹配，关注资本需求和空间生产的匹配。并开始总结经验，尝试推广至全省乃至全国。

五、树立中新产城融合发展合作新样板的方向与原则

建设产城融合、创新发展的中新（南京）生态科技岛，必须遵循以下方向和原则：

规划引领、有序发展。严格按照有关土地利用总体规划、城镇总体规划要求发展建设，根据总体方案制定总体规划和有关专项规划，促进科学、合理、有序发展。加强城市功能规划（住宅、商业、道路、市政等城市规划）与产业发展定位的"规划与定位同步原则"，以落实产城融合推进城市化建设。

政府引导、市场调节。首先，要发挥政府主导作用，定位好符合区域持续发展的产业、城市规划及城市功能配套，鼓励发展新兴产业，切实履行政府制定规划政策、提供公共服务和营造制度环境的重要职责。更要尊重市场规律，充分发挥市场配置资源的决定性作用。使产城融合成为政府调控、规划引导的过程，也成为市场调节、规律发展的过程。

因地制宜、分类指导。统筹考虑不同地区的发展基础和发展潜力，优化试点

布局，提倡多样性，体现差异性，防止千篇一律、千城一面，形成符合实际、各具特色的产城融合发展模式，促进区域协同协调发展。

四化同步、以人为本。统筹推进新型工业化、信息化、城镇化、农业现代化同步发展，促进产业发展与城市功能融合、人口与产业集聚相协调，以人口城镇化为核心，提升就业创业水平，改善住居条件，提高基本公共服务标准，构建宜居宜业的良好区域，使全体居民共享现代化建设成果。

集约高效、绿色低碳。合理控制城市开发边界，落实最严格的耕地保护制度和节约用地制度，提高土地利用效率。加强生态环境保护建设，着力改善生态环境质量，提高能源资源利用水平，推动形成绿色低碳的生产生活方式。

改革创新、先行先试。建立健全产城融合发展的有关体制机制，提升行政管理效能，营造良好发展环境。扩大对内对外开放，充分发挥协同带动作用。积极引入优质园区和企业，借助社会进行招商引资。这样的好处是，一方面，可以降低政府打造中新（南京）生态科技岛的经济压力；另一方面，可以通过市场化提升产业竞争力。贯彻落实中央全面深化改革精神，鼓励先行先试，探索可复制、可推广的经验。

六、树立中新产城融合发展合作新样板的合作方式或模式

中新（南京）生态科技岛的产城融合建设过程中，需要开发主体、管理主体与参与主体。从以往的新加坡与中国城市合作的发展项目来看，新加坡都是以输出城市开发与园区营运管理经验为主要模式。因此，中新苏州工业园、中新天津生态城、中新广州知识城都在相似模式下不断推进主题合作项目的建设。借鉴项目建设经验，中新（南京）生态科技岛的建设需要以下四方面的配合来保障实施推进。

形成中新企业在招商方面的合作与分工机制，创造条件吸引新加坡及其他外资企业上岛。岛办和中新公司双方须做到加强联系、错位分工、优势互补。岛办要在招商方向上起到指导作用，传达好区委区政府的要求，有效推进招商工作，尤其是落实相关优惠政策，大力引进新加坡及其他外资方面的符合中新（南京）生态科技岛发展方向的先进企业。在此前提下，进一步严格招商项目落户决策制度，根据《中新（南京）生态科技岛产业项目招商评估机制》，双方各自引进的招商项目在外资比例、税收、投资强度、科技、生态体系指标等方面设置统

一的入园门槛，所有项目都要通过该制度来确定是否能落户，从而提高入驻项目档次，提升园区产业层次，促进土地集约利用和可持续开发。同时大力整合政府与中新公司的招商力量，制定合作及分工机制。合作方面：共同举办推介会、共同洽谈客商，实现信息共享；分工方面：发挥各自优势，明确各自招商重点，其中管委办主招国内项目，中新公司主招新加坡及国际项目。

双方合作开展考察交流活动，相互引进或借调优质人才。首先要加强本土人才开发，盘活人力资源存量，组织社会各界人士赴新加坡考察学习产城融合的先进经验。其次，可以与新加坡方面相互引进或借调优质人才，制定人才开发政策，坚持按需引才，拓宽引才渠道，创新引才方式，提高增量人才质量，通过"高薪""项目""服务"方式等健全人才激励机制，营造良好的人才"宜业、宜居"生态、社会、政策环境。

建立中新产城融合沟通机制，促进新加坡产城融合的经验输入和成果转化。定期召开中新政府、企业等相关部门的产城融合经验联系会议，并通过举办产城融合主题论坛及研讨会等形式，共同探讨产城融合发展中的理论、实践、制度等问题，尤其在如何实现土地空间集约利用、产业空间兼容性发展、产业园区的绿色与可持续发展、规划管理手段与产业发展需求的匹配等方面向新加坡学习，并结合中新（南京）生态科技岛实际，将新加坡先进的管理经验转化为具体可操作的成果输入中新（南京）生态科技岛，保证中新（南京）生态科技岛的产城融合建设的目标有世界顶尖水平的灵感来源，其建设发展过程又有章可循。

七、树立中新产城融合发展合作新样板的重点与关键措施

（一）顶层设计产业发展战略

作为产业驱动型的低碳智慧岛，首先要求产业的可持续性与低碳化。因此，产业战略选择将是产城融合的规划重点。根据中新（南京）生态科技岛现有空间格局、土地功能、建设进度以及发展脉络，住宅先行、地铁交通导向是目前中新（南京）生态科技岛的客观现状。因此，产业规划上，应该采取"优先发展信息科技服务业，重点发展都市服务业，大力夯实生态环保服务业，加快发展都市农业"的思路，同时坚决落实低碳智慧的发展模式，嵌入各个产业板块，真正打造以"产业驱动，就业增长，服务完善，宜居社区，低碳智慧岛"为特色的产城融合创新发展的新型城镇化示范级洲岛模式。

（1）优先发展信息科技服务业

信息科技服务业主要包括地理信息服务业、数据信息服务业、计算信息服务业、大数据咨询服务业、信息科技研发等门类。信息科技服务业是高度智力密集型行业，是高附加值行业。能够吸引大量高素质的信息科技类人才就业，形成知识集聚效应。信息科技服务业将是中新（南京）生态科技岛的核心支柱产业，是中新（南京）生态科技岛未来重点打造标志性产业集聚区。南京地区的信息科技产业具有深厚的科研及人才基础，发挥在地化特色，谋信息科技产业大局，培育出一个以地理信息、数据信息、大数据服务为主要内涵的信息科技产业集聚，提升生态科技岛的科技含量。

信息科技服务业集聚区将集合研发创新企业集群、地理信息企业集群、大数据服务企业集群、智能信息服务企业集群等多个主题型企业集群。规划用地面积约为 102 公顷。主要布置布置在纬七路两侧；建筑形态为中、高密度的商务办公空间。

研发创新企业集群，重点发展智能信息科技、生命信息科学、智能药物等门类企业；紧紧围绕智能化、信息科技、生命科技开展招商，在中新（南京）生态科技岛建立一个前言科技、高技术含量的战略性研发创新平台。

地理信息企业集群，重点发展地理信息系统、GIS 企业、数字地图与测绘企业、地理遥测数据处理企业等。地理信息企业集群，重点为江苏省内的地理信息人才、企业提供产业孵化空间，培育地理信息龙头企业，建立电子地图、电子导航、数字地理、数字家谱、国际地理信息服务外包等产业链，最终形成强大竞争力的产业集群。

智能信息服务集群，重点为智慧服务型企业提供发展载体，各种智能信息技术企业、智能射频研发企业、交通信息企业、智能材料研发企业、智能管理信息企业等，都可以大力引进。

大数据服务企业集群，重点围绕互联网时代的商业营销服务、产品设计服务、客户需求分析而展开的大数据分析与咨询服务型企业开展招商，培育在国内具有较强竞争力的大数据服务龙头企业，并依托龙头企业，建立相关产业集群。

中新（南京）生态科技岛需要依托信息科技服务业的发展，提升科技智慧岛的知识含量，并扩大就业，力争发展为能够吸引超过 2 万名信息科技人才就业的国家级信息科技产业集聚区。

（2）重点发展都市服务业

现代都市服务业，包括生产性服务业、生活性服务业以及兼容生产与生活型的服务业，具体包括广告服务业、设计服务业、科技服务业、法律咨询、文化创意、酒店服务、商务办公服务、旅游服务、商业服务、文化娱乐、家政服务等等。都市服务业是一个能够吸纳高、中、低技能的全民就业的大产业，未来中新（南京）生态科技岛的拆迁安置居民与高素质就业群体，都可以在都市服务业领域获得大量的工作机会。同时，现代服务业也是满足未来城市生产、生活多元化的基础型产业。

未来中新（南京）生态科技岛要塑造成一个高品质的低碳智慧社区，一个高效能的产城融合区，首先大力发展各类现代都市服务业，紧紧围绕10万人就业、10万人居住、日均1万人休闲旅游客的服务目标，紧密围绕河西国际化CBD的国际商务、国际金融业的服务需求，积极瞄准江北新区的大开发、大发展、大建设的服务需求，以低碳智慧技术为核心，高标准建设酒店、写字楼、休闲生态中心、生态景观江岸、游艇码头、青奥轴线中新（南京）生态科技岛主题公园、商业mall、文体中心、剧院、创意工坊、游客中心等"服务业供给空间"，并积极拓展中新（南京）生态科技岛一体化的服务设施与服务功能，以都市服务业作为中新（南京）生态科技岛就业增长的重要板块，并将中新（南京）生态科技岛打造为长三角经济带中具有特色的现代都市服务业集聚中心。

空间上，可以采取集中与分散的多点布局。商业中心、写字楼、主题酒店可以采取集中建设，而生态景观江岸、游艇码头、文体中心、游客服务中心则可以采取便利性、适宜性原则开发建设。

中新（南京）生态科技岛现代都市服务业的优先发展，需要坚持"就业导向"。力争实现可持续就业容量达到2万人以上，形成一个高就业型的支柱产业。

（3）大力夯实生态环保服务业

生态环保服务业是中新（南京）生态科技岛充分结合新加坡生态城市、花园城市以及中新（南京）生态科技岛农业地景文化的发展理念。从产业层面而言，中新（南京）生态科技岛的低碳岛建设，完全需要依托生态环保服务业的支撑。也是中新（南京）生态科技岛实现源头低碳化、过程低碳化、末端低碳化的全过程生态环保服务的落地生根的产业。从产业培育角度，中新（南京）生态科技岛在实施低碳智慧为特色的新型城镇化发展示范区过程中，可以将生态环保服务业打造为一个未来的支柱型产业。重点引进生态环保研究机构、科研测试平台、开放型的生态环保志愿者中心、生态环保技术展示平台、碳排放交易所等。

围绕中新（南京）生态科技岛的低碳化示范基地建设，建立中新（南京）生态科技岛低碳环保投资促进中心与监管中心，通过企业化、社会化力量，保障中新（南京）生态科技岛的低碳岛得以可持续发展。

中新（南京）生态科技岛的生态环保服务业，是基于自我服务基础上的产业平台。通过在地化的生态环保产业链的建设，生态环保型基础设施建设、管理模式的建设，发挥生态、环保、低碳、科技、智慧社区建设的示范效应，积极为中国的低碳技术、设施建设、低碳管理、低碳社区运营提供一个样本模式。

（4）加快发展都市型农业

都市农业是建立在科技创新基础上的新型农业发展形态，包括景观农业、创意农业、科技农业、生态休闲农业等类型。中新（南京）生态科技岛的规划开发强度低于0.5，还预留有近800公顷的生态农业用地。下一步，中新（南京）生态科技岛应该加快规划发展都市农业，引进具有先进经验与技术的农业企业，建立一个大型的科技农业公司，并吸收一部分农业合作社，全面规划、建设、运营中新（南京）生态科技岛的都市农业板块。

重点发展生态休闲农业为基础的科技农业示范区。

改造和保留部分葡萄园，打造成观光型葡萄园、产品创新试验型葡萄园、新品种试种基地型葡萄。

建设西岸长江20米宽，5公里长的湿地公园与长江的千米垂钓区，积极利用长江景观，发展生态休闲农业观光区。

积极引进花果种植园，打造为郁金香园、玫瑰园、向日葵园、月季园以及琵琶园、桂花园、紫薇花园等主题性花果园区。

建立花果种植、培育、教育中心，引进高科技的种子培育企业。引进各有助于提升农业科技水平和农业附加值，增加农业收入的科研、商务服务平台、休闲旅游机构。

通过建立生态休闲农业与农业科技研发园区一体化的现代都市农业产业园，积极把中新（南京）生态科技岛建设成为一个能够吸纳近千名农业产业工人，近千名农业科技研发人员的都市农业产业发展示范区。

（二）创新破解招商引资问题

（1）思路

针对中新（南京）生态科技岛招商引资方面存在的问题，建议重新厘清招商思绪，深入剖析当前科技岛产业招商的发展现状和存在问题，提出新时期招商引资工作如何实现精准突破、加快推动产业集群发展的具体思路和对策，以有效提增区域综合竞争力。所谓精准招商就是在精准定位招商对象的基础上，依托各种招商方式直达目标，主动出击，达到最高效引进企业的目的，其核心理念是把招商对象从面定位到点，从地毯式服务提升到个性化服务，使招进的企业更符合地区需要，更具有根植性，有利于构建产业生态系统，提高招商成效。具体包括五个环节：

产业链招商。对产业链的每个环节进行分析，寻找上下游产业链条的薄弱环节，找准附加值高的核心环节，丰富产业链配套，拉长产业链条，对核心和补缺环节进行重点招商。

锚定目标企业。在明确产业细分方向的基础上，找出该产业的市场集中度，梳理出该产业的领导型企业、关键性技术、行业协会以及行业内潜在的战略性力量，从而锁定招商目标企业。

锁定核心利益点。与意向企业进行深入沟通，准确判断企业投资的核心需求，点对点进行精准对碰。

精细化服务。对重点项目提供绿色通道服务，跟踪服务入驻企业，延长服务链条，以企业的发展和对当地经济的贡献推动产业培育。

专业化评估。联系政府、企业、科研单位，建立招商项目评估专家库，对目标项目进行行业地位、核心技术、成长前景、产业链补缺作用等方面的科学评估。

（2）重点围绕产业链招商

为解决产业关联度不高的问题，必须围绕产业链、瞄准目标企业和新兴产业，搭建起良好的产业集聚平台，进一步完善招商机制，尽快形成集群效应。

新媒体产业链。总的来说，一条完整的新媒体产业链应包括：内容提供商、软件和技术提供商、网络运营商、平台提供商、终端提供商、受众、监测机构。目前在手龙头项目有江苏省广播电视总台生态新媒体项目。为打造新媒体产业链，我们帮助省广电与北京时尚集团牵线搭桥，使新媒体城嵌入时尚集团国际时尚优质资源，将文化创意设计、时尚发布平台、创意产品销售渠道锻造成一条产业链。

云计算产业链。在政府的监管下，云计算服务提供商与软硬件、网络基础设施服务商以及云计算咨询规划、交付、运维、集成服务商、终端设备厂商等一同构成云计算的产业生态链，为政府、企业和个人用户提供服务。目前在手项目有南京麦瑞克未来数字互联网城市新技术联合创新中心项目（IBM 云计算中心）、甲骨文社区、杭州银江股份中国智谷江苏总部大楼项目（智慧城市建设）、国盾控股集团有限公司"云支付""云安全"项目、台湾傲林资讯计算机云计算研发中心、感知集团物联网金融研发运营中心等。

TMT 产业链。TMT 产业是以互联网等媒体为基础将高科技公司和电信业等行业链接起来的新兴产业。TMT（Technology，Media，Telecom），是科技、媒体和通信整合在一起。TMT 行业的特点是信息交流和信息融合。目前在手项目北京融通科技产业集团通过孵化培育、引进加速等方式，将形成互联网科技、媒体技术及通信技术的创业聚集区。融通支撑平台：中国科学院大数据分析技术实验室、中国科学院半导体研究所、泛网无线通信教育部重点实验室。

地理信息科技产业链。目前在手项目有省基础测绘中心、江苏省地理信息产业园、中国南京）气象信息产业园。

轨道交通产业链。江苏省轨道交通研究院计划在生态科技岛设立轨道交通产业园，该产业园将引进英国劳氏船级社、英国沃利帕森斯公司、西门子等企业，在园区内设立与轨道交通产业相关的研发中心。

离岸大数据中心。新加坡腾飞集团欲在岛上设立合资公司，围绕金融、贸易、保险业建设离岸大数据中心。

生态环保产业。目前在手项目有胜科生态水务研发中心、江苏省环科院环境科技研发总部以及北京融通科技产业集团生物质新能源项目。

生命科学、健康产业。目前在手项目有复星生态健康城、美国穆拉德集团项目。

（3）面对未来招商工作的预见性举措

积极争取先行先试。继续申报江苏省经济和生态体制协同改革试验区，在产业发展、行政管理体制、科技创新、投融资体制、招商引资、社区治理、国际和区域合作等各项深化改革和扩大开放领域进行先行先试，在更广领域、更高层次上为全省综合体制改革探路。

围绕产业集群招大引强。在明确产业价值链，细化产业定位基础上，重视基础研判工作，客观分析生态科技岛的比较优势，对梳理出的拥有核心技术、附加值高、产业带动性强的目标龙头企业进行详细剖析，实施"一项目一方案"的招商策略，主动出击，强力推进；及时捕捉重点目标企业的市场动态，关注其业务拓展、新技术、新订单等市场信息，分析研究企业投资动向，实施科学精准招商。

继续实行"小分队"招商，并加大频次。寻求有效的招商方式，精准锁定目标客商。赴海南、北京进行储备项目的考察；赴美国、加拿大进行ESRI公司（世界最大的地理信息系统技术提供商）、穆拉德激乐项目、加拿大西安大略大学移动生物质裂解设备研发项目的学习考察；赴上海、厦门等地开展有针对性的贸易洽谈会；并计划在新加坡组织一场商家投资说明会。

加强招商制度创新，形成合作及分工机制。岛办和中新公司双方须做到加强联系、错位分工、优势互补，岛办要在招商方向上起到指导作用，传达好区委区政府的要求，有效推进招商工作。在此前提下，进一步严格招商项目落户决策制度，根据《中新（南京）生态科技岛产业项目招商评估机制》（分为适用项目、产业导向、评估内容、评估组织、评估程序、用地控制六大部分），双方各自引进的招商项目在外资比例、税收、投资强度、科技、生态体系指标等方面设置统一的入园门槛，所有项目都要通过该制度来确定是否能落户，从而提高入驻项目档次，提升园区产业层次，促进土地集约利用和可持续开发。同时大力整合政府与中新公司的招商力量，制定合作及分工机制。合作方面：共同举办推介会、共同洽谈客商，实现信息共享；分工方面：发挥各自优势，明确各自招商重点，其中管委办主招国内项目，中新公司主招新加坡及国际项目。

建立优质服务机制，提升投资环境品质。积极推进各类优惠政策的规范工作，规范梳理各类出台的政策，强化政策使用的合规性、科学性。树立优质服务比优惠政策更重要的理念，由注重提供优惠政策转向注重建立规范、公平竞争的市场环境，提高招商质量和服务效率，完善企业落户过程中的全方位服务，企业开工投产后的经常性服务。

（三）凸显区位人文优势

打造南京主城和江北副城的核心区。以规划建设成为国际化新城、宜居产业新城、区域科研中心、金融中心为目标，着力打造南京新旧区核心示范区。落实城市轨道交通规划，推进城市轨道交通相关项目建设。推进快速路、公路等路网建设，支持南京公交向江北延伸，促进南京主城区与江北副城交通网络互联互通。支持、鼓励省属、南京市属优质的医疗卫生、教育文化、科研机构等社会事业资源向中新（南京）生态科技岛拓展。优先引导现代服务业、高新技术产业等项目向中新（南京）生态科技岛布局发展。

构建 21 世纪"海上丝绸"之路重要节点，对外交流合作重要平台。深入推动国家"一路一带"建设，加大以科技为重点的基础设施建设力度，把中新（南京）生态科技岛建设成为江苏科技创新核心区和服务于 21 世纪海上丝绸之路战略的重要战略基地，对外交流合作的重要战略平台。落实企业走出去战略，打造民营企业走出去的服务平台，建成海外华人华侨企业拓展全球市场的示范基地以及"海上丝绸之路"沿线地区企业对接合作的服务高地。

优化岛上空间布局。推进经济社会发展规划、城乡规划、土地利用总体规划和生态环境保护规划等"多规合一"，合理划定城市开发边界、永久基本农田红线、生态功能红线和水域生态红线，形成一本规划一张蓝图，促进各类规划无缝隙衔接。建立符合可持续发展要求的生产、生活、生态城市空间开发秩序，构建由城市人口聚集区、工业集聚区、农业发展区、生态功能保护区和基础设施体系等要素构成的有序城市空间格局。

建成科技智慧岛。积极开展试点工作，统筹推进智慧城市、电子商务、两化融合等建设应用。推进城市光网和第四代移动通信（4G）网络建设，实现 4G 普遍覆盖和 WLAN 热点广泛覆盖，加快三网融合。实施智慧经济工程，重点打造中新（南京）生态科技岛"智能园区""智能交通""智能商贸"等。加快智慧民生工程建设，在教育、卫生、就业、社保、防灾减灾、养老、基层服务、社区生活服务等民生领域，推进广覆盖、易使用的社会事业与公共服务信息化。

（四）实现中新（南京）生态科技岛基本公共服务常住人口全覆盖

推进外来人口自主落户。健全外来人口居住证与户口登记管理制度，全面放开落户限制，积极探索并采取有吸引力、行之有效的具体措施，引导和鼓励外来人口自主落户。每年推出一批优质公共服务资源吸引发展急需人才落户。实施无门槛的流动人口居住证制度，按照权利义务对等、梯度赋予权力的原则，逐步推行凭居住证享受基本公共服务和社会福利。

优化中新（南京）生态科技岛教育布局。加快中新（南京）生态科技岛中小学和幼儿园革新建设，在旧城改造和新区建设中，留足教育用地，将中小学和幼儿园纳入整体规划，同步建设，同步验收备案，同步使用。通过整体迁建、创办分校、集团化办学、教育信息化建设等形式，延伸名校名师等优质教育资源，高起点办学，扩大优质教育资源覆盖面，确保外来人口随迁子女与城镇居民子女享有公办学校同等的义务教育权力。大力改善城镇办学条件，增强城镇优质教育资源对农业人口转移的吸引力。所有高中逐步面向外来人口随迁子女开放招生，保障外来人口随迁子女平等享有参加中考、高考的权力。大力发展现代职业教育、成人教育和高等教育，推动高校在中新（南京）生态科技岛高质高效办学。

形成与中新（南京）生态科技岛规模相适应的医疗卫生体系。推进中新（南京）生态科技岛卫生事业均衡发展，构建以市级医院为龙头、社区卫生服务中心为骨干、社区卫生服务站为基础的医疗服务网络，全面提高中新（南京）生态科技岛卫生整体水平。鼓励社会资本办医，在医保接入、建设用地等方面给予政策支持。

确保保障性住房建设与产业发展配套。建立健全保障性住房土地储备制度，将保障性住房建设纳入产业园区建设规划，按照全岛常住人口以及各产业园区务工人员的比例优先安排保障性住房用地和建设项目。引导企业和社会资本参与保障性住房建设，鼓励产业园区自建、配建以公租房和廉租房为主的保障性住房，解决产业集聚区内务工人员的住房困难。降低保障性住房的准入门槛，扩大受益范围，把符合条件的有稳定就业的异地员工逐步难入当地住房保障范围，让中低收入的"夹心阶层"能够享受保障性住房。

构建多层次的社会保障体系。积极发展养老服务机构，不断完善养老机构基础设施，进一步提高居家养老服务工作水平及养老护理水平，促进养老服务专业化、规范化。全面建成覆盖全岛居民的社会保障体系，不断完善社会保险、社会救助和社会福利制度，稳步提高保障水平。推进社会福利中心、老年休养康复中心等建设。

全面完善中新（南京）生态科技岛公共服务配套设施。按照适度超前原则，以"常住人口"为依据，配套完善交通、供水、供电、供气、通讯、防灾等现代化基础设施，提高城市发展的支撑力。加强能源保障，优化能源结构，积极发展太阳能等可再生能源，构建清洁能源示范区。统筹协调产业布局、居民点布局和生态环境保护治理等公共服务设施配套，有序推进全岛基础设施一体化。实施水源引水工程及城市供水管网扩容改造。加快全岛污水处理管网建设，推广垃圾发电处理。

第六章　中新（南京）生态科技岛
社会治理发展分析

一、开辟中新社会综合治理合作试验田的意义

社会治理的理念和模式是伴随西方民主政治的发展逐渐产生和完善的，而新加坡政府在推进社会治理过程中以有效的政府运作模式应对了政治社会环境变迁的挑战，实现了经济社会的持续发展。中国和新加坡有着共同的种族和文化背景，相近的政府治理理念和治理结构，党的十八届三中全会提出要实现治理体系和治理能力的现代化，而我国当前在社会治理体系和治理能力方面还有许多亟待改进的地方。新加坡政府的现代化治理模式无疑能为中国社会治理现代化的进程提供借鉴和参考，借鉴新加坡的治理经验将成为我国治理体系和治理能力现代化的一个重要途径。

中新（南京）生态科技岛自 2009 年开发建设以来，致力于发展以高端科技服务业为主导的生态型经济，在生态建设、科技创新和民生改善等方面，取得令人瞩目的成绩。此外，生态科技岛拥有清晰的空间边界、相对独立的地理位置、开放的周边环境和国家层面的政策制度协调，其独特的区位优势、制度优势和政策优势造就了进行中新社会综合治理合作试验的诸多有利条件。在生态科技岛设立中新社会综合治理合作试验区，借鉴新加坡先进的社会治理理念和制度，积极推进新加坡经验的本地化，探索建设有中国特色的社会综合治理模式，形成可复制、可推广的经验，发挥示范带动作用，全面提升中新（南京）生态科技岛的辐射带动功能，对于构筑改革开放新高地，推进全国社会综合治理创新，具有极其重要的理论与实践意义。

二、开辟中新社会综合治理合作试验田的态势

（一）中新（南京）生态科技岛社会发展态势分析

中新（南京）生态科技岛镇隶属于南京市建邺区，位于南京市区西南的长江

江心。2004 年末全岛总户数为 4491 户，总人口 12627 人，全岛产业结构以农业为基础、以旅游业为主，2005 年农民人均年纯收入为 8200 元。中新（南京）生态科技岛居民有相当比例来自长江西北岸的安徽地区，大多不是城镇户口，依赖农业或低端旅游业创收，收入较低、生活方式较为落后、教育水平不高。根据中新（南京）生态科技岛建设规划，全岛未来规划总居住人口将达到 10 余万人。外来人口的涌入对于仅有不足 1.5 万原住人口的中新（南京）生态科技岛而言，不仅仅是一个对生态环境承载力的考验，更是对社会稳定与和谐的重大挑战。如何妥善处理生态科技岛不同来源、不同教育程度、不同收入水平的居民之间的社会关系，处理高新科技产业与原有旧产业之间的冲突，提高生态科技岛社会发展的活力，将成为中新（南京）生态科技岛社会治理实验需要解决的中心问题。

由于长期缺乏统一的城市规划，中新（南京）生态科技岛基础设施薄弱且使用维护状况不佳，农村建设用地分散且利用效率低下，农民自建住宅与设施的质量较差。因此，改变其社会治理模式，已成为燃眉之急。在看到现实紧迫性的同时，我们也应当注意到，中新（南京）生态科技岛空间上介于城镇与乡村之间，时间上介于现代与传统之间，文化上介于南京本土与外来之间，这一独特的社会特色使得中新（南京）生态科技岛呈现出较高的文化包容性和流动性，这种社会环境为探索社会治理新模式提供了可能。

（二）新加坡社会治理经验概述

在社会治理领域，新加坡政府始终处于主导地位，但并非直接通过分配、补贴、救济等财政、福利政策发挥主导作用，而是通过社会政策来规范个人、社会与政府三者之间的责任关系，协调社会与经济的同步发展，实现公正平等的治理目标。社会政策是社会治理的核心，社会政策的制定和落实需要国家、社会和公民个人共同合作，才能实现政治国家与公民社会、政府与非政府、公共机构与私人机构的共治。

（1）社会治理与经济发展同步

新加坡通过社会政策的实施为经济发展提供稳定环境及人力、资金等方面的支持，通过提高经济发展水平提升解决社会问题的能力。作为一个种族、语言和宗教高度多元化的国家，新加坡充分尊重本国社会发展历史、独特地缘政治和本国多元社会的实际，实施种族多元和文化多元的政策，在教育、就业、住房等方面化解种族矛盾，塑造共同价值观，培养新加坡国民意识，提倡不同种族和不同文化的和谐共处，为经济发展提供了重要的社会环境。社会政策与经济政策相辅相成，经济领域与社会领域平衡发展，从而使新加坡避免了大多数国家在现代化道路上先经济后社会的做法。

将社会政策与经济政策结合得最成功的是教育政策与人力资源的培养政策。新加坡实行教育公平与精英培养相结合、素质教育与职业培训相结合的教育政策，包括双语教育、职业教育等政策的内容都紧跟经济发展的需要而变化调整。新加坡政府在公共教育中始终扮演主角，对教育的投入名目很多，包括教育储蓄基金、进取基金、教育部经济援助计划、学费津贴及各种奖学金、助学金等等。教育支出在政府开支的比例自20世纪80年代中期以来基本维持在20%或以上，是新加坡公共支出的主要项目，而国民个人的教育支出却维持在低水平，与住房、养老、健康等社保项目上个人储蓄为主、政府低支出的做法正好相反，被认为是反福利政策中"唯一的例外"。其目的就是要通过加大教育投入提升人力资源的可利用率，既为全体国民提供充分就业、各尽其能、各得其所的教育背景，又满足经济发展对人力资源的多层次需求，特别是高素质人力资源的增长需求。一方面，中央公积金提供部分教育资金来源，为市场培养了人力资源；另一方面经济持续的健康发展为政府加大教育投入、落实就业政策及其他资助政策提供了资金保障。

（2）国家与社会协调治理

"治理"的实质在于建立在市场原则、公共利益和认同之上的政治国家与公民社会、政府与非政府、公共机构与私人机构的合作。新加坡社会治理的主体意识是国家中心主义，国家是社会政策的制定者，也是政策的主要执行者。但是为了使政策的宣传、执行落实深入到每个社区、每个家庭、每个公民，除了政府相关职能部门履行职责外，新加坡政府还借助了各种社会主体。在新加坡，参与社会治理的社会主体分为基层组织、慈善机构等非政府组织和公民个人三个层次，在政策执行方面作用最突出的是由人民协会、民众联络所、公民咨询委员会、居民委员会、社区发展理事会等构成的基层组织系统。这些基层组织名义上是非政府组织，但是发挥着上传下达、下情上达的重要功能，特别是在促进种族和谐方面功劳卓著。全国福利协会领导的各种族机构、宗教团体、社区组织、志愿福利组织等慈善机构发挥着积极的辅助功能。

新加坡采取全国对话活动等措施让公民能直接参与到政策讨论、治理实践中。从 1989 年首次对话会"新的起点"开始，新加坡已经举行过四次全国范围的对话会。新加坡政府通过这种方式动员国民广泛参与对现实的检讨和对未来的憧憬中，并将国民的意见建议充实到政策的修订中，实际上是在政府、基层组织之外，增加公民个人参与社会治理的渠道，完善政府、社区、国民个人三者相互协调、互相配合的机制，共同维护有序、和谐的社会环境的社会治理体系。

（3）社会团体参与社会治理

新加坡的社会团体分为官方和民间两种，官方社团是政府出面组织的团体，任务、资金、所负责任都由政府来规定和监督；民间社团为公众自愿组织的团体，享受有限的自由。

新加坡的官方社团较缺乏独立性和自主性，各组织在其领域中自主活动的范围是有限的。从某种意义上讲，此类组织甚至可以看成国家机构或执政党的机构在市民社会的延伸，其对社会的治理更多是依据国家合作主义模式进行。官方社团在参与社会治理过程中，注重政治功能的发挥。半官方社团为政府提供民情反馈渠道，了解、监督和控制社会舆情，使政府获得民众的政治支持，同时还充当政府政策和原则的代言人，从而达到构建政府（执政党）人力、组织和信息支持系统的目的。此外，官方社团还是网罗吸收传统领导者、妇女和青年人的基地，为执政党和政府搭建人才库和社会基础。

新加坡强调对民间社会组织参与社会治理的扶持。政府对社会组织给予经费等多项支持，还会安排部分促进社会组织发展的项目，以此来增强民间社会组织参与社会治理的能力，但同时，新加坡对于民间社会组织实施强制注册的措施，并进行严密监管。新加坡民间社会组织参与社会治理的内容广泛，主要从事环保、妇女保护、言论自由和消费者权益维护等活动，从一般性社会服务，到向特殊群体提供人文关怀，不一而足。志愿者组织往往以地域、兴趣、年龄、职业等特征划分，把人们组织起来，将有利于公民的人道主义利他行为长期化、制度化和组织化，便于社会高效利用公民志愿贡献出的资源，增加社会资本，真正实现公民的自我服务。

三、开辟中新社会综合治理合作试验田的合作模式

中新合作开展社会综合治理实验是一项系统性的工作，在合作实验的过程中应坚持从生态科技岛的社会实际情况出发，通过多种途径发动政府与社会民

众的积极性，广泛学习、深入理解并消化吸收新加坡的先进经验。在模仿和本土化的同时，应尝试与新加坡方面一同探讨面向未来的社会综合治理新观点、新思路、新制度和新模式，努力摸索出一套符合我国实际情况的先进社会治理模式。中新的主要合作模式主要包括以下几条。

组织社会各界人士赴新加坡考察学习社会治理先进经验。广泛学习与模仿先进模式和经验是消化吸收的前提，要发动政府、社会组织、企业及民众代表组成考察团，实地学习新加坡先进治理经验，并适时将成果总结公布。必要时可建立相关人员的定期培训交流制度，在社会综合治理实验的不同阶段有所侧重地进行考察学习。

合作举办社会治理主题论坛。要广泛发动政府与社会的力量参与到社会治理的实验探索中来，通过举办"中国·新加坡社会治理论坛"等主题论坛，邀请两国社会各界人士一同交流社会治理经验，共同推进社会治理的观念与制度创新，为生态科技岛推进社会治理试验建言献策。

定期召开双方政府间治理经验研讨会。要重点发挥政府在社会治理中的主体作用，通过定期召开的社会治理经验研讨会就中新（南京）生态科技岛在建设过程中的新成果、新局面、新困难、新问题等交换意见，邀请新加坡政府及社会组织中的专家共同研讨社会治理经验，商讨社会治理政策制度的创新。

双方合作开展干部交流与挂职锻炼，引进或借调优质人才。要创新人才引进与培养制度，为生态科技岛社会治理提供人员保障，通过双向挂职、干部借调等多种形式引进新加坡拥有丰富社会治理经验的人才驻生态科技岛指导社会治理创新。

四、开辟中新社会综合治理合作试验田的重点与关键措施

中新（南京）生态科技岛社会治理的主要目标是使得社会能够既充满活力又和谐有序。一方面，要预防和化解社会矛盾，凝聚社会合力，使来自不同文化背景、不同教育程度、不同收入水平的社会成员能够在现代化的生态科技城镇中和谐相处；另一方面，要激发社会发展活力和创造力，促进社会创新，推动经济社会协调发展。推进生态科技岛的社会综合治理实验，要从生态科技岛当地实际情况出发，重点推进以下措施。

（一）推进社会治理的法制化建设

以中新社会综合治理合作试验田为样本，探索符合我国国情的社会治理法律法规与制度程序体系。要充分利用生态科技岛制度建设方面的灵活优势，健全公众参与的相关制度，分离政府行政职能和社会自我管理职能，明确社会组织的权利和责任，特别要研究和制定社会组织发展、舆论引导和媒体管理、劳动关系协调、合理诉求表达和权益维护等方面的制度规定。健全包括公众参与制度、信息公开与透明制度、社会治理应急处置制度、法律救济与责任追究制度在内的基本程序制度。

要推进法治政府建设，促进政府社会治理理念和职能转变。要进一步减少政府对于社会经济生活的直接干预，依法规范生态科技岛管委会等政府部门的行政行为，将政府社会治理从原来的控制向调控、引导、整合和服务社会的观念转变。在创新社会治理过程中要优化、软化治理手段，不再单纯依靠行政处罚、行政命令、行政强制措施等方式，还要依靠行政给付、行政合同、行政调解等新方式。要推进政社分开，加快转变政府职能，为社会组织很好地履行相应职能提供自由空间。建立健全政府购买公共服务的机制，在部分领域将公共服务外包给社会组织来承担，加大政府购买公共服务的力度，简化政府机构职能，更多地发挥社会组织的作用。

要建立畅通有序的诉求表达、矛盾调处和权益保护机制。要妥善预防和化解来自不同文化背景、不同教育程度、不同收入水平的社会成员之间、政府与社会之间的矛盾，要创新司法、信访和调解制度，建立畅通有序的诉求表达、矛盾调处、权益保护机制，为各利益主体提供充分的表达利益诉求的制度平台，使各个利益主体的诉求能通过正当合法的渠道进入公共决策过程，使群众问题能反映、矛盾能化解、权益能保障。完善人民调解、行政调解、司法调解联动工作体系，建立调处化解矛盾纠纷综合机制。

（二）整合社会治理的行政资源

在生态科技岛成立专门的社会治理委员会，总体负责社会治理领域的各项工作。要尽可能地整合行政资源，提高政府部门之间的行政效率与协调程度，促进社会治理实验的推进。社会治理委员会主要与新加坡方面沟通合作，研究和创新社会治理的新理论、新思路、新制度，拟定并组织实施生态科技岛社会治理的各项规划与年度计划；组织和整合有关政府部门的分散行政资源以及各社会组织的社会资源，协调各项专项的社会治理改革实验方案的推进；研究和监控社会舆情与媒体动向，应对和处理突发公共事件，为上级政府决策提供参考；统一监督和管理各个社会组织的人事调配、财务状况、工作进展情况等。

创新社会治理考核评价制度，探索社会治理成果量化指标体系。目前我国社会治理方面用人机制与干部考核体系普遍不够完善，由于缺乏易于操作的考核指标与相应的提拔任用机制，相关政府干部缺乏足够的激励，容易造成工作效率低下、改革推进缓慢等弊端。在生态科技岛社会综合治理实验创新中，要探索创新政府干部的考核评价体系和激励措施，将社会治理成果纳入到考核评价中去，将社会和谐稳定与发展活力的量化指标与人事调动挂钩，提高政府有关部门的工作积极性，推进政府在社会治理中核心作用的体现。

探索政府公共服务外包和直接购买机制。借鉴新加坡社会治理的先进经验，实施政社分开的社会治理方式，创新公共服务供给机制，鼓励社会组织为社会提供一部分公共服务，简化政府职能，节省行政资源，形成政府、中介组织、社会组织和企业共同参与、相互促进的公共服务体系，提高公共服务的效率与质量，推动公共服务上下游产业的发展。要将适合由社会组织提供的公共服务和解决的事项交由社会组织承担，在基本公共服务领域加大政府购买服务力度，在非基本公共服务领域更多地发挥社会组织的作用。在养老、绿化、公共设施维护等方面外包或者直接购买公共服务，改变政府自办服务的模式，提高公共服务的效率和品质，建设服务型政府，实现政府职能与部分社会服务的分开管理与共同创新。

加强政府与社会间互动，发挥社会组织网络的桥梁作用。政府要更注重与社会的互动，健全科学民主决策程序，防止因决策不当损害群众利益。通过借鉴新加坡政府的"对话会"和"通气会"等形式，从制度上确保政府与社会能够定期就共同关心的社会治理问题交流沟通，从而调动全社会的积极性，发挥社区和国民自我管理机制的作用，在社会治理的过程中，逐渐构建起政府、基层组织、公民共同管理国家的良好机制。此外，要充分发挥各种社会组织网络的作用，通过依法管理、积极引导和定期交流，将社会组织发展为加强政府与社会联系和沟通的桥梁，充当化解各种社会矛盾和稀释并缓解复杂问题的社会"缓冲器"。引导和利用社会组织设计、策划和管理各种各样的活动和项目，以增强社区民众的凝聚力、发扬团结一致精神；了解居民的实际情况和真正需要，对群众疾苦和社会问题做到对症下药；在政府出台政策前，通过多种渠道与民众沟通、协商，征询民意及各界各行业意见并及时上传政府；积极为社会群众解读有关部门和机构的新政策。

（三）建设多样化人才培养体系

立足生态科技岛劳动力市场需求，建立职业教育体系。要立足生态科技岛劳动力市场实际需求，着眼未来发展方向，重点培育和引进一批面向服务业、旅游业、生态农业的职业技术人才，建立生态科技岛自有的职业技术学院，吸引中新（南京）生态科技岛及周边地区职业技术人才服务于生态科技岛建设。着眼于提高职业技术人才的收入水平，让岛民享受生态科技岛开发建设红利，利用经济手段弱化产业结构转型过程中可能出现的社会矛盾，帮助岛民向现代化高质量的城市生活过渡。

依托生态科技岛企业，建设高科技实践培训平台。江苏省集中了大量的高等教育资源，每年向社会输送大量的优质人才，生态科技岛应立足岛内产业现状，通过提供实践培训等方式吸引人才。利用落户在生态科技岛的现代服务业、旅游业、生态农业等领域的先进企业，联合政府、高校、企业和行业协会，合作搭建高科技实践培训平台，为江苏省乃至整个华东地区各高校提供高科技实践培训平台，吸引岛内高新产业发展所急需的高科技人才来岛就业、创业，为生态科技岛发展提供源源不断的优质人力资源。

推进公民教育建设，提升公众参与意识。通过开展公民教育，提高中新（南京）生态科技岛居民的公民意识，促进他们积极参与到现代化的社会生活当中去。要提升公众参与社会治理的意识和能力，大力培育公民意识、参与意识、责任意识，完善价格听证会、决策论证会、立法意见征求会等机制，把公众参与确定为社会治理重大决策的法定程序之一，完善公众参与社会治理奖励机制等，为公众参与提供平台和渠道，保证公民意见充分表达，让居民有更广阔的参与决策和评议政策的空间，调动公众参与的积极性，同时规范公众参与的行为。

（四）培育和发展社会组织

完善社会组织的发展与管理机制，激发社会组织活力。要重点培育和优先发展行业协会中商会类、科技类、公益慈善类、城乡社区服务类的社会组织，为社会提供更高效率和更优质量的公共服务。同时要依法约束和管理社会组织，鼓励其在政府政策咨询和政治民主化过程中起到信息沟通的桥梁和纽带作用。在社会组织参与社会治理的过程中，应引导社会组织先和政府协同合作，在这个过程中逐步完善组织自身的定位、架构、程序等内容，再逐步扩大到包含更多的主张权利的活动。在生态科技岛社会治理实验中可主要培育和发展居民自治组织和社会服务组织等社会组织。

发挥居民自治组织的基层自我管理作用。社区和谐是社会和谐的重要内容，是社会活力的重要基础。生态科技岛要在原有行政区划的基础上，根据不同功能区的规划科学划分居民自治组织管辖范围，在不同功能区内建立有各自特色的居民自治组织，以此为载体整合各方资源，完善社区各项管理，引导和培养居民"自我管理、自我服务"。同时，居民自治组织是化解复杂社会成员内部矛盾的最基层单位，负责第一时间捕捉基层社情，解决一般民事和轻微刑事案件，保障良好的社会秩序，保护群众的权利。

鼓励社会服务组织参与社会治理。新加坡的实践证明，各种非营利性的社会服务组织可以成为政府服务社会的"抓手"和重要补充。要与生态科技岛地方政府的公共服务外包和直接购买公共服务结合起来，有序孵化和培育社会服务组织，帮扶和支持社会组织参与社会治理，鼓励它们积极参与社会建设。要在社会服务和社会福利等领域对合法社会组织的治理活动予以政策和资金支持，更多鼓励社会组织参与社会治理，推进专业社工队伍进社区，通过经费扶持、政府购买服务、托管经营、建立互惠的合作伙伴关系等方式，使其将社区中许多福利性、公益性服务事项承接起来，促使公共服务社会化的可持续和规范发展，从而为社会提供更高效率和更优质量的公共服务。

第七章　中新（南京）生态科技岛政策保障与扶持

一、创新现代服务业发展体制机制

1.创新知识产权制度

创新知识产权保护制度，建设地区性知识成果交易市场，鼓励科技服务创新。现代服务业是知识密集型产业，服务创新的成果的无形性特点突出，要清晰界定创新者对于创新成果的所有权归属，严格执行知识产权保护制度，依法快速处理知识产权涉法案件；成立知识产权保护联盟，提高企业知识产权保护意识；建立和发展一个现代服务业领域的科技创新与管理创新成果交易市场，利用市场交易协助界定产权，争取打造面向江苏省乃至整个华东地区的区域性现代服务业知识成果交易中心。要鼓励设计、创意、科技服务等服务企业、研发机构以及产学研联合体开展技术创新活动，对其成果转化项目经认定符合条件的，按照规定予以享受有关优惠政策。支持服务产品研发，企业投入的技术开发费可按实计入管理费用并可抵扣企业所得税。

2.创新投资融资机制

成立金融服务平台，支持现代服务业企业融资，改善小微企业融资环境。现代服务业受成果无形性等因素限制，融资能力弱于传统制造业，生态科技岛要成立专门的金融服务平台，由管委会牵头金融机构、金融中介服务机构和上市辅导机构等，帮助落户生态科技岛的具有较大发展潜力的现代服务业企业进行融资规划，重点了解具备上市资质的企业发展情况，并指导、帮扶其进行上市融资，扩宽服务业企业获取资本支持的途径。要为小微企业提供细致的金融服务，改善小微企业发展的金融环境，大力发展科技金融，鼓励商业银行试点科技融资的新方式，尝试并创新开展知识产权等无形资产质押贷款业务的试点运行，促进智力创新成果尽快转化为融资资本和生产力。积极探索建立小微民营企业应急互助基金，加快发展小微民营企业担保措施，促进开展知识产权质押融资，大力支持企业上市融资，为小微企业发展创造更良好的融资环境。

二、创新生态文明建设体制机制

（一）创新环保市场化机制

建设污染权交易中心，开展排污权和节能额度交易试验，利用市场化手段助力生态文明建设。引入污染权交易、碳排放权交易等市场化方式来控制生态科技岛的污染物排放总量，优化岛内污染物排放和治理结构，提高环境保护效率。要联合地方环保部门、生态科技岛管委会等机关部门建立专门的污染权交易中心，按照生态科技岛区域内环境质量目标定期评估和计算环境容量，推算并分割排污量的限定值，并在污染权交易中心进行公开交易。要加强排污权交易市场体系建设，一方面转变政府职能，强化排污权交易监管，保证企业和个人按照排污权界定的行为边界进行生产活动；另一方面加快排污权交易支撑体系建设，重点建设排污权交易的信息平台和交易市场，促进市场尽快形成成熟的买卖双方和中介机构。此外，要在节能减排方面进行市场化的环保创新实验，利用能源消耗的监测统计更为方便完善的特点，优先尝试节能交易创新，借鉴排污权交易模式，探索推进各企业购买节能量额度的方式，实现其节能目标。

（二）创新公众参与机制

搭建环保信息服务平台，吸引企业、公众和环保组织参与到生态文明建设中来。要建立和拓展环保信息披露渠道，借助微博和微信公众平台等先进的网络社交工具搭建环保信息服务平台。政府有关部门要通过平台及时公开生态环境信息，保障公民的知情权；要激励企业进行环保信息公开，将企业的信息公开透明度和实效性纳入融资、退税的考核体系中去；要积极开发披露曝光污染企业的功能，引导和鼓励群众举报违规排放和造成污染的企业，并敦促企业整改；要利用平台促进环保 NGO 与政府和公众沟通，普及环保知识，努力建设政府、公众、企业和环保组织共同参与的生态文明。

三、创新社会治理的体制机制

(一)创新政府组织结构

设立生态科技岛社会治理委员会专门负责统筹全岛社会治理工作,创新生态治理领域干部考核评价体系。要成立专门的生态科技岛社会治理委员会,整合行政资源,协调各个相关部门之间的工作,促进全岛社会治理的各项工作。社会治理委员会是中新社会综合治理试验田的设计者与执行者,首要负责新加坡先进社会治理经验的学习、整合和本土化改良应用,负责带头发动社会各界力量,创新社会治理的新理论、新思路、新制度,并负责拟定和组织实施生态科技岛社会治理的各项规划与计划。此外在社会治理模式的实际探索阶段,社会治理委员会还应负责监控社会舆情与媒体动向,组织应对和处理突发事件,并负责把控各项社会公共服务的质量,以及监督各个社会组织的人事调配、财务经营、工作进展情况等。社会治理委员会是政府组织机构方面的一次独特创新,要重点探索制定适用的考核体系和人才提拔机制,建立专门的量化管理指标,将社会治理成果与委员会的工作绩效考核直接挂钩,用创新的考核评价体系和激励措施提高该部门的工作积极性,更好地发挥政府在社会治理中的核心作用。

(二)创新考核评价制度

创新社会治理成效考核评价体系,探索治理成果量化指标,延长考核评价周期。政府是社会治理的主要承担者,而政府各部门的干部是各项政策的制定者和实施者,创新一套易于操作的考核评价指标体系和相对应的提拔任用机制,将激励各部门干部提高工作效率,加快推进生态科技岛的社会综合治理实验。要探索创新社会治理的考核评价体系和激励措施,把社会综合治理成果当作重要的考核评价指标。要坚持民生为先的原则,在社区建设、社会稳定、群众工作、社会发展活力等方面创造性地建立量化考核指标。此外,由于社会治理是一项见效慢的工作,需要较长时间才能体现出社会治理的具体成效,因此要延长考核评价的周期,进一步完善评价标准,将社会治理成果与具体措施的具体责任人挂钩,优化考核评价体系。要提高社会综合治理方面考核指标的权重,努力将社会治理成果纳入到干部政绩考核中去,将社会和谐与发展活力的量化指标与人事调动挂钩,提高各部门工作和改革的积极性,发挥政府部门在社会综合治理中的核心作用。

（三）创新公共服务机制

创新政府公共服务外包与购买服务机制，引入市场力量服务公众。社会治理应当将政府与市场结合起来，在政府的监管与引导之下，充分发动市场的力量推进社会治理工作，尤其是在一部分公共服务领域，通过市场机制吸引企业、社会组织和个人承担原本由政府承担的部分职能，将会促进精简政府职能，节约行政资源，同步提高政府行政和社会公共服务的效率和质量，并促进公共服务上下游相关产业的发展。公共服务机制创新主要是通过生态科技岛地方政府的公共服务外包和直接购买公共服务等方式，鼓励企业、社会服务组织和个人参与到社会服务和社会福利等领域，如推进专业社工队伍进社区等。此外，还应积极通过经费扶持、托管经营、建立互惠的合作伙伴关系等方式，使企业和社会组织将社区中许多福利性、公益性服务事项承接起来，尤其是在养老、环保绿化、公共设施维护等方面广泛引入社会力量提供公共服务。生态科技岛管委会则将节约的行政资源集中起来，建设服务型政府，改变服务模式，提高行政效率和品质。

（四）创新中新合作的体制机制

中新之间的交流合作应建立在充分学习、借鉴、消化吸收新加坡先进的发展经验的基础上，中新合作首先应该发动政府、企业、社会组织和民众通过各种途径积极学习、深入了解、消化吸收新加坡在现代服务业发展、生态环境保护、社会综合治理等方面的先进经验，从模仿和简单创新开始，推动新加坡经验的本土化进程，进而尝试与新加坡合作探讨面向未来社会的现代产业发展、生态环境保护和社会综合治理的思路和制度，努力摸索出分别符合我国和新加坡未来发展方向的路线和模式。

通过实地考察、人员交流培训、政府间研讨磋商以及合作举办论坛等方法，多维度开展中新之间的合作交流。要发动政府、社会组织、企业及民众代表组成考察团，实地学习新加坡先进经验，并适时将学习成果总结公布，促进消化吸收。必要时可建立相关人员的定期培训交流制度，在生态科技岛建设的不同阶段有所侧重地进行考察学习。要广泛发动政府与社会的力量参与到学习中来，通过举办"中国·新加坡现代服务业发展论坛""中国·新加坡生态环保论坛""中国·新加坡社会治理论坛"等主题论坛，邀请两国社会各界人士一同交流经验，共同推进两国社会的观念与制度创新，为生态科技岛的产业发展、环境保护和社会治理建言献策。要重点发挥政府在生态科技岛建设中的主体作用，定期召开双方政府间的经验研讨会，就中新（南京）生态科技岛在建设过程中的新成果、新局面、新困难、新问题等交换意见，邀请新加坡政府及社会组织中的专家共同参加研讨，促进中新在理论创新方面的合作交流。

创新干部挂职锻炼制度，探索符合中新双方国情的干部考核体系。政府各部门优秀的干部是推进生态科技岛各项改革创新的中坚力量，要积极进行政府管理人员的培训学习机制创新，把干部挂职锻炼作为学习新加坡先进治理经验重要途径，在与新方深入协商后，重点选取和派驻现代服务业发展、生态文明建设、社会综合治理等方面的短期和中长期挂职干部，加快消化吸收新加坡先进经验，积极将学习成果本土化并推广至生态科技岛建设当中去。要成立专门的干部挂职领导小组及办公室，具体负责干部双向挂职工作的联络、接洽、沟通和协调工作。要明确选派范围和选派程序，采取个人自荐、基层推荐、组织提名相结合的方式，广泛听取各方意见，重点选拔政治素质好、有发展潜力和培养前途、年龄在 35 周岁以下的优秀年轻干部。要把好考核管理关，确保挂职干部能够"学有所得"。对外派驻的挂职干部原则上要服从新方的组织管理、考核和监督，要定期向生态科技岛管理委员会汇报工作，并将在挂职期间的学习心得体会整理呈工作小结，定期召开学习汇报会，并将工作小结与学习汇报作为考核主要内容和依据。

第四篇 吴江新型城镇化与生态文明融合发展的探索实践

第一章 新型城镇化与生态文明融合发展的内涵、背景与意义

从党的十七大提出在全社会树立建设生态文明的观念；到十八大提出大力推进生态文明建设，并将生态文明建设与经济建设、政治建设、文化建设、社会建设纳入中国特色社会主义"五位一体"总体布局，提出推进生态文明建设的内涵和目标任务；再到十八届三中全会站在"五位一体"总体布局的战略高度，提出要加快生态文明制度建设，明确生态文明制度建设的主要任务；再到十八届四中全会提出加快建立有效约束开发行为和促进绿色发展、循环发展、低碳发展的生态文明法律制度，党中央的战略已经明确：绿水青山就是金山银山，誓以制度保护绿水青山。

中国经济"从高速增长转为中高速增长"的新常态下，新型城镇化成为新一轮经济持续平稳增长的新引擎和新动力，将体现尊重自然、顺应自然、保护自然、人与自然和谐的生态文明理念融入到新型城镇化建设的全过程，走集约、智能、绿色、低碳的发展之路，是中国特色新型城镇化建设中缓解资源约束、环境污染、生态退化压力的重要途径，是建设山清水秀美丽中国的重要基石。

一、基本内涵

(一) 新型城镇化

城镇化是伴随工业化发展，非农产业在城镇集聚、农村人口向城镇集中，从而城镇数量增加，城镇规模扩大的一种自然历史过程，是人类社会发展的客观趋势，是国家现代化的重要标志。

新型城镇化是以城乡统筹、城乡一体、产城互动、节约集约、生态宜居、和谐发展为基本特征的城镇化，是大中小城市、小城镇、新型农村社区协调发展、互促共进的城镇化。

（二）生态文明

生态文明体现了人与自然的和谐关系。生态文明，是认识自然、尊重自然、顺应自然、保护自然、合理利用自然，反对漠视自然、糟践自然、滥用自然和盲目干预自然，人类与自然和谐相处的文明。

从人类文明的历史演进与生产方式的变革来看，生态文明是人类文明继原始文明、农业文明、工业文明后出现的一个新型的文明形态，是人类文明的一种高级形态。生态文明的理念是顺应自然、尊重自然和保护自然，反对漠视自然、糟践自然、滥用自然和盲目干预自然，人类与自然和谐相处的文明。相对于高能耗、低产出、污染严重的工业文明而言，生态文明强调的是高效率、高科技、低消耗、低污染、整体协调、循环再生与健康发展。

从社会文明体系的构成要素来看，生态文明与物质文明、政治文明、精神文明共同构成现实社会文明发展的新框架。作为第四种文明形态的生态文明，成为与物质文明、精神文明、政治文明相并列的人类文明体系的组成部分。生态文明与物质文明、政治文明和精神文明相互离不开。物质文明是生态文明的经济基础，精神文明是生态文明的思想保障，政治文明是生态文明的制度支撑。生态文明是物质文明、精神文明和政治文明的基础和前提，没有良好和安全的生态环境，其他文明就会失去载体。生态文明的核心是处理人与自然关系，强调人和自然的相互关系和发展状态。

从时代要求来看，把生态文明理念与道德准则贯穿于经济、社会、人文、民生和资源、环境等各个领域，发挥导向、驱动作用，使所有的发展都体现生态文明的要求——新的文明时代特点。

综上所述，生态文明体现的尊重自然、顺应自然和保护自然的理念，提倡的是绿色低碳的生产生活方式，以节约优先、保护优先、自然恢复为主作为指导方针，强调的是人与自然、人与人、人与社会和和谐共生、良性循环、全面发展、持续繁荣的关系。生态文明不仅仅是指生态环境，而是转变传统发展模式，既加快转变经济发展方式、提高发展质量和效益的内在要求，是坚持以人为本、促进社会和谐的必然选择。

（三）新型城镇化与生态文明融合的概念

所谓新型城镇化与生态文明融合，是将新型城镇化建设与生态文明建设有机地结合起来，亦即"两个建设的融合"或者"两个进程的融合"，用生态文明的理念指导新型城镇化（建设）进程，同时将生态文明建设具体到新型城镇化进程之中。核心是要推进资源节约、环境友好、生态保育、空间合理的新型城镇化建设和发展；同时，通过节约资源、保护环境、保育生态和优化空间，进一步提升城镇化发展的空间和能力。

新型城镇化与生态文明的融合，关键在于推进城镇化的资源节约、环境保护、生态保育和空间优化等水平的提高，以支撑城镇的持续、健康发展。

(四）新型城镇化与生态文明融合的基本特征

（1）是发展过程的融合，着力构建绿色低碳生产生活方式和城镇运营模式

我国进入全面小康建设的决胜阶段，城镇化进入深入发展的关键时期，需要解决的快速城镇化带来的矛盾和问题，摆脱土地、资源和人口的三重依赖，必须将生态文明与新型城镇化发展过程融合，将生态文明的理念融入到城镇化建设的各个领域和各个环节。

生态文明与城镇化规划的融合，科学规划城镇化人口规模、产业、交通、水利、能源、市政等基础设施建设，注重从源头保护生态环境、控制和治理污染、合理有效利用资源。

生态文明理念、观点、方法融入到城镇的经济建设、政治建设、文化建设、社会建设过程各个领域和各个环节，驱动生产方式与生活方式的转变，构建绿色低碳生产生活方式。推进绿色发展、循环发展、低碳发展，促进绿色基础设施、绿色建筑、绿色交通、绿色能源、绿色制造业等发展；建立文明消费体系，引导居民绿色消费、低碳消费和适度消费；人类活动对自然的干预和损害在自然的自我修复范围内，节约集约利用土地、水、能源等资源，生产生活方式的绿色化、低碳化。

生态文明与城镇化管理过程融合，构建绿色低碳城镇运营模式。部门联动，协调配合部门间政策制定和实施，推动户籍、土地、财政、住房等相关政策和改革举措形成合力；加强中央与地方上下政策联动，推动地方加快出台一批配套政策，确保改革举措和政策落地生根。城乡联动，城乡产业融合互动发展，劳动力有序转移，城市交通、电力电信、供水、供气、垃圾污水处理等基础设施全面向农村延伸对接。

（2）是多项规划的融合，着力实现空间格局的集约化

规划是发展理念的体现，对城镇发展起着龙头作用。生态文明与城镇化融

合，是以主体功能区规划为基础统筹各类空间性规划，推进"多规融合"，实现生产空间集约高效、生活空间宜居适度、生态空间山清水秀。是把以人为本、尊重自然、传承历史、绿色低碳理念融入城市规划全过程，使城乡规划与土地利用规划在城镇建设用地规模和空间分布、基本农田规模和空间的融合；城乡规划与主体功能区规划在区域功能定位融合；城乡规划与生态红线区域保护规划在建设用地和生态保护用地规模和空间布局融合；城乡规划与国民经济和社会发展规划在经济、社会和生态确定城乡发展定位融合，提升城市规划的科学性和权威性。城乡规划秉承适用、经济、绿色、美观的方针，对城乡规划"三区四线"（禁建区、限建区和适建区，绿线、蓝线、紫线和黄线）管理，对土地、能源资源节约集约利用，实现城镇空间形态集聚化、节约化，实现最大效益的空间结构，提高城镇综合承载能力。

（3）是产业与城市的融合，着力实现产业结构生态化

产业是城镇发展的支撑和动力，产业结构决定着城镇化的效应和质量，对人与自然间关系产生深远的影响。如表1所示，以第一产业为主的农业社会，人与自然处于和谐状态，但社会生产率低；以第二产业为主导的工业社会，农村富余劳动力向城镇转移，促进城镇规模扩张，对资源的消耗和对生态环境的冲击不断增大，人与自然的矛盾十分尖锐；以第三产业为主导的后工业化社会，减弱对资源的依赖，降低对生态环境的破坏，人与自然的关系不断修复。在生态文明建设的背景下，构建科技含量高、资源消耗低、环境污染少的产业结构，加快推动生产方式绿色化，大幅提高经济绿色化程度，有效降低发展的资源环境代价。促进一二三产业融合发展，用工业理念发展农业，以市场需求为导向，发展农业现代化和节能环保、生物技术、信息技术、智能制造、高端装备、新能源等新兴产业；发展清洁能源和清洁生产工艺，实现废弃物的减量化、再利用、资源化；实施"互联网+"行动计划，发展智能交通、智能电网、智能水务、智能管网、智能园区；构建融现代农业、现代制造业、现代服务业为一体的城镇化产业体系，使产业融合发展与新型城镇化建设有机结合，使城与城、城与镇、城与村之间的产业协作协同，做到以城聚产、以产兴城、产城联动、融合发展，实现新型工业化、信息化、城镇化、农业现代化和绿色化同步发展，逐步摆脱对资源依赖，避免与生态环境冲突，实现人与自然的和谐相处。

表 1　产业结构演进与城镇化

社会发展阶段	主导产业	产业类型	城镇化发展阶段	对资源生态环境影响
农业社会	第一产业	种植业	发育起步阶段	资源、生态、环境系统均衡
工业社会	第二产业	工业	快速发展阶段	资源耗费大、环境污染严重、生态面临失衡危机
后工业化社会	第三产业	现代服务业	平稳发展阶段	能耗小、污染少
生态文明	生态产业	生态农业、生态工业、生态恢复、生态环保	新型城镇化	根据资源环境的承载力，实现资源集约节约清洁利用，生态环境友好

（4）是发展要素的融合，努力实现生态文明红利和城镇化红利的乘数效应

劳动力、资本、土地、水、能源、人才、技术、知识、信息、管理等发展要素是生态文明建设和城镇化建设的必要条件。生态文明和城镇化融合，实现劳动力、资本、土地、水、能源等一般性生产要素优化配置，坚持集约发展，框定总量、限定容量、盘活存量、做优增量、提高质量，提高劳动生产率，节约集约利用土地、水和能源等资源，促进资源循环利用，提高资源利用效率。促进人才、技术、知识、信息等高级要素投入比重，推动新技术、新产业、新业态蓬勃发展，加快实现发展动力转换。推动人口、土地、投融资、住房、生态环境等方面政策和改革举措形成合力、落到实处。引导消费朝着智能、绿色、健康、安全方向转变。依靠改革创新、转型升级、凝聚合力，发挥生态文明红利和城镇化红利的乘数效应。

（5）是人文与自然的融合，努力让居民望得见山、看得到水、记得住乡愁

自然要素是城镇的依托，文化要素是城镇的灵魂。生态文明与城镇化融合，体现山水林田湖是一个生命共同形体的理念，将自然生态和人文生态有机结合，既依托现有山水脉络等独特风光，让城市融入大自然，又要传承传统文化，延续城市历史文脉，还要融入现代要素，体现时代特色，留住城市特有的地域环境、文化特色、建筑风格等"基因"。城镇化建设既要保持空间立体性、平面协调性、风貌整体性、文脉延续性，统筹城乡自然风貌、尊重自然格局，依托

河流、绿地、湿地、公园、森林、农场等等自然地貌条件，也要与历史文化遗产、民族文化风格和现代文化潮流协调，发展历史底蕴厚重、时代特色鲜明、自然环境优美、宜业宜居的城镇，使文化深入居民的灵魂，让山水成为留得住乡愁的载体。

生态文明与城镇化皆是一个动态的历史过程，生态文明与城镇化融合，是一个不断实践、不断认识和不断解决矛盾的过程。结合吴江特点，新型城镇化与生态文明的融合，主要是节约集约利用土地、提高水治理水平、改善大气环境质量，早日建成水、林、田、路、城交相辉映的田园水乡式现代化城镇体系。

吴江新型城镇化与生态文明的融合，要推进经济社会发展、土地利用、城乡建设、生态保护等规划实现多规融合，镇村布局规划与产业、交通、生态、水利等专项规划相衔接，永久性基本农田、城镇控制区、产业发展区、扩建村庄、保留村庄、生态用地等逐一上图落地，提升城镇功能布局、产业布局和生态布局；做强现代制造业，做大现代农业、做优现代服务业，促进产业与城镇相融合。统筹城乡发展、部门协调、上下级联动，促进人才、资金、技术、信息等要素配置相耦合；古镇保护和现代元素相交融，自然与人文相辉映。把生态文明渗透到城乡每个角落，建设特色鲜明、生态、生产、生活相协调的生态之城、绿色之城、乐居之城。

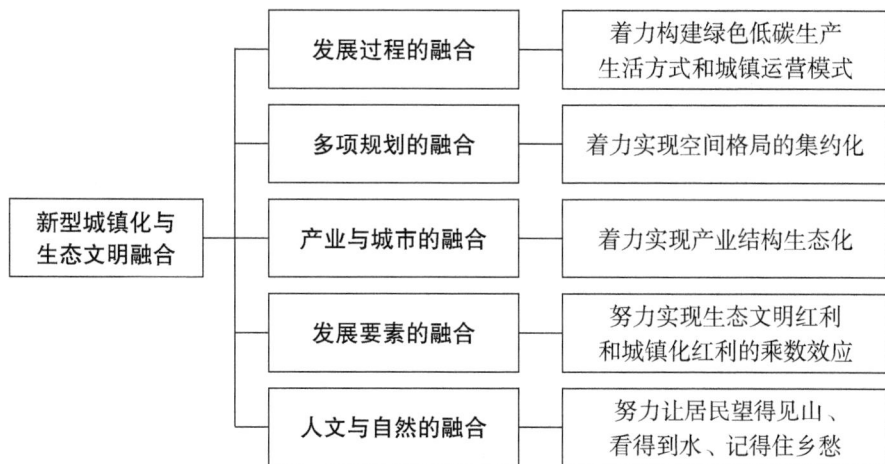

图 1　新型城镇化与生态文明融合的基本特征

二、基本背景

(一) 快速城镇化及部分地区的再城镇化

城镇化是一个国家或地区经济社会发展的必然结果，也是中国社会发展的必然选择。改革开放以来，我国城市快速发展，常住人口城镇化率从1978年的17.92%上升到2014年的54.77%，城市人口从1.72亿人增至7.49亿人。城市数量从193个增加到653个。每个城镇新增人口2100万人，相当于中等收入国家人口。城镇化增长的绝对速度比世界其他国家要快得多，我国土地的城市化大大超前于人口的城市化，基础设施的硬件建设重于软件建设，出现人口膨胀、交通拥堵、环境恶化、住房紧张、就业困难等城市病。为使城市的自然生态、社会人文、空间、生活、行政、经济等环境更适宜人们的生活和工作，很多地区需要进行"再城市化"。

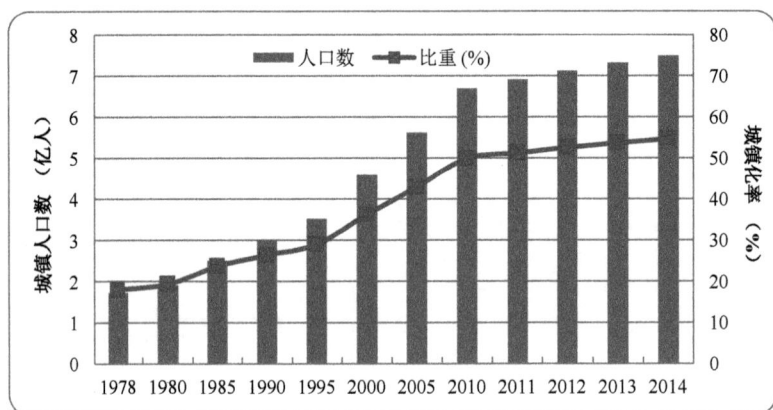

图2　中国城镇人口与城镇化率

快速城镇化及部分地区的再城镇化，把生态文明融入到城镇发展的各个环节和领域，优化城市设计和城市公共环境，节约和集约利用土地资源，对已经经过初级开发的地方进行再开发、对被遗弃和被污染土地进行修复，把维持乡村经济和保护乡村的风景、野生动植物、农业、森林、娱乐以及自然资源价值等相结合，进行综合开发，避免在绿地和森林、农田上无序开发，重组城市的产业和空间，促进城镇绿色、低碳、循环发展。

吴江1985年末总人口73.30万人，非农业人口16.33万人，城镇化率为22.27%；到2014年末吴江户籍总人口为81.44万人，非农业人口40.93万人，城镇化率为 50.26%；吴江登记外来暂住人口 78.06 万人，基本居住在城市，将暂住人口计入吴江非农业人口，吴江的城镇化率为 74.60%。吴江总面积 1176.68 平方千米，境内河道纵横，湖荡密布，其中水域面积 267 平方千米。吴江人多地少，每万人土地面积为 5.70 平方千米，土地资源紧缺是吴江城镇化发展的制约因素。城市化、工业化快速发展，城市建设用地高速扩张，一方面导致建设用地不断挤占耕地，人均耕地面积不到 0.5 亩，土地资源约束不仅仅反映在耕地对于粮食安全的限制，已经扩展到建设用地尤其是城市建设用地对于城市发展的约束，激化"建设"与"吃饭"矛盾；另一方面却是大量建设用地低效利用甚至闲置和浪费。解决吴江城镇化发展问题，需要"再城镇化"，从工业用地、城镇用地和农村居民点用地挖潜。"再城镇化"中规避摊大饼式的城镇化，需要将生态文明与城镇化融合，节约集约利用土地，对老镇区环境和基础设施建设、老街综合改造、危旧房、城中村、旧住宅区改造及配套公共设施、撤并镇等，与湿地公园、森林公园等自然生态建设、湖泊综合整治、中小河流治理、节能减排等规划、建设、管理方面融合，促进生产空间集约高效、生活空间宜居适度、生态空间山清水秀，给自然留下更多修复空间，给农业留下更多良田，给子孙后代留下天蓝、地绿、水净的美好家园，建设乐居吴江。

(二)快速工业化及部分地区向现代制造业甚至智造业的迈进

改革开放以来，我国工业化步伐突飞猛进，工业增加值由 1978 年的 1602.9 亿元增加值 2014 年的 228122.9 亿元。制造业持续快速发展，建成了门类齐全、独立完整的产业体系，有力推动工业化和现代化进程。我国经济发展进入中高速发展阶段，制造业发展面临新挑战。资源和环境约束不断强化，劳动力等生产要素成本不断上升，投资和出口增速明显放缓，主要依靠资源要素投入、规模扩张的粗放发展模式难以为继，促使传统依靠依靠资源要素投入、规模扩张的粗放发展模式的制造业，通过调整结构、转型升级、提质增效向现代制造业甚至智造业等中高端水平迈进。新一代信息技术与制造业深度融合，科技创新能力的提高，智能装备、智能工厂等智能制造正在引领制造方式变革。

城镇化是工业化和信息化的载体和平台，城镇化带来的创新要素集聚和知识传播扩散，有利于增强创新活力，传统制造业产业改造升级和智能制造业的发展。而中国制造业推行提质增效、绿色发展，坚持把可持续发展作为建设制造强国的重要着力点，推广节能环保技术、工艺、装备应用，推行低碳化、循环化和集约化，全面推行清洁生产；发展循环经济，发展再制造产业，实施高端再制造、智能再制造、在役再制造，提高资源回收利用效率；构建高效、清洁、低碳、循环的绿色制造体系，引导绿色生产和绿色消费，走生态文明的发展道路。促进城镇化与生态文明融合。

吴江 2014 年工业实现增加值 745.92 亿元，工业化率为 50.08%，丝绸纺织、电子资讯、光电缆、装备制造四大主导产业占规模以上工业产值的 85.4%，新材料、新能源、节能环保、食品加工和生物医药等新兴产业实现产值占全区规模以上工业产值的 51.1%，吴江智能制造正在进行中。吴江以制造业立区，重点发展以工业机器人、高端数控机床、智能仪器仪表、智能控制及系统集成行业等智能装备制造和电子信息、光缆电缆、电梯制造等传统优势产业的设备升级等生产装备智能化为核心的装备制造业，提升电子信息产业的规模和层次、推进传统丝绸纺织产业转型升级和推进光电缆产业的特色化、高端化、系统化、集成化发展，工业向"智造"转变，促进绿色经济、低碳经济和循环经济的发展，推进城镇化与生态文明融合。

(三)城镇发展的无序、低效状态已经严重影响到城镇的持续健康发展

快速城镇化进程中，一些城市空间无序开发，2008—2012 年，中国设市城市的建成区面积增加了 0.97 万平方公里，城市年均扩城率为 5.34%。全国 391 个城市的新区规划人均城市建设用地 197 平方米，已建成区人均城市建设用地达到 161 平方米，远远超过人均 100 平方米的国家标准。城市扩张占用大量耕地、草地、湿地等，扰动自然生态环境系统；城市发展唯 GDP 论英雄，忽视生态环境的价值；2014 年生态环境质量一般的县域占 23.0%，"较差"和"差"的占 30.3%。城市污水和垃圾处理能力不足，大气、水、土壤等环境污染加剧；全国新标准监测的 161 个城市中 90.06% 城市空气质量超标，2103 年雾霾天气平均天数为 52 天，2014 年部分省份的雾霾天气比 2013 年更严重；2014 年中国十大水系中（图 3），Ⅳ—Ⅴ类和劣Ⅴ类水质断面比例分别为 19.8% 和 9.0%，部分城市河段污染较重。地下水监测较差比例为 45.4%（图 4），极差级的监测比例为 16.1%；开展降水监测的 470 个城市（区、县），酸雨城市比例为 29.8%，酸雨频率平均为 17.4%，有 40% 以上的人口生活在缺水地区，有 400 多座城市缺水，其中 108 座严重缺水，1.6 亿多城市居民受影响。全国土壤总的超标率为 16.1%，以镉、汞、砷、铜、铅、铬、锌、镍等重金属无机污染物为主，重金属对土壤的

污染基本上是一个不可逆转的过程，治理难度非常大。城市公共服务供给能力不足，交通拥堵问题严重，公共安全事件频发等。城市发展城镇发展的无序、低效等种种困境，已经严重影响到城镇的持续健康发展。

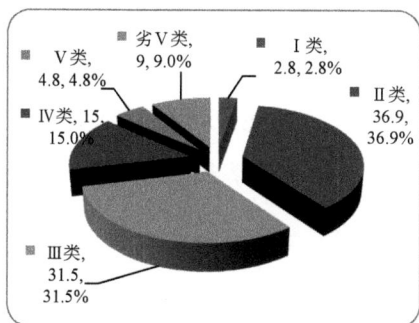

图3　2014年十大水系水质状况

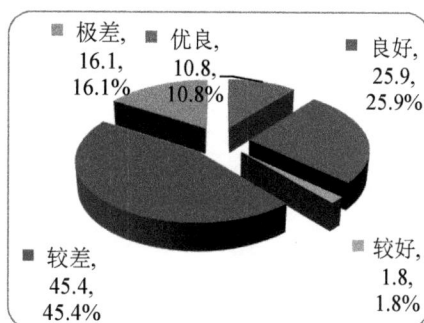

图4　2014年中国地下水水质状况

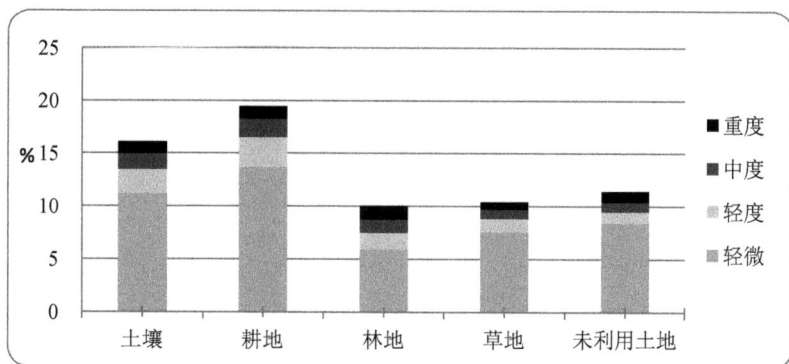

图5　全国土壤污染程度

　　要让我国城镇化走出困境，必须将生态文明融入城镇化进程中，正确处理城镇化量变与质变的辩证关系，加快转变城市发展方式，优化城市空间结构，统筹中心城区改造和新城新区建设；加快产业转型升级，处理好社会经济发展与资源环境支撑之间的关系；完善城镇基础设施和公共服务设施，完善城市治理结构，创新城市管理方式，提升城市社会管理水平，促进城镇可持续健康发展。

　　吴江作为改革开放的先行军，工业化、城镇化起步早，走在全国前列，遇到结构型、复合型和压缩型的生态环境问题也比全国早，经济社会发展与资源环境约束加剧的矛盾日益突出。吴江城镇化、工业化和现代化的发展，大量耕地资源被非农建设占用，人均耕地面积不到0.5亩，耕地资源变得更加稀缺。人口聚集密度高形成的生活污染、工业企业数量多形成的单位国土面积工业污染、急剧增加的机动车辆形成的空气污染等负荷大，2015 年水质优于Ⅲ类的水体不到64%，空气环境质量达标天数比例只有 71%，由于环境污染和生态破坏造成的直接和间接损失已占地区生产总值的 15%，影响到城镇的持续健康发展。生态文明与城镇化融合，构建科技含量高、资源消耗低、环境污染少的产业结构，加快推动生产方式绿色化，大幅提高经济绿色化程度，有效降低发展的资源环境代价。实行"增量优化""腾笼换凤"，发展绿色经济、低碳经济和循环经济。

三、重要意义

(一)是加强以五个治理为核心的政府治理能力的重要方面

城市是我国经济、政治、文化、社会等方面活动的中心，城市发展带动了整个经济社会发展，城市建设成为现代化建设的重要引擎。改革开放以来，我国经历了世界历史上规模最大、速度最快的城镇化进程，城市发展波澜壮阔，取得了举世瞩目的成就，但也出现了诸如交通拥堵、工作与生活功能区隔分明、"鬼城""睡城"频现、城市排水系统不完善致暴雨内涝、千城一面等问题，城市的发展背离了城市发展的自然规律。生态文明与城镇化融合，坚持集约发展，框定总量、限定容量、盘活存量、做优增量、提高质量，尊重自然、顺应自然、保护自然，改善城市生态环境，转变城市发展方式，提升经济发展质量和效益，完善城市治理体系，提高城市治理能力，解决城市病等突出问题，不断提升城市环境质量、人民生活质量、城市竞争力，提高城市发展持续性、宜居性，是加强经济治理、社会治理、资源治理、生态治理、环境治理为核心的政府治理能力的重要方面。

吴江区综合实力较强，2014 年 GDP 为 1486.51 亿元，人均 GDP 达到 114673元，财政收入 380.38 亿元，连续多年跻身全国县域经济基本竞争力百强县（市）前十强。但发展存在不可持续，经济结构还未完全成功转型、淘汰落后产能的任务十分紧迫繁重；能源消耗偏高，结构不合理，煤炭消费总量持续保持高位；污染物排放总量偏大，结构性污染问题突出，局部地区环境容量不相适应。将生态文明与新型城镇化融合，将有限的土地余量、能源消耗和环境容量等资源要素向优势产业、优势企业倾斜集中。围绕土地使用、用能用水、污染物排放等关键要素建立市场化运行机制。推进生态空间优化、生态经济发展、生态环境提升、生

生态文明建设的江苏实践

态文化传播和生态制度创新。提升政府治理能力和治理水平。

（二）是落实"五位一体"总体部署的重要举措

党的十八大报告指出，建设中国特色社会主义，总布局是经济建设、政治建设、文化建设、社会建设、生态文明建设五位一体。要求把生态文明建设融入经济建设、政治建设、文化建设、社会建设各方面和过程，努力建设美丽中国。城镇化是保持经济持续健康发展强大引擎、是促进社会进步的必然要求，把生态文明建设融入新型城镇化规划、建设、管理全过程中，按照主体功能区规划和生态环境区划，依托现有山水脉络、气象条件等，合理布局城镇空间，科学确定城镇开发强度，节约集约利用土地、水、能源等资源，着力推进绿色发展、循环发展、低碳发展，强化环境保护和生态修复，减少对自然的干扰和损害，推动形成绿色低碳的生产生活方式和城市建设运营模式，是落实"五位一体"总体部署的重要举措。

吴江生态文明与城镇化融合，提升经济发展质量和效益，实现经济强；改善人民生活质量，使城乡居民有更多幸福感和获得感，实现百姓富；推行节能减排，治理水环境、大气环境，提高能源、水资源、建设用地利用效率，改良生产生活生态，实现环境美；提升吴江经济、政治、文化、社会、生态文明建设法治化水平，实现社会文明程度高。全面推进经济建设、政治建设、文化建设、社会建设和生态文明建设，走上生产发展、生活富裕、生态良好的可持续发展之路。

（三）是实施"五化同步"的具体措施

中共中央、国务院《关于加快推进生态文明建设的意见》指出，把生态文明建设放在突出的战略位置，融入经济建设、政治建设、文化建设、社会建设各方面和全过程，协同推进新型工业化、信息化、城镇化、农业现代化和绿色化。城镇化与工业化、信息化、农业现代化和绿色化同步发展，是现代化建设的核心内容。

"五化"中，工业化处于主导地位，是发展的动力；农业现代化是重要基础，是发展的根基；信息化具有后发优势，为发展注入新的活力；城镇化是载体和平台，承载工业化和信息化发展空间，带动农业现代化加快发展；绿色化贯穿新型工业化、城镇化、信息化和农业现代化的全过程。城镇化发展存在产城融合不紧密，产业集聚与人口集聚不同步，城镇化滞后于工业化（如图6），土地城镇化快于人口城镇化能问题。将生态文明与新型城镇化融合发展，树立"绿水青山就是金山银山"的理念，坚持把节约优先、保护优先、自然恢复作为基本方针，把绿色发展、循环发展、低碳发展作为基本途径，把深化改革和创新驱动作为基本动力，把培育生态文化作为重要支撑，使生产方式、生活方式、价值观向"绿色化"转型，是工业化、城镇化、信息化和农业现代化和绿色化协同推进的具体措施。

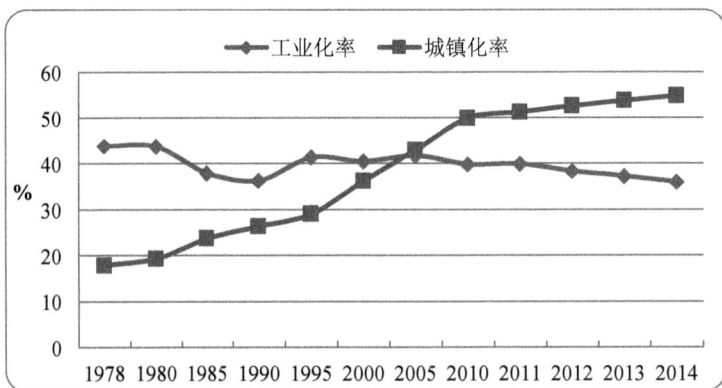

图 6 中国城镇化与工业化进程

吴江将生态文明与新型城镇化融合，以"新型工业化"为动力，通过产业集聚带动城镇化发展，产业转型升级推动城镇质量提高，促进新型工业化与新型城镇化良性互动。以"信息化"为纽带，建设智慧吴江，推广物联网、云计算等新技术，推动智慧教育、智慧旅游、智慧医疗、智慧交通等发展，促进信息化与新型城镇化、新型工业化协同发展。以"农业现代化"为契机，依托新型工业化和城镇化，促进农村一二三产业融合，依托信息化，加强信息农业建设和农业信息化管理，大力发展循环农业，减轻农业面源污染，拓展农业功能，推进农业转型升级。以"绿色化"为引领，工业化过程中注重环保低碳、产业耦合和可持续性，在信息化发展中更加科学、有效，在城镇化过程中更加注重以人为本、产城融合，在农业发展中更加注重有机化、生态化。

（四）是进一步提升本地区城镇化水平和质量的必然选择

城镇是区域经济、政治、文化、社会等方面活动的中心，是各类要素资源和经济社会活动最集中的地方，是全面建成小康社会、加快实现现代化的"火车头"。城镇化的快速推进，吸纳了大量农村劳动力转移就业，提高了城乡生产要素配置效率，推动了国民经济持续快速发展，带来了社会结构深刻变革，促进了城乡居民生活水平全面提升，取得的成就举世瞩目。但存在土地粗放低效利

生态文明建设的江苏实践

用、城镇空间分布和规模结构不合理、城镇空间的无序开发、自然历史文化遗产破坏、资源环境恶化、社会矛盾增多等问题和矛盾。完善城市治理体系，提高城市治理能力，着力解决城市病等突出问题，促使城镇化发展由速度型向质量型转型。提高城镇化水平和质量是全面建成小康社会和全面深化改革开放的目标之一。

提高城镇化水平和质量，必须将生态文明建设与新型城镇化建设融合发展，坚持尊重自然、顺应自然、保护自然的方针，科学规划城市空间布局，实现生产空间集约高效、生活空间宜居适度、生态空间山清水秀，实现城镇经济的繁荣，城镇功能的完善，公共服务水平和生态环境质量的提升。

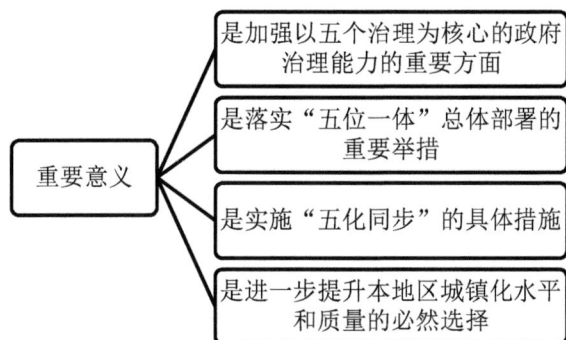

```
                    ┌─────────────────────┐
                    │ 是加强以五个治理为核心的政府 │
                 ┌──│   治理能力的重要方面   │
                 │  └─────────────────────┘
                 │  ┌─────────────────────┐
       ┌──────┐  │  │ 是落实"五位一体"总体部署的 │
       │ 重要意义 │──┤  │      重要举措       │
       └──────┘  │  └─────────────────────┘
                 │  ┌─────────────────────┐
                 │  │ 是实施"五化同步"的具体措施 │
                 ├──│                     │
                 │  └─────────────────────┘
                 │  ┌─────────────────────┐
                 └──│ 是进一步提升本地区城镇化水平 │
                    │    和质量的必然选择    │
                    └─────────────────────┘
```

图 7　新型城镇化与生态文明融合的重要意义

第二章 吴江城镇化发展与
生态环境变化历程评估

吴江的发展历程，是社会经济同步发展的历程，是文明水平不断提升的历程，是城镇化水平不断提升的历程，是生态环境建设水平不断提升的历程，同时也是城镇化与生态文明建设融合度不断提升的历程。在此，极有必要简要地回顾一下吴江城镇化建设与生态文明建设融合的历程。

一、文明发展历程

与其他区域一样，迄今为止，吴江在人类文明发展史上同样也依次经历着原始文明、农业文明、工业文明和生态文明四个时代（图 8）。所不同的是，由于自身优越的地理位置、丰富的自然资源和长久积累起来的丰厚人文社会经济条件，吴江在各种文明历程中都显示出其本身的优越性与引领性。

原始文明时代	农业文明时代	工业文明时代	生态文明时代

图 8 人类文明发展历程

（一）原始文明时代

在原始文明时代，吴江凭借丰富的渔业水产资源、土地资源条件和良好的人居环境条件吸引先民早早在这里定居繁衍和从事生产。吴江位于太湖之滨，渔业水产资源极其丰富，这为早期先民在这里定居提供了丰富的食物来源；再加上温暖湿润的气候、多样茂盛的植物资源以及一马平川的平原区等优越条件，这里成为我国江南先民从事采集、捕鱼活动以及后来的耕作、驯养活动最早最活跃的场所之一，自然也成为我国江南文明最重要的发源地之一。

众多的考古活动证实，早在新石器时代，先民们已在这里定居和从事生产活动。1949 年，吴江广福遗址曾出土了"龙骨"；1954 年，同里九里湖九里村遗址发现有湮圩的屋基和高出湖底呈浅碟型红色圆形的土埂以及商周战国时期的石器陶器等；1960 年，在吴江梅堰袁家埭考古活动中又发现了良渚文化的初具规模的原始村落和大量现代常见的农作物种子（如甜瓜、芝麻、菱角、葫芦等）以及骨哨、鱼形骨匕和保存完好的农田水系；1985 年，在同里又发现移定毕圩崧泽文化遗址，面积达 32 万平方千米，这是太湖流域最大的史前遗址，遗址四周存有宽 10 米以上的环壕，出现聚落的特征……这些考古活动表明，早期先民不仅在吴江从事各种人类生产活动较早，而且活动频繁，人口逐渐集聚，出现了规模聚居的聚落特征，这是人类城市的发端和雏形，也是现代城镇化的最早起源。总之，优越的自然资源与良好的生存环境使吴江的城镇化历史比其他地方更早。

（二）农业文明时代

自原始文明后期吴江农业逐步发展一直到 19 世纪末，吴江处于农业文明中。在农业文明时代，吴江以丝织业为代表的手工业比较发达，并且推动着城镇化的发展。

在我国古代历史上，江南地区的非农经济发展较晚，处于太湖流域的吴江也不例外。但是到了宋代特别是南宋，随着太湖流域丝织业的发展，这种状况得到很大改善，并且直接促进城镇的发展。宋代，太湖地区的蚕桑技术超越北方，已经比北方更先进，可以培育出优良的"湖桑"和饲养"四眠蚕"，所缴纳的丝织品占全国的四分之一以上。到了明清时期，太湖流域的丝织业更是独领风骚，在全国其他地区的蚕桑业不断萎缩的情况下太湖丝织业还能保持旺盛发展的态势。而丝织业生产上的发达带来了丝织业贸易上的兴起，而贸易上的兴起带来城镇的迅速发展。这方面最为典型的是盛泽镇。盛泽镇在明末已拥有五万人口，到了清乾隆时已形成"绸市"，绸品远销国内外，而到了清代中叶，盛泽更是以一镇之大与苏州、杭州、湖州传统丝绸大市并列四大绸市，并且在专业地位上超过嘉兴、湖州府，例如，嘉兴县各镇所产丝绸不是运往嘉兴府集中而是运往盛泽镇，这充分看出盛泽镇在丝绸贸易上的不可撼动地位。在鼎盛时，盛泽镇上的绸庄达到上百家。不仅如此，随着丝织业和丝绸贸易的发达，与此相关的其他手工业和商业也跟着发达起来。例如，竹行、糖坊、砖瓦、剪刀、茶亭、板箱、分金、竹篁、天灯、盐店、梭子等不同品种的作坊或店铺众多，有的行业还建立了自己组织——"公所"，例如，"米业公所""药业公所""茶叶公所""鲜肉公所""理发公所"。按今天的视野看，这种由丝织业的生产和贸易发达而带来的其他相关行业发展，并在区域上（盛泽镇）集中分布，可以认为是我国封建社会末期产业集聚突出表现，那些行业组织——各种"公所"也相当于当今社会的各种行业协会。

由以上可以看出，在农业文明时代，吴江以丝织业为代表的手工业十分发达，它推动着商品经济的发展和城镇的发达，并且形成了现代了现代商业社会和产业集聚的雏形，在我国封建社会的商品经济中具有领先地位。

（三）工业文明时代

吴江的工业文明可以简单分为两个阶段，一是民国时期，二是新中国成立以来。其中新中国成立后的工业文明又可以细分为工业生产恢复期、乡镇工业发展期和外资工业推动期。

在民国时期，吴江的工业文明主要体现在现代技术的广泛运用和工业化的蓬勃发展上。现代技术的广泛运用其中一个最重要的标志就是电力取代传统的畜力、人力广泛运用于工业生产上并且大幅度促进生产率的提高。民国四年即1915 年，盛泽张志毅在盛泽西荡口首先办起了电厂，投资 4 万元，可负载电灯800 余盏。不久后盛泽镇发电厂又进行了扩容，并且苏州电气厂也向盛泽输电，电力供应增加，这使盛泽镇各手工工场有条件使用现代机器生产，甚至部分农村机户也迁入盛泽镇内改使用电机生产。据有关资料统计，当时盛泽有电力绸厂17 家，共有电机 1145 台，占江苏全省的 46.88%，全国的 6.76%，年产绸缎可达570 万码。除丝织业以外，交通工具也广泛使用现代技术。例如，轮船航运业蓬勃发展，到 20 世纪 30 年代，行驶和途经吴江的客轮航线达 48 条，可通往上海、嘉兴、苏州、杭州等地，并且境内各镇均有轮船；公路运输也在松陵、平望、盛泽等镇发展起来；1936 年 7 月，苏嘉铁路开始同车，沿途设有吴江、平望、盛泽等站。随着电力、轮船、公路等现代工具的使用，吴江的工业得到蓬勃发展。如，在丝绸生产方面，丝绸的木机达 1 万台以上，每机 3 人管理，丝绸生产者达3 万多人；丝绸贸易方面，每天的交易额十分巨大，约在五六千万至 1 亿元，年销售量可达百万匹以上，除了销往国内各地外还销往南洋群岛。伴随着丝绸贸易的兴盛，商业和金融服务业也随之发展起来。如，松陵镇工业本身并不发达，但由于丝绸贸易而使商业快速发展起来，1933年，全镇有4990人，224家商店，其中有70%的居民从事商业活动。金融业方面，由于丝绸贸易的需要，1935年吴江全县就有典当13号，有多家银行在吴江设立了分行，主要目的是为当地绸业发展提供信贷服务。

新中国成立后的工业文明可分为新中国成立探索推动期（1949—1977年）、乡镇工业发展期（1978—1991年）和外资工业推动期（1992—2010年）三个阶段。在工业生产回复期，由于受政治运动的影响，吴江的工业生产时断时续，裹足不前，主要是恢复一些以往工业产品的生产。在乡镇工业发展期，这时期以农副产品加工为基础的乡镇工业迅速发展起来，如丝绸纺织业、服装加工业、皮革制品加工业、酿酒业、冶金业等，乡镇工业比较发达，如1991年底，全县有工业企业2465家，其中乡镇办工业410家，而村办工业企业1842家；职工中，全部工业职工196158人，而乡镇办工业79551人，而村办工业68760人，二者合计占总职工人数的75.6%；产值中，全县工业总产值897441万元，其中乡镇办工业430834万元，村办工业216154万元，二者合计占全县工业总产值的72.1%。在外资工业推动期，吴江的工业发展有了很大进步，不再局限于传统的以资源开发（农副产品加工）为基础的加工业，而是引入了现代高科技行业，生产规模迅速扩大，生产组织更加有效率（在工业开发区内生产），营销市场也不再局限于国内市场，而是全球市场，外资经济在本地经济发展中地位举足轻重。截至2013年12月25日，吴江全区外商投资企业共1737家，投资总额达275.74亿元，注册资本142.11亿美元，注册资本1000万到3000万美元的共有265家，注册资本3000万美元以上的共有122家；在就业中，2013年底，吴江外资企业就业的人数达三四十万人，安置本地城镇职工就业超过30%，外企人才占全区比重近40%。

（四）生态文明时代

与国内其他地区比，吴江作为一个社会经济文化都比较发达的区域，较早重视生态、资源、环境的保护。例如，1979年就组建了环境保护办公室，1981年把它改组为环境保护局，1983年环保局下面再增设环境监测站，也获得了一系列荣誉称号（表2），但要说真正进入生态文明时代应从2011年的《吴江市生态文明城市规划》完成省级评审并经市人大常委会审议通过开始。此后，吴江的生态文明建设进入有规划、广覆盖、高渗透阶段，生态文明建设规划和行动层出不穷。例如，在随后的两年中，吴江陆续制订了《关于推进吴江区生态文明建设的实施意见》和《吴江区生态文明建设三年行动计划》以及《吴江区 2013 年度生态文明建设实施方案》等生态文明建设指导性文件，又在 2014 年安排了超过 25 亿元的生态文明建设项目，等等。

表 2　吴江在生态文明建设方面获得的荣誉（列举）

时　间	荣　誉
1987 年	全县共有 5 个镇获得市级"文明卫生镇"称号
1991 年	吴江绸缎炼染一厂被评为全国环境保护先进企业
1997 年	获得"国家卫生城市"称号
2003 年	获得"国家环保模范城市"称号
2004 年	吴江市被国家环保局命名为"国家级生态示范区"
2010 年	吴江市被国家环保局命名为"国家级生态市"

如果说在 2011 年之前，吴江的资源环境生态建设属于一种"事后补救"和"局部修补"性质，而 2011 年《吴江市生态文明城市规划》实施后则更多地呈现出一种"事前防御"和"全面治理"性质，从那时起吴江的各项建设活动都与生态文明建设相互关联。例如，在对外招商引资中，考虑的不是引进多少投资额和壮大经济总量规模，而是单位土地面积上的用能量、用水量和排污量，把达不到一定环保标准的企业排除在外。又如，在农业生产上，对农业产业的功能定位不是局限在传统的生产功能和经济贡献，而是还包括资源环境保护功能和审美、教育的贡献，这标志着文明生态建设渗透到各个领域，或者说，吴江进入生态文明时代。

二、城镇化发展历程

吴江的城镇化发展历程，可以分为起源、兴起、扩张和调整阶段（图 9）。

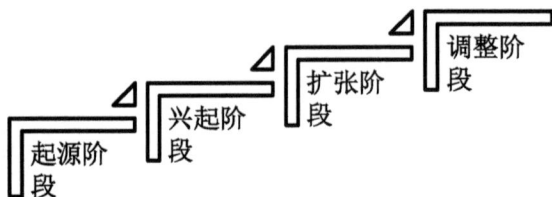

图 9　吴江城镇化的发展历程

（一）城镇化的起源阶段

吴江城镇的起源有两个：一是作为古代的军事驻地屯兵而兴起；二是作为人们生产生活的聚居地而兴起。前者典型反应在松陵镇上，而后者反应在同里、平望、震泽等镇上。

在古代，松陵镇周围一片泽国，只有松陵镇高出地面，宛若丘陵，上面松柏森森，这种地形地貌对于古代战争来说战略地理位置十分重要，因此交战双方争相派兵把守。如，《吴越春秋》里记载"越王追奔，攻吴兵，入于江阳松陵"，这也是"松陵"一词见之于文献。那么既然作为军事驻地，驻地士兵需要的粮食、蔬菜等必需物品就需要从驻地就近购买，这就吸引了一些商贩、居民在这里定居和从事这些必需物品的贸易，而后来慢慢演化成政府行政管理中心。

如上所述，一系列的现代考古活动证明，先民们早在新石器时代就在地理位置优越、物产资源丰富、生产生活方便的吴江各地从事生产和聚集居住。如考古中发现的同里崧泽文化的聚落特征、平望梅堰良渚文化的农耕特征，这些都说明了早在新石器时代，先民们就在吴江筑起简陋的房舍，开始耕作水稻，栽桑养蚕织布，饲养家畜，制作陶器、漆器、玉器和从事祭祀等活动。从城市的起源上看，这可认为是自然资源丰裕而促进的人类活动聚集。

（二）城镇化的兴起阶段

当手工业慢慢从农业中分离出来并发展壮大时就导致贸易需求的旺盛和城市的兴起，吴江的盛泽镇就是这样的一个典型。

在明初，盛泽镇还只是一个普通的村落，也只有在逢寅、亥的日子才有赶集交易活动，到嘉靖年间才发展成为一个具有基层商业中心功能的"市"。但是，它充分发挥其地理与经济优势，大肆从事蚕桑养（种）殖与纺织贸易活动，而且其出产的丝织品品质优良，慢慢地就逐渐形成一个远近闻名的绸品生产"专业基地"，吸引绸品生产者、绸品贸易者来从事生产或贸易，商业日渐繁荣。在万历、天启年间已经由功能单纯的基层商业中心的"市"发展成为功能更为综合多样的"镇"，居民增至1万余家，成为吴江首屈一指的大镇。到明末，盛泽更是已拥有了5万人口。并且，随着绸品贸易这种中心功能的强化和持续，与之相关的产业也不断发展起来，最终使城镇功能更加完善，反过来又进一步提升了其中心功能。

随着城镇中心功能的多样化，各种各样的城镇纷纷兴起，城镇数量增多，城镇间的联系加强，这也促进了更大规模、更细分工、更全功能的大城市的兴起。

(三) 城镇化的扩张阶段

城镇化主要体现为人口就业结构的城镇化、经济产业机构的城镇化、空间聚落结构的城镇化、居民思想观念的城镇化以及城镇功能的完善。因此，城镇的发展主要体现在三个方面：一是数量的扩张，例如，城镇建成区面积的扩大，城镇常住人口的增加、经济总量的增加；二是结构的优化，例如，例如，产业结构的优化、就业结构的优化，空间布局结构的优化；三是功能的完善，虽然某个城镇的早期兴起是由于某个中心功能在起核心推动作用，但是在城市发展中其功能一般会根据城镇发展的需求进行相应调整，使其越来越取趋向完善，在其中心功能外其他必备的配套功能也逐步产生和发挥作用。例如，原来某个城镇的中心功能是物质生产，但根据区域发展战略和产业结构调整的需要，可能后来也逐步具备了休闲、娱乐、疗养等非直接物质生产功能，但这些非直接物质生产功能却加强和完善了城市功能，是城镇化向内涵型发展的深层次表现。从吴江的城镇发展史来看，各个时期吴江城镇发展的推动力不同，对城镇化影响的结果也不一样，这里主要分为新中国成立以前时期和新中国成立以后两个时期分别叙述。

（1）新中国成立以前时期

新中国成立以前时期城镇化扩张主要是由于现代技术的广泛运用和工业化的蓬勃发展。

首先，现代技术的运用使生产率提高和区域之间联系加强，城镇中心功能得以强化。如前所述，盛泽镇电力的生产和供给的增加使电力能够取代传统的人力、畜力，使现代机器生产取代传统的手工生产，生产率大为提高。而轮船、公路、铁路等运输技术的进步使吴江各个城镇之间的联系不断加强，并且加强了与区域外各个城镇如上海、苏州、杭州、嘉兴等城市的联系，提高了城镇中心功能的影响力。

其次，工业化的发展使城镇就业人员增加和第三产业的发展。例如，1934年盛泽作为吴江的绸业中心，织绸者就高达 3 万人。在绸业这个主导产业的带动下，其他相关产业也跟着发展起来。还是以盛泽镇为例，1946 年，直接为绸业生产服务的相关产业中就有丝经业 62 家，绸领业 68 家，绸业 89 家，电机丝织业 59 家；以绸业贸易或加工为中心的产业中就有绸布新衣业 10 家，旅馆业 15

家，面饭菜馆业 38 家；此外，还有其他基础的、必备的产业，与城市居民生存直接相关的食物产业就有米粮业 44 家，机切面业 16 家，鲜肉业 20 家，腌腊业 18 家，豆腐业 16 家，酒酱业 34 家，茶叶业 7 家，糖北货茶食业 21 家，此外还有其他产业，棉布业 25 家，百货业 15 家，桐油磁席业 16 家，纸烛业 51 家，新药业 12 家，国药业 13 家，肥料业 21 家，再加上运输、银行等其他产业，总共 679 家。伴随着这些第三产业的发展，城镇就业机会也在增加，不断吸引农村和外地劳动力流入该城镇，城镇化在加速。

再次，市政管理的兴起和城市基础设施建设的加强。传统的县城及城镇，市政管理十分单一和薄弱，仅限于缉捕盗贼、查缉私盐等事项，市政缺少规划，照明、消防、卫生等设施十分落后。但到了 19 世纪 20 年代后，随着吴江工业化和城镇化的发展，吴江的市政功能受到重视并且加强了建设。例如，为应付日益繁多的市政管理事务的市政管理机构开始出现，盛泽成立了"公共卫生委员会"；现政府对城镇市政建设进行了规划，并且编制了相应的经费预算书和制定了质量标准，县政府主持了松陵镇的市政规划，拨款整修了松陵镇的有关大桥和公路，还建设了菜场、公园等，添设了照明、消防等基础设施。在基础设施方面，加强了对当时经济社会发展十分重要的邮政通讯业的建设。1900 年，吴江邮政分局在松陵镇设立，在 30 年代形成了基本覆盖全县的邮政网络，业务涵盖普通邮件、挂号、快递邮件、普通快信以及附设邮政储金等范围，后面又增添了电报等业务。1929 年，吴江市政府筹办了市乡长途电话，设吴江县城乡电话交换所，并先后在震泽、平望、芦墟等镇设立了分所，线路总长达 229.1 公里，电话网基本覆盖了全县整个区域，到抗战前夕，吴江电话局户均日通话达 30—40 次。在社会基础设施方面，政府也大力进行建设。如，大力发展新式教育，松陵镇、盛泽镇各有小学 4 所，并且都设有中学；筹建图书馆，兴办民众学校，以提高居民科学文化素质；兴建公共体育场、公园、剧院等，以改善居民的生活质量；设立医院、卫生所等，如盛泽镇公共卫生委员会就主持全镇接踵牛痘，注射时疫预防针，打捞果壳瓜皮等。这些市政基础设施的建设顺应了城镇发展的需求，提高了城镇居民的生活质量，也增添了城镇生活的吸引力，反过来又促进了人口流入和城镇发展。

最后，城市社会组织的发展和城市文化的兴起。行业公所在明清时代就已经兴起，民国以后，随着产业分工和各行业的发展，这些组织得到进一步发展，民国以后出现更多类似的组织——同业公会，几乎各行各业都有相应的同业公会。

1946年，盛泽镇就有22个工商同业公会。城市文化中，茶馆不再是一个饮茶聊天的场所，还具有信息、娱乐、赌博等多种功能。正是演变成这种多功能的场所，茶馆得以大量建立，密布很大，遍布吴江各镇，据统计1947年每365.85户就有一家茶馆，松陵镇就有23家。

（2）中华人民共和国成立以来

新中国成立后吴江的城镇扩张可根据推动力的不同划分为三个阶段，依次是探索推动阶段、乡镇经济推动阶段、外资经济推动阶段。

（一）探索推动阶段（1949—1977年）

在新中国成立以前，吴江就已经具备比较好的工业底子，特别是丝绸业十分发达，加上地位位置优越，交通发达，市政基础设施相对完善。在新中国成立初期的经济恢复时期其就作为一个比较重要的工业城镇来建设。1958年，吴江全民办工业，大批劳动力进城工作，按当时的户籍制度，这些农村劳动力转化为城市人口，城镇化有了较快提升。但到了三年困难时期，大部分进城劳动力又返回了乡村，加上1959—1965年间又动员了大批青壮年支援边疆建设，城镇化发展受到抑制。在随后的"文革"期间，随着大批知识青年的上山下乡，吴江净迁入人口2040人，出现反城镇化倾向。总之，这时期的吴江城镇化受到当时户籍制度的影响和政治运动因素的干扰，未能实现正常化发展，波动起伏较大（图10）。但是，另一方面，这些因素虽然影响了吴江城镇化的正常发展，但是它处于新中国成立之初，可看作是新中国成立之初对中国社会主义有关建设道路的探索，出现曲折波动委实难以避免，因此称它为新中国成立探索推动阶段。

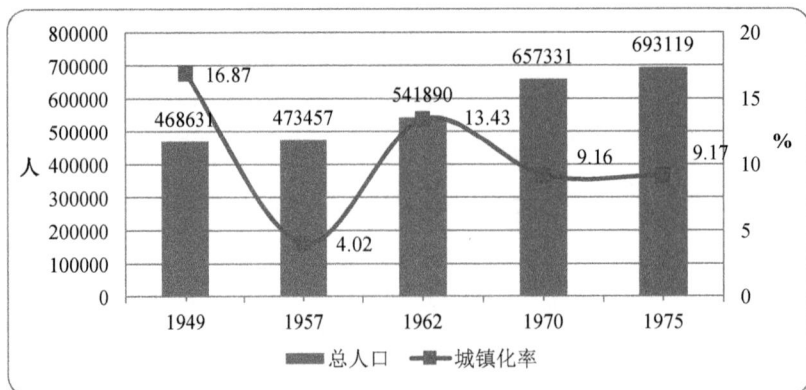

图10 吴江1949—1975若干年份的城镇化水平

（二）乡镇经济推动阶段（1978—1991年）

吴江由于历史、地理、资源、思想等方面的综合原因，恢复工业发展意识比全国其他地方来得更早，在这种背景下乡镇经济发展走在全国前列。早在1975年，吴江插队落户的社队就联合办厂，大工业设备和技术力量引入这些企业，极大地促进了乡镇工业的发展。到1978年，全县社队工业企业达1402家，年产值达12766.92万元，突破亿元大关，成为农村经济的重要支柱。在随后的改革开放中，乡镇工业发展取得辉煌成就。1978年到1991年间，这是吴江工业快速发展的历史，到1991年，吴江的全县工业总产值占社会总产值的79.2%。而在这当中，乡镇工业的发展功不可没，到1991年，乡镇工业的总产值为646987万元，占全县工业总产值的78.7%，占全县社会总产值的62.3%（图11）。而乡镇工业的发展，对吴江的城镇化起到极大的推动作用，是这一段区间中吴江城镇化的主要推动力。

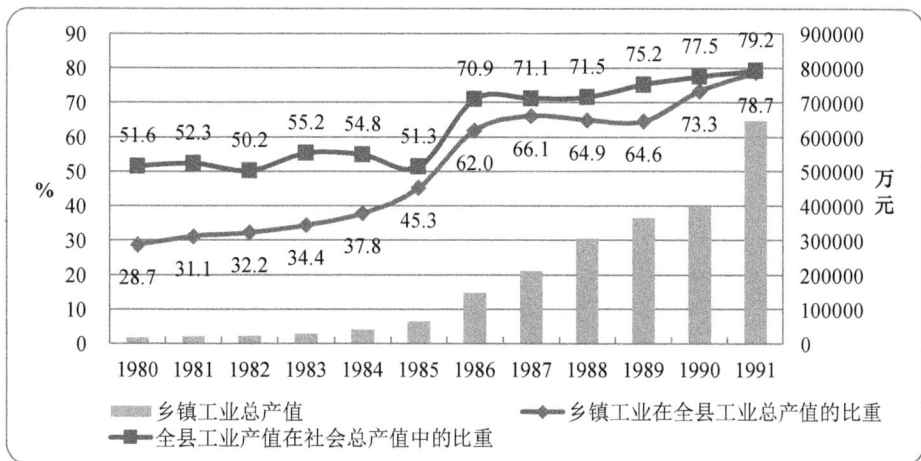

图11　吴江1980—1991年乡镇工业的产值与比重

具体说，乡镇工业的发展，对吴江城镇化主要起以下作用：

第一，它促进了大量农村劳动力的就地转移就业，探索出了具有自身特色的城镇化道路。由于乡镇企业的发展，乡镇企业遍地开花，到1991年，吴江乡镇企业总数达到2252家，其中乡镇办410家，村办1842家，这为农村劳动力的就地转移就业提供了有利条件。从图12可以看出，在1985—1991年间，吴江农村劳动力总数略有上升，但第二产业对于吸收农村劳动力就地转移就业贡献突出，除1985年外，其余年份第二产业吸收的农村劳动力都占农村劳动力总数的

40%以上，而随着第二产业发展起来的第三产业对吸收农村劳动力就业也做出一定贡献，约在10%—15%左右，而第一产业对农村劳动力的吸收都在50%以下，可见，乡镇经济的发展对吸收农村富余劳动力就业起了主要作用。但是，由于这种就地转移就业是"换工种不换户籍"，没有改变农村户口的性质，这样就导致了按城镇户籍人口计算的城镇化率始终不高，到1991年末，城镇化水平也才只有15.7%（图13），实际上，如果按劳动力的就业产业结构分布来看，吴江的城镇化水平还是较高的。

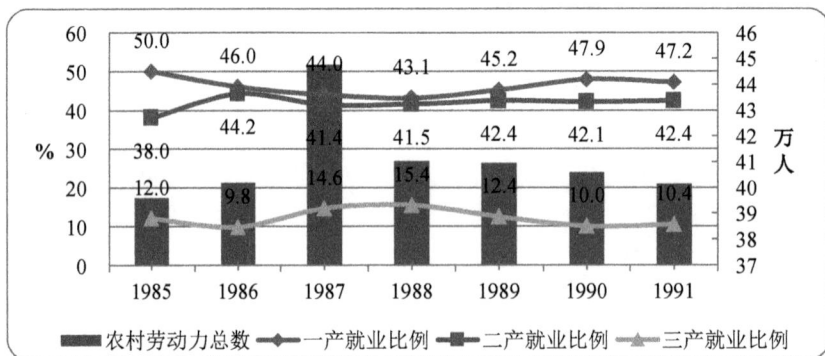

图12 吴江1985—1991年农村劳动力的就业产业分布结构

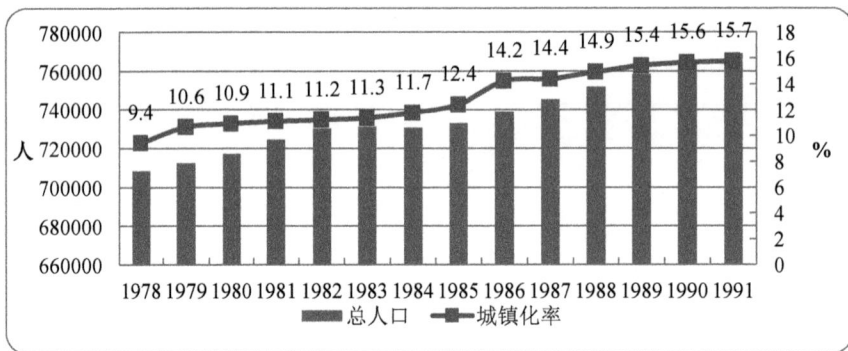

图13 吴江1978—1991年的总人口和城市化率

第二，它促进了区域经济社会资源的充分利用，并且优化了经济产业结构。吴江乡镇工业的发展，它很大程度上是充分利用区域有利的经济社会资源条件。生产上，充分利用了各镇的资源条件和工业基础，其中，盛泽镇就是一个典型，它充分利用历史上丝绸工业基础，大力发展丝绸业，1990年其丝绸工业的总产值就占了全县整个乡镇工业总产值的43.60%。其他乡镇也纷纷利用各自的有利条件，发展轻工、机械、纺织、化工等产业，1990 年，这些轻工、机械、纺织、化工等产业分别占全县工业总产值的 18.85%、12.21%、20.80% 和 7.08%。销售上，利用有利的区位条件和长久积累下来的产品声誉大力发展外贸产业。1991 年，县属工业出口供货 81876 万元，而乡镇企业就完成出口供货 109323 万元，其中北库镇医疗保健品总长出口供货就达 12222 万元，居全县之冠，而其他乡镇中，盛泽、震泽的出口供货也超过 1 亿元，桃源、芦墟、松陵的出口供货也超过 5000 万元。当年从事外贸生产的企业有 125 个，出口的产品有 140 多种，其中，白厂丝、真丝绸、丝绸服装、医用手术巾、医用纱布巾十分受海外市场欢迎，成为出口创汇的拳头产品。正是因为合理资源，产销两旺，才使吴江乡镇工业如火如荼发展，也快速地改变了吴江的经济结构。

第三，它促进了专业城镇的兴起，并且在随后优化了经济空间布局结构。在乡镇企业发展的过程中，许多城镇形成了自身的特色产业，如盛泽的丝绸业、黎里的化妆品业、芦墟的电线电缆业、北库的皮鞋医保用品业、铜锣的酿酒业、梅堰和盛泽的铸件业、青云的制桶业、桃源的服装业等，这些产业直接促进了后来"一镇一品"空间分工格局的形成。有的相邻乡镇由于空间相邻，而资源条件和特色产业也具有一定相似性，为了共享有利的外部基础设施条件、促进分工和优化生产规模、便于政府管理以及避免同质恶性竞争，政府对这些乡镇进行行政区划调整，例如，两镇合并等，这在客观上优化了产业空间布局并且促进了城镇化发展。

第四，它提高了企业与职工的财富积累，为后来吴江的工业升级发展奠定了坚实的物质保障条件。例如，1985 年，吴江县乡镇企业的可分配利润为 1.07 亿元，上交乡（镇）村的为 2680 万元，占可分配利润总额的 25.44%；分给职工的奖金为 1534 万元，占 14.34%；企业流利（积累）为 6487 万元，占 60.82%。到了 1990 年，吴江县乡镇企业的可分配利润总额增长至 2.44 亿元，上交乡（镇）村的为 5638 万元，占可分配利润总额的 22.9 %；分给职工的奖金为 3617 万元，占 14.8%，企业流利（积累）为 1.52 亿元，占 62.5%。在 1986—1990 年间，吴江的乡镇企业积累累积留利，增加积累达 5.12 亿元，为乡镇企业自我投入、自我发展创造了雄厚的财力条件。职工方面，由于乡镇企业的发展，劳动者的工资、奖金收入大为增加，这使城乡居民的收入在短时间内迅速提高。1985 年，吴江农村居民人均纯收入为 664.63 元，而到了 1991 年就增加到了 1255 元，6 年增长了 88.8%；而城镇职工的年平均工资 1985 年仅为 986.73 元，而到了 1991 年则为 2964 元，6 年期间增长了 2 倍。就业者收入的增加使就业者的产品需求层次和精神享受追求迅速提高，为后来的吴江工业产品升级和城市文化提供了市场条件。

最后，它改善了政府的财政收入，为后来政府给民营企业发展提供更好的服务和加强市政建设创造了基本的财力条件。1985 年，吴江政府财政收入为 13584 万元，而到了 1991 年则增加到 17393 万元，增长了 28%，这也为后来政府给民营经济提供技术研发补助等和为加强市政公共服务设施建设创造了一定的财力条件。

(三) 外资经济推动阶段

吴江的外向型经济在民国时代就已经开始，改革开放后在 20 世纪 80 年代初又逐步恢复发展，到 1992 年外资经济具有很大飞跃，此后进入外资经济快速发展阶段，这个过程一直持续到 2010 年左右。伴随着这个过程，外资经济对吴江城镇化的扩张起了巨大推动作用。

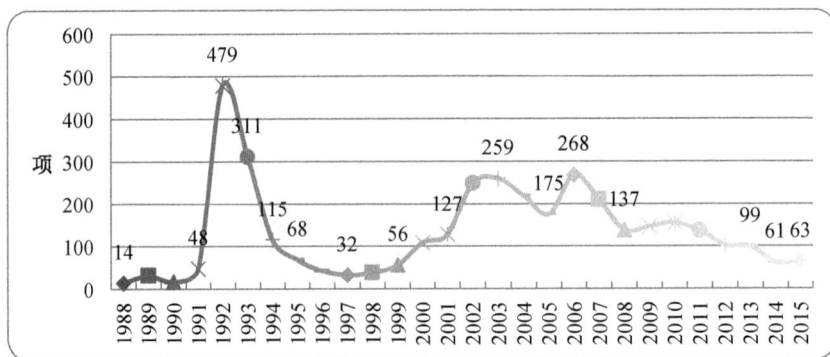

图 14　吴江历年新批"三资"项目

从图 14 可以看出，吴江外资项目的数目增长有两个高峰阶段，一是 1992—1993 年间，二是 2002—2006 年间。特别是 1992 年，该年份吴江新批的外资项目达到历史之最，这也直接推动了吴江走上外资经济发展快车道。1992 年吴江全市批准利用外资项目 495 项，总投资 5.73 亿美元，合同外资 2.65 亿美元，实际到账外资 3024 万美元，分别比 1991 年增长了 7 倍、6 倍和 9 倍。其中新批"三资"企业 479 家，是 1978 年以来总和的 6 倍，总投资 5.36 亿美元，合同外资 2.30 亿美元，分别是前四年总和的 4 倍和 3 倍。在 2002—2006 年间，吴江每年新批的外资项目不但在数量上又出现一个小高峰。在这段期间，新增外资项目最少年份为 2005 年，为 175 个，最多年份为 2006 年，高达 268 个。

吴江的外资企业不仅在数量上增长，而且在质量上也迅速提升，大企业（这里把注册外资超过 1000 万美元的外资企业定义为"大企业"）比例迅速上升（图15）。例如，2002 年全年新批"三资"项目共 249 项，"大企业"就有 21 项，当年世界 500 强企业中有 7 家是在吴江投资；2011 年，虽然新批的外资企业仅有 136 个，但大企业数有 109 个，占新批的外资企业总数的 80.1%。在此后中，吴江的"大企业"更是以注册外资 3000 万美元以上来衡量，例如，2013 年，吴江新批和增资外资项目中，总投资 3000 万美元以上的项目就达 33 个。

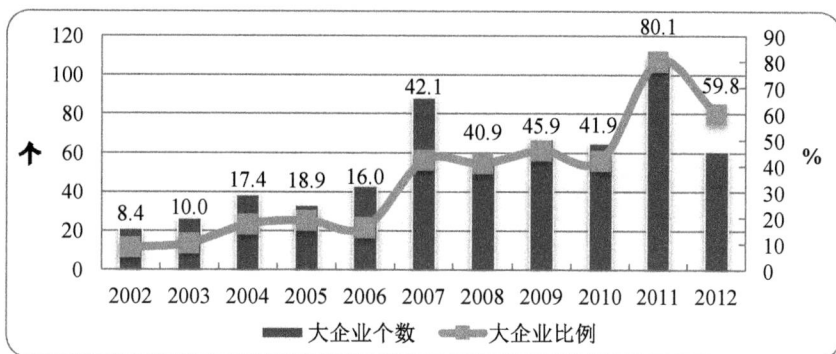

图 15 吴江历年新批外资企业中大企业数量与比例

总的来说，外资经济对吴江城镇化的扩张起了以下作用：

一是直接促进经济总量迅速增长。1992 年以后，外商在吴江的总投资额迅速增长，1992 年高达 57300 万美元，此后有所回落，到 2000 年又增长到 64972 万美元（图16）。在 2001—2015 年，外商在吴江的注册外资和实际到账投资也居高不下（图17）。外商不仅在吴江投资，而且其生产的产品又作为出口产品销往海外，再加上对政府的税收贡献，大幅度刺激了吴江经济总量的快速增长。如，2002 年，吴江全市完成出口总额 16.5398 亿美元，其中，外商投资企业完成出口总额 14.0559 亿美元，占了全市出口总额的 84.98%。

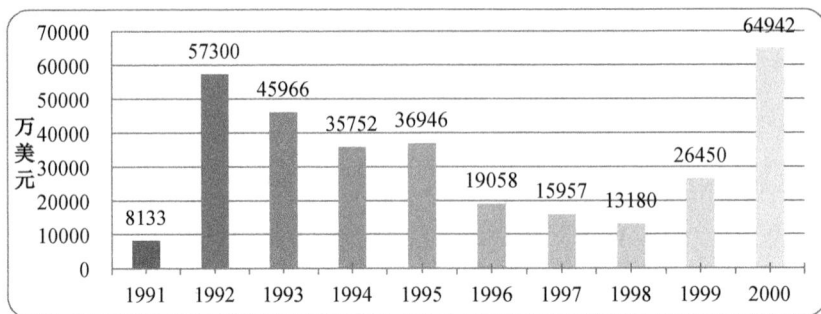

图 16　吴江 1991—2000 年外商投资额

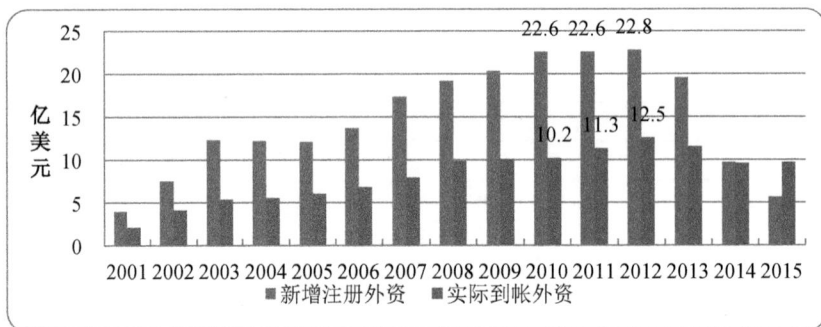

图 17　吴江 2001—2015 年新增注册外资与实际到帐外资

　　二是推动本地经济产业结构升级。这体现在两个地方：第一，助力本地乡镇企业升级发展。吴江的城镇化是典型的由于工业化而推动的城镇化，而吴江的乡镇企业之所以没有像中国其他地方在上世纪 80 年代兴起而后又很快没落，在一定程度上要归功于外资企业的示范与刺激。外资企业在吴江落户，直接带来先进的生产力，无疑在上世纪 90 年代初给刚刚开放不久、见识不多不广的本土乡镇企业上了生动一课，使这些本土企业迅速学习到先进的生产技术和管理方式，生产效率得到提升；更重要的是，这些外资企业的产品出口使中国本土乡镇企业看到了整个世界庞大、多样的市场产品需求，使这些企业在产品生产调整上做出反应，这也是当时许多乡镇企业因产品质量低下、不能满足市场需求而吴江乡镇企业却能通过升级而实现"活下去"的原因。而吴江本地乡镇企业的升级发展是本地工业化得以持续发展下去的原因，也是本地城镇化能够持续下去的根本原因。第二，直接在本地培育了高级产业。外商在吴江的投资结构有个逐渐变化的过程，刚开始主要是一些传统产业，后来逐渐发展到高科技产业以及高盈利的服

生态文明建设的江苏实践

务业。例如，从 1995 年开始，外商投资的项目就从原来的服装轻纺为主转向机电等其他在当时看来技术含量较高的项目。据统计，1995 年新批的外资项目中，服装织造项目仅占 15%，而机电项目占 40%，还增加了能源、交通等基础设施项目。此后批准的项目中很少涉及传统的丝绸、服装等产业，而是向机电、环保、电子等较高端产业转移。到了 1999 年，全市新批的 56 项外资项目中，就有电子资讯项目 21 项，合同外资 155552 万美元，占全市利用外资总额的 63.3%，占开发区利用外资总额的 85.4%；到了 2000 年，电子信息类项目 58 项，占全部新增项目的 53.7%，合同外资 4.67 亿元，占当年总额的 71.9%。总之，由于外商投资产业结构由劳动密集型向资本技术密集型转变，促使本地产业结构也逐步由劳动密集型向资本技术密集型转变。

三是优化经济空间布局结构。也是从 1995 年开始，外资企业的投资载体从乡镇向开发区转向。例如，1995 年，芦墟、松陵两个开发区合同外资达 1.1 亿美元，占全市的 42.5%；1999 年，新批三资项目 56 项，其中 24 项在开发区，合同外资 18325 万美元，分别占全市总数的 42.8% 和 76.5%。由于当时外资企业实行比较优惠的特殊政策，并且外资企业集中布局也能在管理上能带来一定便利性，还能通过合理布局最大限度地发挥外资企业的规模效应和带动效应。吴江通过行政区域调整，在原来的乡镇和农村地区设立了经济开发区，推动了农村居民和土地的城镇化。例如，开发区的建设需要征地，而征地就促进农民进城务工、定居以及户籍变更，这就是为什么按传统方法计算的 1992 年以后吴江的城镇化速度比以前更快的原因（图 18）。

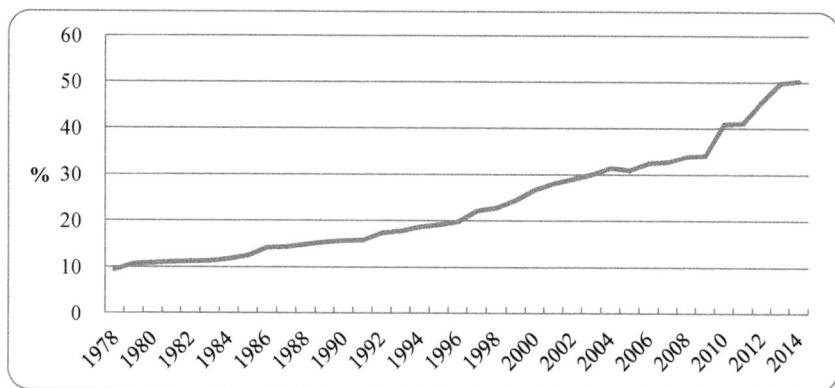

图 18　吴江 1978 年以来的城镇化率

四是促进本地政府公共服务管理水平的提高。为了吸引外商在这里投资落户，本地政府需要不断改善和优化投资环境，因此，地方政府需要不断加强市政基础设施建设，提高行政管理效率，完善各种法律规章制度，培育一支高效廉洁的政府雇员队伍。久而久之，这里形成一个各种制度透明完善、政府廉洁清明、市政设施完善、生态环境优美、适宜投资和定居的城市，不仅吸引外资落户，更吸引本地中小企业在这里创业投资，形成人口、资金与产业的聚集高地，使城镇化持续发展下去。

此外，外资企业也直接吸收了大量本地和外地人口在这里就业，这部分前面已有提及，这里不再赘述。总之，外资企业多方面推动了吴江的城镇化发展。

（四）城镇化的调整阶段

作为一种典型的由于工业化而兴起的城镇化，吴江传统的城镇化也具有一些弊端。例如，资源使用非集约化，环境影响负外面性，产业重工重商轻农，重城市轻乡村等。而2011年，随着《吴江市生态文明城市规划》完成省级评审，并经市人大常委会审议通过，标志吴江进入生态文明建设时代，而城镇化模式也随之调整。

这突出表现在以下几个方面：

第一，在招商引资上的"资源与环境门槛标准"。诚然，在吴江的经济发展史上，外资经济的地位举足轻重，一贯以引入多少投资额、多大规模的企业为傲，但在2011年以后，出于建设生态文明城市的考虑，在招商引资中引入"生态与资源门槛"选择标准，例如，考虑这些企业在单位用地面积上的排污标准、用能用电标准，将不符合标准的企业拒之门外，而之选择能与本市生态文明建设相互融合的企业，这也导致2011年后新批的外资项目和新增注册外资急剧减少，2011年新批外资项目由2010年的155个降为136个，而到2014年只剩下了61个，而新增注册外资更是由2010年的22.6亿美元降为2014年的9.7亿美元（图19）。

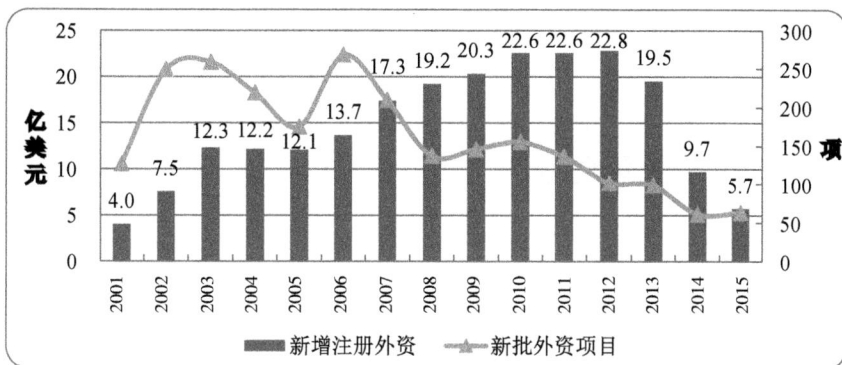

图 19　吴江新批外资项目和新增注册外资的变化

第二，在产业发展选择上的"非经济效益标准"。相较之工业和商业，农业的直接经济效益要低得多，因此，在追求 GDP 增长的传统工业化和城镇化时代，农业发展是被忽视的，尤其是在工业发达地区，农业发展一贯让位于工业和商业。而生态文明建设以来，农业的存在价值被重新认识和受到高度重视。2013年 4 月 24 日，吴江区政府印发了《关于保护和发展农业"四大主导产业"》，不仅将"四个百万亩"的实施看作是发展现代农业的重要支撑，而且将其看作是推进生态文明建设、实现持续发展和建设美丽吴江的战略举措。针对农业的低经济效益和高生态效益特性，吴江区制定了扶持保护政策：一是重点扶持水稻生产，在苏州市对种植水稻实行 400 元生态补偿基础上，吴江区镇两级财政再配备相应的补贴金额，以确保稳定水稻的种植面积；二是对灭荒复耕、退渔还田、退耕还田等扩种的水稻，区政府实行以奖代补，按高标准农田建设标准，每亩补贴1600 元。2015 年，吴江"四个百万亩"完成水稻复垦扩种达 1.6 万亩。

第三，在城乡空间结构上的"均衡发展"标准。针对传统城镇化中城镇与乡村发展的不平衡弊端，吴江在生态文明建设中坚持"平衡发展"标准，格外重视乡村这块短板的建设。针对城乡居民的社会福利和发展机会差别，实行以下措施：一是通过城乡社会保障的并轨，使乡村居民也能享受到与城镇同等的医疗社会保障待遇；二是通过城乡公共服务设施的一体化，使乡村居民在教育、就业、养老服务和体育等方面享受到同等机会或待遇水平；三是建设城乡联动的文化服务体系，丰富乡村居民的文化生活；四是加强农村环境整治和美丽乡村建设，大力改善农村的人居环境。通过以上措施，乡村居民的生活条件大为改善，与城镇几无差别，导致出现一个比较特殊的社会现象：本地的乡村居民虽然大部分在城镇工作，当时并不愿意把农村户口改为城镇户口，这说明吴江乡村居民确实享受到与城镇居民几无二致甚至更高的福利待遇水平。

三、生态环境变化历程

根据吴江的生态环境质量变化和吴江的环境治理行动,将吴江新中国成立后至今的生态环境变化历程划分为四个时期(图20)。

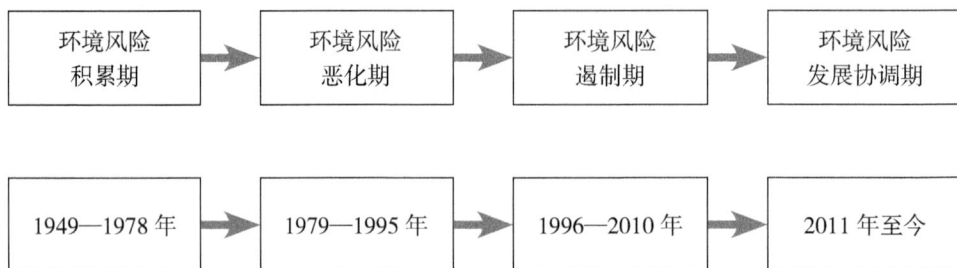

| 环境风险积累期 | → | 环境风险恶化期 | → | 环境风险遏制期 | → | 环境风险发展协调期 |

| 1949—1978 年 | → | 1979—1995 年 | → | 1996—2010 年 | → | 2011 年至今 |

图 20 新中国成立后吴江生态环境变化历程

(一)1949—1978 年:环境风险积累期

新中国成立后吴江的工业在一定程度上恢复发展,但这时期环保概念十分薄弱,环保活动几乎没有开展,组织机构直到 1979 年吴江县才成立了环境保护办公室。而吴江的社队工业在 1975 年就开始蓬勃发展,而社队工业主要是乡镇资源、农产品加工业,存在一定环境污染,因此认为这段时间是吴江的环境风险积累期。

(二)1979—1995 年:环境质量恶化期

这段时间是吴江乡镇工业蓬勃发展期,虽然此时吴江已经成立的环保局,并且开展了各种环保活动(表3),但是由于环境暴发问题的滞后性和当时环保技术的有限性,这时期环境问题持续暴发,环境质量继续恶化。例如,以松陵镇为监测点的统计表明,在 1987—1993 年,松陵镇酸雨出现率大致在 40%—50% 左右(图 21)。根据环境监测数据分析,1987 年地面水已受到不同程度污染;1991 年污水处理率仅为 49%;到 1993 年,工业外排废水的达标率还是很低,印染行业为 10.6%,电镀行业为 18.2%,化工行业为 5.0%,而制革行业合格率为 0,因此这段时间吴江的环境仍在恶化。

表3 历年吴江生态环境保护典型事件

年 份	环保与生态文明建设典型事件
1979	组建环境保护办公室
1981	改建环境保护局
1983	环保局下设环境监测站
1986	完成全县 2872 个工业污染源的调查
1987	清理、整顿了电镀行业
1988	县环保局制定"八五"环保规划；制定《关于排污费收、管、用暂行办法》和《吴江县乡镇环保活动经费管理办法》
1989	县环保局制定《吴江县乡镇环保助理（员）职责奖励管理办》，实行环保目标责任制
1990	从县长到镇长，层层落实环保目标责任制
1992	颁布《实现建设项目环境保护"三同时"保证金的暂行办法》
1993	实施《关于严格控制污染项目建设的决定》
1995	发布《关于进一步严格控制重污染项目项目的及盲目发展小火电项目的通知》；制定《吴江市市区烟尘控制区管理办法》和《吴江市市区环境噪声适用区划分规定》
1996	制定三个环保规划：《吴江市环境保护九五规划和 2010 年长远规划》；《吴江市率先实现现代化环境保护规划》和《吴江市经济开发区环境保护规划》
1998	开展"太湖水变清"行动
1999	落实"一控双达标"行动，开展环保执法
2001	开展太湖水污染防治，重点防治畜禽污染
2002	全面实施总量控制规划；开展分行业防治
2003	推行排污许可证制度，开展五大专项整治和集中治污
2004	成立循环经济领导小组，编制《吴江市循环经济发展规划》
2005	编制《吴江市生态建设规划》，开展环境优美镇、生态村、绿色学校和绿色社区建设
2006	执行建设项目环境影响评价审批制度，开展创建国家生态市行动
2007	大力开展环境执法和污染物减排（脱硫工程）等
2008	大规模开展农村环境综合整治活动
2009	退渔还湖，搬迁居民
2010	《吴江市生态文明建设规划》通过省级评审论证
2011	东太湖生态清淤工程全面完成，《吴江市生态文明城市规划》通过市人大审议
2012	出台《关于推进吴江区生态文明建设的实施意见》和《吴江区生态文明建设三年行动计划》
2013	制定和下发《吴江区 2013 年度生态文明建设实施方案》
2014	安排生态文明建设项目 5 个大类 33 子项，总投资超过 25 亿元
2015	完成水稻复垦扩种 1.6 万亩，畅流活水工程完成年度投资 2.2 亿元，成 100 个重点村、特色村农村生活污水治理任务

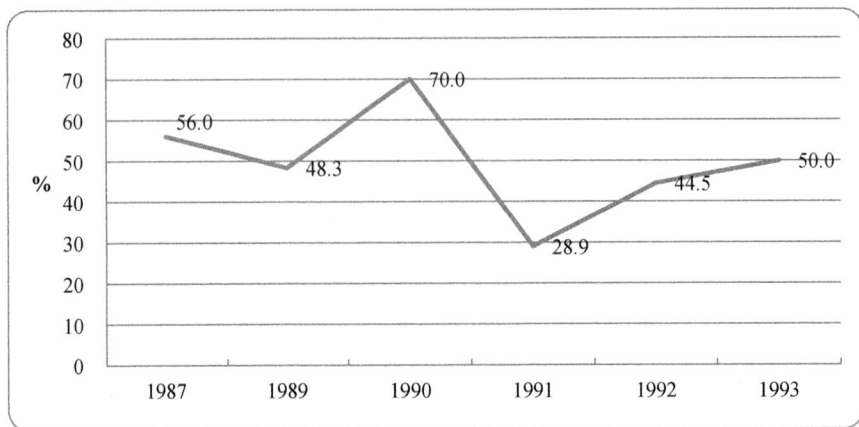

图 21 吴江区松陵镇酸雨出现率

（三）1996—2010 年：环境风险遏制期

由于 20 世纪 80 年代以来吴江的环境质量持续恶化，为能更有效遏制环境风险的暴发，1996 年吴江县环保局制订了三个环保规划，即《吴江市环境保护九五规划和 2010 年长远规划》《吴江市率先实现现代化环境保护规划》和《吴江市经济开发区环境保护规划》，至此吴江对环境的治理进入了有序规划、稳步推进阶段。这段区间对重点领域、顽固领域进行了重点治理和强化治理，例如，1998 年针对太湖水污染开始了"太湖水变清"治理行动，2001 年开展了太湖水畜禽污染防治行动；治理手段也逐步综合化，1999 年开展环保执法，这标志着环境治理手段由 1980 年代初征收污染治理费经济手段向环境执法、处理环境纠纷等法律手段靠拢；在治理理念上也由被动治理向主动控制转变，这方面比较典型的例子是 2009 年的"退渔还湖"行动。作为一个百湖之城，吴江向来重视渔业的发展，特别是改革开放后吴江加强了可养鱼水面的开发和利用，大力扩大水产养殖面积，到 1992 年吴江水产养殖面积达到了 26.80 万亩，其中太湖水面 4098 亩，年水产总量达到了 5.09 亿吨，而到 2009 年，鉴于渔业过度发展不利于吴江水环境特别是太湖水环境的污染治理，吴江首次进行了"退渔还湖"处理。据统计，当年吴江水产养殖面积因围网整治和东太湖周边区域退渔还湖而减少了 3400 公顷，导致当年实际水产养殖面积仅为 21950 公顷（约为 32.92 万亩），比 2001—2008 年间大致维持在 38 万亩的养殖面积规模大为减少（图 22）。但一方面，通过这一时期对环境污染的强力治理，吴江的环境质量恶化状况得到全面扭转，开始向良性方向发展。例如，1996年主要河流断面水质为III类水和IV类水，1997年，个别监测点甚至检测到劣5类水质，而到2010年，主要河流水质还是维持在III类水到IV类水之间，继续没有恶化，全区III类以上水质断面达标率约为57.1%；环境综合质量指数上升，到2010年环境质量综合指数为96.7分；工业污染排放得到有效控制，2010年工业废水排放达标率、工业烟尘排放达标率、工业固体废物综合利用率基本上达到了100%。

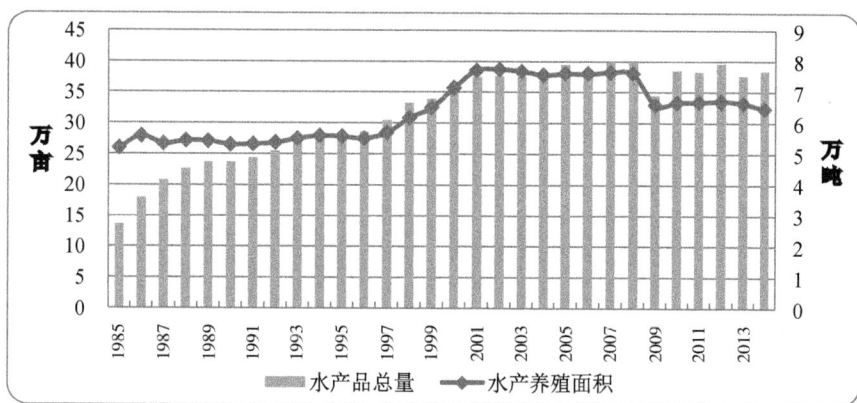

图22 吴江1985—2014年水产养殖面积与产量

（四）2011—至今：环境与发展协调期

2011年吴江市人大审议通过了《吴江市生态文明城市规划》，随后吴江又进一步落实了生态文明建设行动，先后制定了《关于推进吴江区生态文明建设的实施意见》《吴江区生态文明建设三年行动计划》《吴江区2013年度生态文明建设实施方案》等文件，并实施了一揽子生态文明建设项目，使吴江的生态文明建设规划变成扎扎实实的行动和新时期实现经济发展再升级的契机。

通过实施生态文明建设，吴江已在某些领域取得生态、经济、社会的多重丰收。例如，在水产养殖方面，虽然2009年的"退渔还湖"使水产养殖面积大为减少，但是通过养殖结构调整、水环境质量改善、养殖技术调整以及经营方针改变，养殖面积减少非但没有减少水产品总产量，也没有降低水产品经济总产值，2014年吴江水产养殖面积32.31万亩，比2009年的32.92万亩还少，但是水产品总量和渔业总产值都在增长，分别为7.68亿吨和32.35亿元，均高于2009年的6.90万吨和16.00亿元（图23）。外资引进方面，由于坚持招商引资中的"资源与环境门槛标准"，引进的项目有了更高的质量提升，如2013年全区新批和增资项目中，总投资 3000 万美元以上项目 33 个，合计注册外资 14.24 亿美元；总投资超 9000 万美元的项目 15 个，合计注册外资 10.26 亿美元。生态环境建设成就方面，2012 年，吴江村庄环境整治工作顺利推进，全区 2625 个自然村已全部完成整治；2013 年集中式饮用水源地水质达标率为 100 %，主要监测断面水质Ⅲ类以上比例为 64 %，陆地森林覆盖率达到 18.43 %；2014 年自然湿地保护率达 72.9%；2015 年，同里湿地公园成为全省唯一的国家重点示范湿地公园，"四个百万亩"完成水稻复垦扩种 1.6 万亩，畅流活水工程完成年度投资 2.2 亿元，完成 100 个重点村、特色村农村生活污水治理任务，等等。

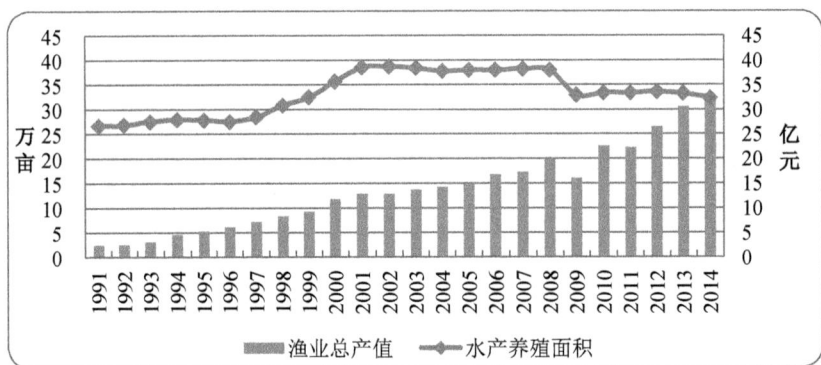

图 23　吴江 1991 年以来的水产养殖面积与渔业总产值

（五）城镇化发展与生态环境保护的关系演进历程

通过以上各个方面、多个角度的分析，吴江的城镇化发展和生态环境保护的关系演进历程大致可以得出以下简明结论：

原始文明时期天然、适宜的人居环境孕育了城镇的诞生。吴江优越的自然环境生态条件吸引人类在这里定居繁衍，这直接促进了本地城镇的诞生，也揭开本地城镇化历史的开端；

农业文明时期可供开发的自然资源推动了城镇化的兴起。封建社会时期吴江为鱼米之乡，并适宜种桑养蚕，丝绸手工业的兴起直接促进盛泽这个非行政中心城镇的兴起，并带动传统非商业中心松陵镇的发展，城镇数量增加且相互影响增强，中心功能城市出现，城镇化逐步兴起；

工业文明时期有限度的资源环境超负荷了城镇化的扩张。无论是民国时期的城镇扩张还是改革开放初期的乡镇经济兴起，最原始的产业推动力还是由于丝绸工业的兴起。但城镇化的扩张不全部都是由于丝绸工业的兴起，其他产业的发展照样引起人口和产业的局部区域集聚，而人口、产业在局部区域短时间过量集中导致局部区域环境严重超负荷，并使环境风险不断累积和增加，导致局限区域环境严重恶化。吴江本地的环境治理史表明，环境风险必须及时控制，重点治理，综合防治，其中包括对错误产业配置和错误资源利用方式的主动矫正。

生态文明时期自有规律的资源环境要求调整城镇化模式。生态文明建设的核心就是经济社会发展必须尊重自然生态环境本身的固有规律，尊重其容量限制，尊重其承载力规模，尊重其结构平衡。尽管吴江生态文明建设已取得初步成效，但未来吴江的城镇化建设之路任重道远，其中水环境根本改善还需要长久不懈努力。未来吴江城镇化要持续健康发展下去就必须摒弃传统的单一经济效益指挥棒导向，而是改由经济、社会、生态多轮制衡驱动，协调发展，其中产业转型升级高级化发展势在必行，而对传统资源产业的低强度开发、"轻奢型"使用似乎也是维持生态良好和结构平衡的不二之选。

第三章 吴江新型城镇化与生态 文明融合发展基本态势评估

一、融合发展的 SWOT 分析

（一）融合发展的优势

吴江要实现新型城镇化与生态文明融合发展，不仅在自然、文化、产业、市场和区位五大方面具有客观存在的优势，在发展理念、公共管理、城市规划和社会参与方面，也具有明显的优势（图 24）。

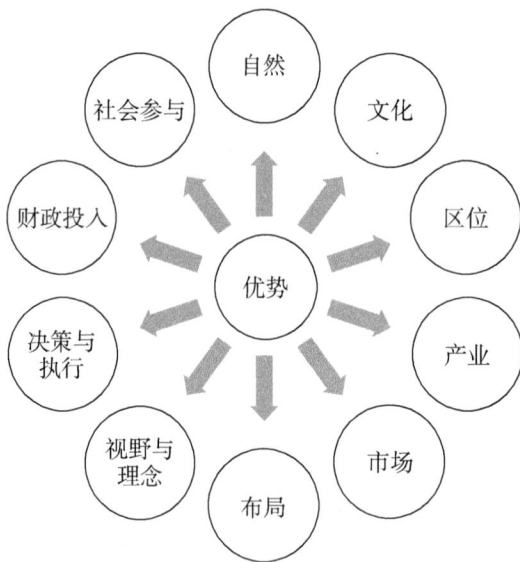

图 24 吴江城镇化与生态文明融合发展的优势

（1）自然条件优越、生态承载力强（自然优势）

吴江区地处太湖流域下游，河流纵横、湖泊密布，自古就是"生产锦绣之乡，集聚绫罗之地"，吴江气候适宜，降水量比较适中，光照充足。吴江水多，被称为"百湖之城"，是全省湖泊数量最多、总面积最大的县市（区）。全区面

生态文明建设的江苏实践

积 1176 平方公里（不包括太湖水面），其中水域面积约占四分之一，达到 267 平方公里。50 亩以上湖泊共计 320 个，其中被列入江苏省湖泊保护名录的达到 55 个。区内分布着 2500 多条纵横交错的河道，其中京杭大运河、太浦河一纵一横，是吴江得天独厚的两条黄金水道；还有烟波浩荡的太湖、闻名遐迩的同里湖、汾湖、九里湖等 300 多个大大小小的湖荡。在吴江率先实现现代化，建设生态文明的进程中，水更是重要的自然资源、经济资源和社会资源，是吴江生态品牌的重要元素。

（2）文化底蕴深厚、生态环境保护观念影响深远（文化优势）

江苏省最南端的水乡吴江，地处江浙沪两省一市交汇的金三角地区，由于其优越的地理位置、密集的水上交通网等因素，吴江自古就是著名的"鱼米之乡""丝绸之镇"。水乡吴江历史悠久，公元 909 年建县，文化底蕴深厚，人文荟萃，著名学者费孝通就出生于吴江松陵，20 世纪 80 年代费孝通提出的"小城镇，大问题"的著名学说，就是对吴江小城镇建设调查基础上形成的，并将这种发展模式命名为"苏南模式"。

新中国成立后，尤其是改革开放后，吴江城镇化发展迅速。在推进新型城镇化的过程中，始终坚持把传承历史文化与弘扬现代文明相结合，大力保护古镇文化，拥有同里、黎里、震泽三个国家级历史文化名镇，重视东太湖整治，加大东太湖湿地保护力度，保护野生动物保护生态平衡，坚持发展低碳、绿色、生态农业，走出了一条具有地方特色的农业、生态互补共进之路。吴江保护传统生态环境成效显著，于 2011 年被国家环保部授予新标准"国家环境保护模范城市"称号和"国家生态市"称号，并入选全国生态文明建设试点城市，也体现了城镇化建设与传统生态保护的深刻交融。

（3）位于世界级都市连绵区中心位置（区位优势）

长江三角洲地区是我国最重要的都市连绵区之一，以上海龙头，南京、杭州、合肥为次中心的长三角城市群，外向性、相融性和互补性好，正在形成一体化的区域协同发展模式，共同参与国际市场竞争。苏州作为长三角第二大经济城市，既是江苏省三大都市圈的核心城市之一，也是沿江开发的先导地区。上海苏州两市人口众多，经济发展水平高，上海是世界第五大城市，2014 年常住人口总量为 2426 万人，苏州市常住人口也有 1300 万，两市消费能力巨大，上海是全国最高薪的城市之一，2015 年平均月薪资 6774 元，苏州市 2015 年人均可支配收入 25878 元。吴江紧靠上海苏州两大城市，距离苏州仅 30 公里，距离上海 80 公里，距离浙江省杭州市也只有 130 公里，处于长三角城市群的中心位置，区位优势明显。

（4）产城融合发展、产业结构不断优化（产业优势）

吴江工业发展历史悠久，从 20 世纪 90 年代开始，吴江劳动力中就已经有一半以上人数从事第二产业。吴江现下辖 1 个国家级经济技术开发区、1 个省级经济开发区、1 个滨湖新城管委会，是享誉全国的"鱼米之乡""丝绸之府""电缆之都"和"电子之城"。近年来，吴江积极实施创新驱动发展战略，加快调整行业结构，大力发展高新技术产业与服务业，产业结构不断优化。三次产业比重从 2010 年的 2.7：60.3：37.0 调整到 2015 年底的 2.6：52.6：44.8。四大主导产业有序发展，电子信息业和丝绸纺织业达到千亿能级，光电缆产业、装备制造业总量保持快速增长。新兴产业较快发展，新材料产业达到 500 亿能级，新能源、节能环保、食品加工和生物医药产业快速发展。现代服务业发展快速推进，服务业增加值占比平均每年提高 1.56 个百分点，重点领域和载体建设不断突破，服务业新型业态加快发展。同时吴江积极引进人才，同清华、浙大、东华大学等高校深入合作，打造了产学研协同创新新平台。"十二五"期末，全区人才总量达 23 万人，比"十一五"期末增加 140%，拥有国家千人计划 41 人，国家级企业技术中心 7 家。

（5）居民消费需求升级、市场前景广阔（市场优势）

吴江城镇化的历程较长，早在民国时期，吴江乡村就已呈现出城镇化趋势，城镇数量、城镇人口均达到了一定规模。吴江是中国小城镇研究的发源地，吴江小城镇发育早、数量多、密度大，费孝通先生将吴江小城镇的发展模式命名为"苏南模式"。吴江城镇化发展历史悠久，水平高。按户籍人口算，2014 年吴江城镇化率上升到 50.26%，登记外来暂住人口 78.06 万人，基本居住在城市，将暂住人口计入吴江非农业人口，吴江的城镇化率为 74.60%，远超过全国平均水平。

吴江不仅城镇化水平高，平均受教育水平也相对较高，随着时代发展，吴江各教育层次的人数均在不断增长，新世纪以来，出现了众多大学及以上学历从业人员，且数量在不断增长，于此同时，吴江不断引进海外高学历就业人员，深化同各国内高校的合作，侧重对人才事业的扶持，大大提高了吴江区的平均受教育水平。

随着吴江经济生活水平的提高，吴江的居民消费需求也在不断升级，居民消费不在仅仅是为满足生存需求，城乡居民恩格尔系数在逐年降低，现在达到33%，社保支出在增加，电子消费品数量不断增长，种类丰富，文教娱乐消费增长，吴江旅游业也在大力发展。吴江生态环保产业前景巨大。江南水乡的吴江，毗邻东太湖，拥有同里、黎里、震泽三个国家级历史文化名镇，近年来，凭借这些突出优势，将水乡古镇、生态休闲、会务美食、丝绸文化四大旅游品牌联营互动，并大力发展东太湖旅游生态城，在吴江不仅能看到"小桥流水人家"，也能看到大气蓬勃的"太湖盛景"，吴江的生态旅游产业无疑已成为一道靓丽的风景线。

（6）极具特色的小城镇分散发展模式（布局合理）

吴江长久以来一直是以小城镇为主导的发展模式。现辖松陵、同里、平望、盛泽、震泽、黎里、七都、桃源八镇。其中盛泽曾是第一大镇，是吴江乃至全省全国的丝绸工业基地，平望则是吴江市的水陆交通枢纽，其他镇都是区域性商业重镇。各镇均匀分布，规模相当，与周边诸多乡集镇形如众星拱月。传统小城镇的发展特色十分鲜明，以小城镇为核心的均衡发展格局依然延续。从吴江本地人口的城镇化趋势来看，本地人口仍然表现为强烈的"离土不离乡、进厂不进城"的状态。这种"大分散、小集中"的城镇发展形态，与国际上关于卫星城的发展理念十分吻合，既具有巨大的发展潜力和创新活力，又能避免因人口与产业过度聚集带来的地价昂贵、交通堵塞和生活节奏过快的问题。

（7）国际化视野与先进理念融入城市发展规划（视野与理念）

在尊重吴江传统的小城镇发展模式的基础上，吴江历来所做的城市规划普遍具有预见性，实施上具有连续性和可操作性。《吴江市城市总体规划（2006—2020）》，对吴江的未来发展做了近期与远期规划，明确指出未来吴江发展方向，主要是成为临沪重要的制造业基地、著名绸都、太湖东岸江南水乡旅游城市。目标是成为长三角地区先进的制造业基地、最佳水乡旅游、度假旅游目的地、区域性生态功能调节区域。另外各镇也都分别编制了相关总体规划和详细性规划。

吴江围绕"多规融合"积极推进新型城镇化，促进城乡发展一体化。并以太湖新城建设为重点，以绿色生态、以人为本、交通便捷、服务设施现代化为规划建设的立足点，充分展现城湖一体、水绿相依的独特魅力和"乐居吴江"的高尚品位。2015年，吴江启动实施"智慧吴江"总体规划，构建以智慧运行、智慧管理、智慧产业、智慧生活为特征的城市发展新模式，着力提升城市精细化管理、精准化服务、精致化品质。可见，国际化视野与先进的发展理念已充分融入到城市的发展规划中。

（8）敢于牺牲短期经济利益的决心和执行力（决策与执行）

吴江区政府为生态文明建设做出了巨大努力，大力鼓励发展环保、绿色经济和高科技含量的先进生产能力，以生态文明建设倒逼经济转型升级，优化产业结构。2014年，部署启动了关停不达标企业、淘汰落后产能、改善生态环境"三年专项行动计划"，计划针对150家不达标企业关停并转。统筹开展生态文明"612"推进行动，持续开展化工专项整治"330工程"和"三无三废"集中取缔等行动，共完成减排工程53项、清洁生产审核企业237家，关停、淘汰落后产能企业225家。

发展低碳、绿色、生态农业，实现生态文明建设与"三农"发展的有机融合，推进农业面源污染整治工作，大力推广测土配方施肥、推广清洁环保生产方式。开展对湖泊河流的长效治理，实现水资源保护利用与人居环境改善的良性互动，实行最严格的水资源管理制度，建立了水源地智能监测管理系统，开展水源地生态清淤和应急备用水源地建设。还实施并完成了"三网"整治拆除工作，全面完成"四个百万亩"落地上图，出台生态补偿机制。2015年，吴江区全面启动实施畅流活水工程，以"清淤、活水、保洁、生态"为主题，通过"畅通骨干河网、沟通圩内外水系、疏通圩内河道"的"三通工程"以恢复河流水体生态健康，促进活水畅流。

虽然吴江种种举措可能在近期内会造成一些行业亏损，但是其长期效益是无穷大的，对于"乐居吴江"的发展规划是适宜的。

（9）城镇化与生态文明建设的财政投入力度加大（财政投入）

吴江地区经济发展速度快。2014年，实现地区生产总值1500亿元，同比增长8.2%；公共财政预算收入137.4亿元，增长6.1%。规模以上工业增加值548.4亿元。吴江区经济发展水平高，经济发展地方财政收入增加的同时，地方公共财政支出也逐年增长，涵盖更广领域，更高水平，民生支出占公共预算财政支出比例一半以上，1979年至2013年平均增长22.4%。地方财政支出旨在推进吴江城镇化建设，完善公共实施建设，发展生态环保产业（包括旅游业），提高人民生

生态文明建设的江苏实践

活水平，破除城乡二元结构，推进城乡服务均等化，这些都无疑适应于当前经济发展新常态的要求。真正做到了经济发展、环境改善、民生幸福。

"十二五"期间，吴江区生态文明不断强化。组织实施总投资460亿元的"1058"工程，累计完成投资230亿元。8项生态文明工程包括体育公园、生态公园、森林公园和湿地公园。具体为：东太湖体育公园、胜地生态公园、太湖湿地公园（震泽湿地公园、太湖绿洲现代农业园、七都浦江源生态公园、七都太湖湿地公园）、桃源国家森林公园、同里国家湿地公园、汾湖三白荡生态公园、盛泽潜龙渠生态公园和平望莺脰湖生态公园。

2014年，实施节能技改项目202个，节能技改投入17.07亿元，实现节能16.96万吨标煤。推进节能降耗绿色发展，12家企业通过省经信委组织的专家组评审；创新性开展"节能诊断进企业"活动，邀请全省节能中心专家对企业进行现场勘验，首批试点8家企业共提出137个整改方案，得到企业一致好评。

（10）群众与社会团体发挥巨大作用（社会参与）

吴江城市建设以人为本。积极主动地发挥社会团体、城市居民的能动性，将他们纳入到城市建设当中，城市建设的目的是为了人民群众，城市建设的主体也是人民群众，政府部门对于城市建设不再是"一言堂"。人民群众、社会团体为城市建设建言献策，"道德银行"存储居民爱心，引导广大居民、志愿者参与各项文明创建活动，形成共建美好家园的社会氛围；"荣誉积分"围绕党风示范、社会秩序等方面，以家庭为单位进行量化积分考核，提升农村精神文明建设水平；各乡区"乡风文明馆"以喜闻乐见的形式，展现各村优秀文化传统和积极价值追求，推进城乡公民道德建设。

（二）融合发展的劣势

（1）传统产业比例较高

吴江传统制造业起步较早、基础雄厚，从业人员多。工业结构中，纺织、化工、机电、医药等传统工业产业所占的比重较大，改革开放初期，太湖流域民营经济得到迅猛发展，许多中小型民营工业企业快速崛起，随着经济的增长、城镇化建设的不断推进，许多河道被填埋、废弃，处于无人管理的状态，以致于水质污染、河道淤积、生态环境恶化，进而对周边人们的生活产生影响。养殖面积过度拓张，养殖技术落后，造成水质富营养化。

随着生产力的发展，全球经济发展趋势，劳动密集型的工业企业必然不能适应日新月异的经济发展新要求，现如今吴江工业增长率放缓，存在一定数量的亏损企业，对地方经济可持续发展提出了挑战。另外，第二产业中工业产值多，比例大，工业企业从事人员大多是劳动密集型劳动力，转业就业难度大，社会负担沉重。工业企业发展对土地、劳动力、能源和矿产资源的需求较大，资源产出率不高，废弃物排放量大。这些都是吴江区新型城镇化与生态文明融合发展存在的劣势。

（2）生产生活用地界线不明

可持续发展的新型城镇化，应符合以下要求：合理控制开发密度和配套设施，使土地资源利用最小化，住宅建设满足多样化和长期性需求，并最小程度占用耕地。吴江资源较少，人口密集，土地紧缺，无矿产资源，唯一的水资源也面临着多种原因的损坏。在这种情况下，就必须高度重视生态文明建设，加强对水、土地等各种自然资源的保护，必须采用绿色、低碳、循环的方式，实现资源的合理配置和资源利用的最大化。

但是在吴江城镇化迅速推进、工业经济乡镇企业迅猛发展的同时，对于生产生活用地并没有明确规划。对于城市居民来说，人在厂中，厂在城中，生产生活用地界线没有明确，虽然居民生产生活方便，但是容易造成居民生活环境的污染，长期来说损害了居民身心健康，对于"乐居吴江"的发展规划有害无益。对于农村来说，高速的城镇化建设容易造成农村荒芜和空心化，土地资源没有被合理利用，城市工业经济发展迅猛，很多大型工厂将基地迁至乡下农村，将城市的污染带入农村，导致农村污染严重，可种植面积不断减少，粮食安全问题也出现隐患，本来适宜人类居住的生活用地被工业生产所占据。不管是城市还是农村生产生活用地界线没有明确，必然导致吴江在未来长期发展缺乏竞争力。

（3）生态用地与农业用地储备不足

吴江地处人口密集的长三角核心地带，建设用地和农业用地比重高，而原始未开发的生态用地面积狭小。此外，由于水域面积比例大，吴江实际可利用的土地面积较少，尤其是人均可利用的土地面积小，生产生活缺乏后备用地。在吴江工业用地多，绿化面积相对较少。建设用地结构不合理，全区镇村建设用地占建设用地比重偏高。土地利用依然粗放低效，农业用地不合理的灌溉施肥，污染产业进驻都直接破坏了土地生态，使得本来就为数不多的土地资源显得尤为重要。耕地和基本农田保护压力较大，基本农田、规划空间等土地要素破碎化现象严重，集中连片程度较低，保护质量有待提高。外延扩张式传统土地利用方式导致土地资源储备不足，转变土地利用方式，节约集约用地势在必行。

（4）绿色环保产业体系发展不够完善

水资源、土地资源、传统能源及环境资源都是有限而宝贵的，提高经济社会的资源利用效率是适应可持续发展的需要，然而与发达国家相比，吴江在城市发展中资源利用效率有待提高，而且缺乏有效的技术手段。吴江能源利用结构层次低，传统能源利用数量大，效率低，电力资源发展不完备。工业企业在能源购进、消费及库存量方面，原煤原油购进量大，洗精煤、高炉煤气、转炉煤气等的消费量小，在生产中直接投入使用降低了资源利用效率。另外，主要工业产品单位产量能耗大，用电量大，电力浪费现象严重，导致电力资源利用效率低。吴江地处江南水资源较丰富的地区，这也使得该地区的人们往往忽视水资源的重要性，水污染、水生态失衡的现象依然存在。对于已经被破坏的生态环境，需要依靠生态修复企业进行修复，但目前产业规模较小、基础薄弱。在绿色环保领域，吴江的相关企业数量少、项目经验不足、引进和开发的新技术较少，人才和技术储备不够。

（5）传统的环境问题继续产生负面影响

吴江以河湖水系发达著称，虽然水资源丰富，但水环境状况不容乐观，一些河湖的水质严重下降，河道被堵塞、填埋的现象比较多，造成了诸如断头河、肠塞河等现象。吴江地处平原地带，地势相对比较低，河湖众多，由于水位差很小，所以在非汛期的时候，河湖里的水很难流动。水难以流动，则无法及时更换，水生态的修复能力就相对较低。此外，部分河道还直接接纳生活污水的排放，超过了河流的自净化能力，导致水体富营养化和水质下降。

吴江在工业化发展中，由于早先技术发展水平低，对于工业企业没有严格的管控，造成的土壤污染问题严重。与此同时，在现代化建设进程中，城市道路等基础设施越来越完备，私家车数量在不断增长，汽车尾气的排放量也在不断增长，工业污染和城市交通污染长期累积导致区域内空气质量变差，已经影响到吴江地区人民的生产生活。随着经济发展，人们对于居住环境的要求越来越高，对于雾霾与PM2.5的概念认识越来越清晰，但大气污染难以在短期内得到解决。

（三）融合发展的机会

吴江在新型城镇化与生态文明融合发展的过程中存在诸多机会（图25）。

经济转型升级	大幅提升对资源环境要素的整体利用效率
多规融合	将促进生产、生活和生态空间的合理布局
新型城镇化建设	推动城乡公共服务于人民福祉同步提升
生态文明建设	推动生态环境保护与人居环境改善良性互动
加快体制机制创新	推动建立生态环境治理与保护长效机制
生态文明示范区建设	为融合发展创造新的契机和动力

图 25　吴江新型城镇化与生态文明融合发展的机会

（1）经济转型升级将大幅提升对资源环境要素的整体利用效率

产业转型升级，不仅为生态文明建设提供了有力的资金保障，还将大幅提升对资源环境要素的整体利用效率。创新驱动是产业转型升级的重要动力，强化科技创新对经济的引领作用，将为生态文明建设注入强大动力。

吴江大力推动经济转型升级，主动发挥东接上海、南连浙江、西临太湖的区位优势，聚焦总部经济、旅游休闲、电子商务、文化创意、服务外包、金融保险等城市经济业态，重点发展高端现代服务产业。启动黄金湖岸旅游综合体建设，推出游艇码头、丛林花田、水景乐园等旅游配套，城旅一体初显成效。大力发展现代农业，促进新农村建设。以现代农业示范园区建设为载体，积极推动传统农业向生态农业、设施农业、高效农业转型，切实加强优质水稻、特色水产、高效园艺、生态林地建设，有效提升了园区土地产出效益、农产品附加值和生态农业产业化发展水平。创新低碳高效水产养殖技术，水产养殖公司草鱼养殖亩产是传统方法的 1.6 倍，鱼药用量只有原来的 10%。淘汰落后产能，提升传统产业。建立环保准入负面清单，严格新上工业项目把关，从源头上杜绝污染企业。加大印染、喷织、化工、火电等行业专项整治，关停并转一批高耗能、高污染企业，改造升级一批落后设备技术。积极发展低用地、少用地、高产出行业，限制或禁止发展高耗能、高污染、低产出行业，加快落后产能淘汰步伐。

（2）多规融合将促进生产、生活和生态空间的合理布局

做好城乡一体化统筹、优化空间布局是新型城镇化与生态文明融合发展的前提。吴江坚持高起点规划，统筹城乡发展，努力实现生产空间集约高效、生活

生态文明建设的江苏实践

空间宜居适度、生态空间天蓝水秀。

以主体功能区规划为基础，对国民经济和社会发展规划、城乡建设规划、土地利用总体规划、生态红线区域保护规划、湖泊保护规划等多部门规划进行梳理融合，实现多规融合，永久性基本农田、城镇控制区、产业发展区、重点村、特色村、生态用地等逐一上图落地，不断优化提升城镇功能布局、产业布局和生态布局，有效规避人口密集、交通拥堵、资源紧张等"大城市病"。优化城乡公共资源均衡配置。围绕镇村布局规划，以镇、社区、村为节点，综合就业半径、生活半径、社会管理半径，完善基础设施和功能布点，促进城乡资源优化配置，以良好的人居环境和公共服务吸引农民就近就地城镇化。加强工业园区、现代农业园区和农村布点村庄的配套建设，改造区内公路网，加快农村公路、公交车辆、站场站亭等城乡公共交通一体化建设，实现村村通公交，区镇村三级公交网络"零距离换乘"。多规融合将促进生产、生活和生态空间的合理布局。

（3）新型城镇化建设将推动城乡公共服务与人民福祉同步提升

新型城镇化建设符合人民群众的根本利益，吴江新型城镇化建设具有自身特点，真正维护了人民群众的利益，切实实现公共服务均等化发展，切实解决城镇化过程中落户、土地、资金等制约城镇化的老大难问题。

新型城镇化的核心是人的城镇化，根本目的是提高群众生活水平、增进民生幸福。吴江坚持以民生改善为重点，社会管理创新为手段，推进基本公共服务均等化，创造公平公正和谐的社会环境。把"人的城镇化"作为城镇化发展着力点，在城镇化推进过程中，始终坚持富民优先、公平共享这一理念，无论是城镇化政策的制定，还是具体措施的实施，均围绕如何破解城乡差距这一目标来进行。

（4）生态文明建设将推动生态环境保护与人居环境改善良性互动

党的十八大要求把生态文明建设放在突出地位，融入经济建设、政治建设、文化建设、社会建设各方面和全过程。十八届三中全会要求紧紧围绕建设美丽中国深化生态文明体制改革，加快建立生态文明制度。吴江进行生态文明建设顺应时代发展的潮流。近年来，吴江扎实推进湖泊河流整治、水资源和湿地修复保护，努力打造天蓝地绿水清的"江南水天堂"。加强东太湖综合整治。以流域防洪安全、生态修复为目标，全面实施东太湖流域综合整治工程。依托东太湖综合整治工程，同期规划建设的太湖新城。推进湖泊河流整治。把水生态建设作为重中之重，编制湖泊保护和开发利用专项规划，全面推进中小河流治理重点县项目建设，加强农村河道疏浚，通过干港清淤、清至硬底，边清淤边清洁，恢复河道功能，改善农村面貌。切实加强水源地保护。建立智能监测管理系统，积极开展水源地生态清淤和应急备用水源地建设。先后完成东太湖水源地一水厂、二水厂生态清淤工程，彻底清除沿岸养殖网箱、养殖船只、生产船屋和码头等，搬迁一批工业小企业，大大优化了东太湖水质。目前，太湖水明显优于长江水，尤以东太湖水质为好，均为Ⅲ类水质标准，为苏州、上海提供了更为安全的生态水资源。加快湿地修复和保护，通过植被恢复、水源保护、水质净化等措施，加快推进湿地公园建设。生态文明建设将推动生态环境保护与人居环境改善良性互动。

（5）加快体制机制创新将推动建立生态环境治理与保护长效机制

在社会管理与公共服务方面，吴江做了这方面的创新，提出了"五个一"的改革目标，加强综合治理与部门联动，创新社会管理的体制机制，将有利于建立生态环境治理与保护的长效机制。

党的十八届三中全会《中共中央关于全面深化改革若干重大问题的决定》明确了当前社会体制改革的重点：创新社会治理体制，加快社会事业改革。2015年中央城市工作会议指出：城市发展要善于调动各方面的积极性、主动性、创造性，集聚促进城市发展正能量。要坚持协调协同，尽最大可能推动政府、社会、市民同心同向行动，使政府有形之手、市场无形之手、市民勤劳之手同向发力。政府要创新城市治理方式，特别是要注意加强城市精细化管理。要提高市民文明素质，尊重市民对城市发展决策的知情权、参与权、监督权，鼓励企业和市民通过各种方式参与城市建设、管理，真正实现城市共治共管、共建共享。吴江社会力量成长，破解了众多社会难题，推动了人民民主。吴江的社会群体数量众多，种类丰富，"乡风文明馆""道德建设馆"、志愿者服务团队层出不穷，这些社会力量社会团体都是各方面能人志士的社会结合，在解决专业难题，推动人民民主，丰富居民生活等方面作出了巨大贡献。企业与社会力量是在行政力量之外的社会建设者，两者的作用都是不可磨灭的，社会健康可持续发展不仅需要党和政府的坚强领导，也需要企业和社会力量增添活力。

（6）生态文明示范区建设为融合发展创造新的契机和动力

生态文明示范区旨在通过建设形成符合主体功能定位的开发格局，资源循环利用体系初步建立，节能减排和碳强度指标下降，资源产出率、单位建设用地生产总值、万元工业增加值用水量、农业灌溉水有效利用系数、城镇（乡）生活

生态文明建设的江苏实践

污水处理率、生活垃圾无害化处理率等处于前列，城镇供水水源地全面达标，耕地质量稳步提高，物种得到有效保护，覆盖全社会的生态文化体系基本建立，绿色生活方式普遍推行，最严格的耕地保护制度、水资源管理制度、环境保护制度得到有效落实，生态文明制度建设取得重大突破，形成可复制、可推广的生态文明建设典型模式。

2013 年 12 月，国家发改委等六部委下发了《关于印发国家生态文明先行示范区建设方案（试行）的通知》，以推动绿色、循环、低碳发展为基本途径，促进生态文明建设水平明显提升。环保部发布的《国家生态文明建设试点示范区指标（试行）》提出，生态文明试点示范县建设指标共包含生态经济、生态环境、生态人居、生态制度、生态文化 5 个系统，有接近 30 项指标。2014 年，福建取消了 34 个县（市）的 GDP 考核，在全国率先对各县（市、区）开展了林业"双增"目标年度考核，将森林覆盖率作为各地生态保护的重要指标，并建立起森林资源保护问责机制，对责任主体实行一票否决。全国各地生态文明示范区的建设将为吴江提供宝贵的发展经验，如果吴江能够入选生态文明示范区，将为新型城镇化与生态文明的融合发展创造新的契机和动力。

（四）融合发展的威胁

（1）持续的资金投入给地方财政造成压力。

新型城镇化应当着力于人民富裕，缩小城乡差距，推进城乡公共服务均等化，优化城乡布局，统筹使用城乡资源。城镇化的推进是经济社会发展的必然结果，城镇化不仅是地域上的城镇化也是人的城镇化，每年增长的城镇人口对吴江地方财政提出了巨大挑战。新型城镇化需要完善的基础设施建设、优质的公共服务、可持续的发展方式、健全的医疗卫生，做到这些就需要统筹规划、科学引领，科学合理地统筹城乡规划、资源配置、产业发展、生态建设、公共服务、社会保障、社会管理等。生态文明建设的推进需要产业结构优化升级，扶持高新技术产业发展，淘汰落后产能，实现废弃物的完全无害化处理。无论是新型城镇化还是生态文明建设，都要以雄厚的资金作支持，按吴江区政府《关于推进吴江市生态文明建设的实施意见》总体部署，吴江将逐年加大财政扶持力度，确保地方新增财力的 10%—20% 用于环境保护和生态文明工程建设。吴江的科教文卫支出、社会保障支出、医疗卫生支出、节能环保支出、城乡社区服务支出 279 亿，对于地方财政造成了一定的负担。

（2）区域性环境问题短期内难以解决

吴江地处太湖流域，通过纵横交错的水系与浙江、上海相连，并与太湖流域的多个县市共同分享太湖水体，水环境的治理难以独善其身，而受到周边区域的影响。大气环境同样如此，我国中东部地区空气质量恶化、雾霾天气频发，严重威胁到区域生态文明建设。大气与水环境变化具有区域性，不是一个城市所能够独立改变的。只有东部地区全面实现经济转型升级、共同削减污染物排放，并建立跨省界、跨流域的区域环境污染防控机制，才能维护和提高区域大气和水环境的整体质量。

（3）新的生态环境问题逐渐凸显

近年来庞大的人流、物流和飞速发展的城镇化进程，使吴江的外来植物入侵风险急剧加重。由于气候适宜，雨水丰沛，来自北美的一枝黄花和一年蓬，还有空心莲子草、白车轴草等入侵生物都大量繁殖，长势迅猛，抢夺其他生物生存空间，威胁本地生物物种的生存，威胁当地生态平衡。据吴江检验检疫局统计，2015 年一季度，吴江口岸截获外来有害生物 76 种，183 种次，其中检疫性有害生物 9 种，33 种次，入侵生物种类多，规模大，来势凶猛，难以从根本上解决，可能造成的影响也是难以估量的。

随着全球气候变暖，近年来极端天气频现，暴雨、台风频繁，造成较大的经济损失。极端天气虽然总体发展频率低，但其危害大，难以预测，对社会经济发展带来了居多不利因素。

（4）在绿色环保领域缺乏优质企业与技术

目前，发达国家在绿色生产和可再生能源利用方面投入了大量的资金和人力，试图通过新技术的开发与应用构建绿色生产体系、形成绿色贸易壁垒。在德国和日本，垃圾分类已经发展成为每个公民的基本生活习惯，对于不同种类的垃圾有不同的处理方式。相比之下，吴江区可再生能源的使用率较低，垃圾分类和无害化处理的比例也偏低，在工业、交通与建筑领域，相应的绿色生产技术与发达国家相比也存在较大差距。其主要原因是在绿色环保领域缺乏相应的资金投入，缺乏高端的企业和人才，先进技术的应用和储备不足。

（五）基本结论

基于对吴江的优势（strength）、劣势（weakness）、机会（opportunities）、威胁（threats）的综合分析，可以看出吴江在城镇化建设和生态文明发展中，优势与机会是主要的、占主导地位的，但是也存在一定的威胁。根据 SWOT 矩阵，应主要实施增长性战略，继续保持优势，牢牢把握新型城镇化与生态文明融合发展的方向与最新动向，率先实现发展目标。另一方面，也要看到融合发展的劣势和威胁，警惕资金、技术短缺及新老环境问题对融合发展产生的负面影响，避免融合发展停滞不前，因此需要兼顾实施多种经营战略和扭转型战略，投入更多的资源弥补短板以应对威胁，并逐渐消除融合发展的威胁。

表 4　吴江生态文明与新型城镇化融合发展的 SWOT 矩阵

	优势 S	劣势 W
机会 O	SO（增长性战略）	WO（扭转型战略）
威胁 T	ST（多种经营战略）	WT（防御型战略）

吴江拥有较好的自然与历史文化资源，而且政府部门与社会力量有机结合，探索发展的新思路，各方面建设也取得了极大发展，为新型城镇化与生态文明融合发展奠定了良好基础，但是在发展过程中不可避免存在一些问题，需要去探索解决。面对这一系列机遇与挑战，需要政府、企业、社会团体、公众等各方力量通力合作，抓住机遇，扬长避短，实现新型城镇化与生态文明融合发展的目标。

二、融合发展的总体态势分析

（一）评价方法与指标体系

生态文明遵循人与自然、社会和谐发展这一客观规律，保证其可建立较合理的制度，获得较理想的物质、精神成果，从而成为以人与人、人与自然、人与社会和谐共生、良性循环、全面和可持续发展及繁荣为基本宗旨的文化伦理形态。生态文明是致力于持续保护地球上生命活力与环境稳定，并以生态环境质量的持续改善作为人类经济、社会、文化发展前提的文明类型。城镇化具有较大的作用力，具有正向和负向的效应，必须对城镇化的负面效应加以限制，其关键措施就是促进城镇化与生态文明融合发展，在推进城镇化的同时推进生态文明建设，使城镇化的速度、规模、强度和生态环境承载力的演替进程相适应，保证城镇化的发展始终在生态环境承载力的阈值范围内。而新型城镇化与生态文明融合发展的关键是整体规划人口、资源与环境，促进城镇化与生态环境两个系统达到整体功能最优，使新型城镇化与生态文明建设相互促进，在时间、功能、发展速度上相互促进和协同完善。

城镇化过程是一个经济、社会、生态、文化诸方面全面转变的动态的时空过程，是人类生产方式、生活方式和居住方式全面转变的过程，应将人口、经济社会、文化发展等方面结合起来考察。中国社科院城市发展与环境研究所发布的《中国城镇化质量报告》强调，真正的城镇化至少应包括四个方面，即人口的城镇化、空间和土地的城镇化、经济及产业的城镇化、生活质量的城镇化。鉴于数据的可获得性以及吴江城镇化发展的一些特点，主要从人口、产业、土地、生活方式、基础设施，以及城乡一体化与均衡化六个方面综合反映吴江的城镇化进程，主要指标框架如下：

（1）人口的城镇化：

城镇人口比重（%），常住人口增长率（%），四乡镇人口指数（S=P1/（P2+P3+P4））。

（2）经济的城镇化：

人均GDP（元），第三产业占GDP的比重（%），营收过亿元的企业个数。

（3）空间的城镇化：

城镇建成区面积占比（%），工业园占地面积（%），单位国土面积等级公路里程（公里）。

（4）生活方式的城镇化：

城镇居民年人均可支配收入（元），每百户家庭拥有家用计算机数（人），城乡人均可支配收入比。

（5）基础设施的城镇化：

每万人道路里程（公里）、在校师生比、每万人拥有医院床位数。

（6）城乡一体化与均衡化：

乡镇人口集中度（%）、建成区人口密度（人/平方公里）、城乡人均可支配收入比。

鉴于数据的可获得性以及吴江生态文明建设的一些特点，从资源节约、工业节能减排、生态系统保护与修复、生态环境建设、生态旅游休闲产业五个方面综合反映吴江的城镇化进程，主要指标如下：

（1）生态条件：

人均耕地面积（亩）、保护区面积比重（%）、林木覆盖率（%）。

（2）资源集约利用：

建设用地地均 GDP（万元/亩）、单位 GDP 工业用水量（立方米/万元）、人均生活用水量（立方米/人）。

（3）工业节能减排：

单位 GDP 能耗（吨标准煤/万元）、单位 GDP 的 CO_2 排放量（吨/万元）、单位 GDP 的 SO_2 排放量（吨/万元）。

（4）废弃物无害化处理类：

城镇污水处理率（%）、农村污水处理率（%）、污染治理资金占 GDP 比重（%）。

（5）环境质量：

地表水Ⅲ类以上水质达标率（%）、人均公共绿地面积（平米）、空气优良天数比例（%）。

（6）绿色消费：

旅游总收入（亿元）、一年群众性体育赛事（次）、人均教育文化娱乐支出（元/人）。

表 5 新型城镇化与生态文明融合态势评价指标体系

	指标族	指标
城镇化	人口城镇化	·城镇人口比重（%） ·二三产业从业人口占总人口比重（%） ·常住人口增长率（%）
	经济城镇化	·人均 GDP（元） ·第三产业占 GDP 的比重（%） ·营收过亿元企业个数（个）
	空间城镇化	·建成区面积占比（%） ·工业园占地面积（平方公里） ·单位国土面积等级公路里程（公里）
	生活方式城镇化	·城镇居民年人均可支配收入（元） ·每百户家庭拥有家用计算机数（人） ·公共医疗保险覆盖率（%）

城镇化	基础设施城镇化	·每万人道路里程（公里） ·在校师生比 ·每万人拥有医院床位数
	城乡一体化与均衡化	·乡镇人口集中度（S=P1/（P2+P3+P4）） ·建成区人口密度（人/平方公里） ·城乡人均可支配收入比
生态文明	生态条件	·人均耕地面积（亩） ·保护区面积比重（%） ·林木覆盖率（%）
	资源集约利用	·建设用地地均GDP（万元/亩） ·单位GDP工业用水量（立方米/万元） ·人均生活用水量（立方米/人）
	工业节能减排	·单位GDP能耗（吨标准煤/万元） ·单位GDP的CO_2排放量（吨/万元） ·单位GDP的SO_2排放量（吨/万元）
	废弃物无害化处理	·城镇污水处理率（%） ·农村污水处理率（%） ·污染治理资金占GDP比重（%）
	环境质量	·地表水Ⅲ类以上水质达标率（%） ·人均公共绿地面积（平米） ·空气优良天数比例（%）
	绿色消费	·旅游总收入（亿元） ·一年群众性体育赛事（次） ·人均教育文化娱乐支出（元/人）

（二）融合度计算方法

由于每个指标的量纲单位不统一，即使有些指标的单位是相同的，其实际意义也可能是不同的。另外，各指标的属性也不一致，有指标值越大越好的正指标，也有指标值越小越好的逆指标，由于无法进行统计和比较，对每一指标对数据进行量化处理

融合（耦合）是指两个（或两个以上的）系统或运动形式通过各种相互作用而彼此影响的现象。融合发展包含两个含义，一层是系统或要素的客观影响程度，一层是好坏程度的评价。协调度C就是描述系统或要素彼此影响的程度。而综合发展水平T则是度量系统之间耦合协调状况好坏程度的定量模型。因此，新型城镇化与生态文明融合发展，一方面需要评价二者的彼此影响程度，另一方

面，还要判断二者的综合发展水平是否提高。最终将二者结合得到融合度 D。

（1）将指标数据无量纲化处理；

（2）正向指标按：

$$X_{ij}^{'} = \frac{X_{ij} - \min\{X_j\}}{\max\{X_j\} - \min\{X_j\}}$$

（3）逆向指标按：

$$X_{ij}^{'} = \frac{\max\{X_j\} - X_{ij}}{\max\{X_j\} - \min\{X_j\}}$$

（4）计算第 i 年份地 j 项指标的比重：

$$Y_{ij}^{'} = \frac{X_{ij}^{'}}{\sum_{i=1}^{m} X_{ij}^{'}}$$

（5）计算指标信息熵：

$$e_j = -k \sum_{i=1}^{m} (Y_{ij} \times \ln Y_{ij})$$

（6）计算信息熵冗余度：

$$d_j = 1 - e_j$$

（7）利用熵值法确定指标权重，计算指标权重：

$$W_i = d_j / \sum_{j=1}^{n} d_j$$

（8）计算城镇化与生态环境综合指标评价得分：

$$f(x)(g(y)) = \sum_{i=1}^{n} W_i \times Y_{ij}$$

（9）根据公式计算城镇化与生态环境协调度：

$$C = \left\{ \frac{f(x) \times g(y)}{[\frac{f(x)+g(y)}{2}]^2} \right\}^K$$

其中 K 取值为 K ≥ 2 。

（10）根据公式计算城镇化与生态环境的综合发展水平 T：

$$T = \alpha f(x) + \beta g(y)$$

（11）根据公式计算城镇化与生态环境的融合度 D，表示融合的良性作用的大小，城镇化与生态环境的融合度 D 的表达式为：

$$D = \sqrt{C \times T}$$

f（x）和 g（y）分别是城镇化指数与生态环境指数，C 为城镇化与生态环境的协调度，协调度值 C ∈ [0, 1）。当 C=1 时，协调度最大，城镇化与生态环境之间达到良性共振，趋向有序结构。当协调度 C 越大，表明城镇化与生态环境之间越协调，反之，越不协调。T 为城镇化与生态环境的综合评价指数，T 越大，表明城镇化与生态环境的发展水平越高，反之，发展水平越低。D 代表城镇化和生态环境的融合发展状态，D 越大，二者的融合发展程度越高，反之，融合发展程度越低。融合发展程度取决于协调度 C 和综合评价指数 T，如果二者实现同步发展并且发展水平不断提升，则融合发展度 D 会不断提升。融合发展度 D 大于 0而小于 1，将其分为五档，分别对应着低水平融合、拮抗、磨合、融合和高水平融合阶段，见表 6。结合城镇化与生态环境子系统的得分对比，可以对融合发展的程度进行解释。如果城镇子系统的评价得分高于生态环境子系统的评价得分，则城镇化发展超前，影响到融合发展度 D；如果城镇子系统的评价得分低于生态环境子系统的评价得分，则城镇化发展滞后，也影响到融合发展度 D；如果城镇子系统的评价得分基本等于生态环境子系统的评价得分，但融合发展度 D 仍然较低，说明二者的发展水平还不够高。

表6 融合发展分类体系

融合发展度	融合状态	综合发展水平	城镇化与生态环境子系统比较	融合情况与特征
0<D<0.4	低水平融合	低	$f(x)>g(y)$	不融合。城镇化发展超前
			$f(x)=g(y)$	融合。城镇化与生态环境同步
			$f(x)<g(y)$	勉强融合。城镇化发展滞后
0.4<D<0.6	拮抗阶段	中	$f(x)>g(y)$	不融合。城镇化发展超前
			$f(x)=g(y)$	融合，城镇化与生态环境同步
			$f(x)<g(y)$	基本融合。城镇化发展滞后
0.6<D<0.8	磨合阶段	较高	$f(x)>g(y)$	不融合。城镇化发展超前，生态环境压力较大
			$f(x)=g(y)$	融合。城镇化与生态环境同步
			$f(x)<g(y)$	基本融合。城镇化发展滞后
0.8<D<0.9	融合阶段	高	$f(x)>g(y)$	基本融合。城镇化发展超前
			$f(x)=g(y)$	融合。城镇化与生态文明建设同步，较理想
			$f(x)<g(y)$	融合。生态文明建设超前，成本较高
0.9<D<1.0	高水平融合	很高	$f(x)$与$g(y)$相等或非常接近	高度融合。城镇化与生态文明建设同步，是理想状态

（三）融合度总体态势

首先对吴江区的相关指标进行初步分析，2003年以来，随着环保标准和环保投入的不断提高，吴江区单位GDP污染物排放量持续下降（图26）。与此对应的是，吴江的人均GDP却实现了高速增长（图27）。

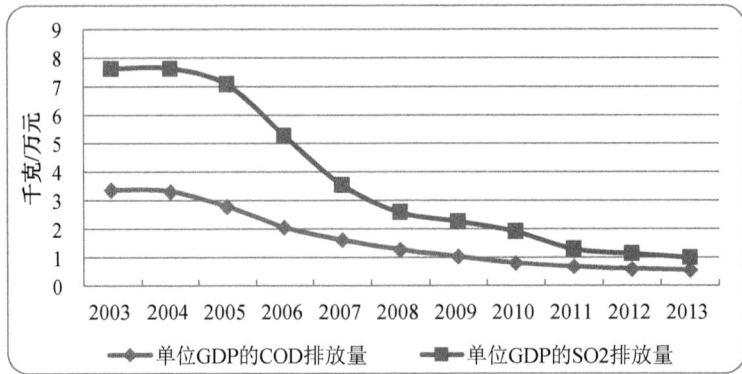

图 26 吴江区单位 GDP 污染物排放量

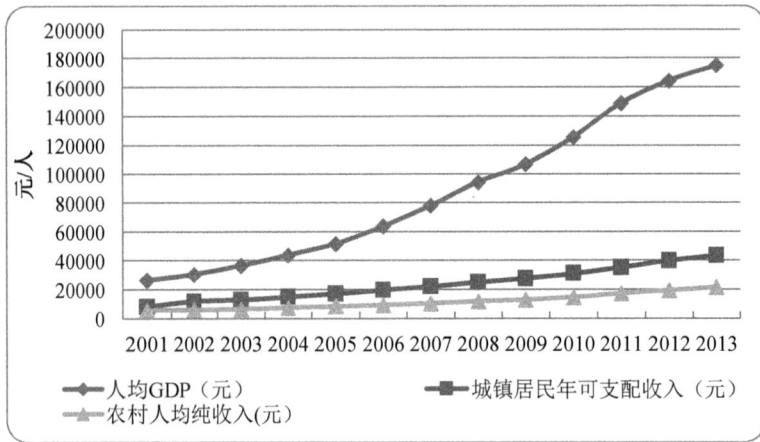

图 27 吴江区人均 GDP 与城镇居民收入的增长情况

通过构建吴江区城镇化和生态环境融合度测算模型，以 2025 年发展目标为基准，计算得到协调度、综合发展水平与融合度结果。其中，f（x）代表城镇化进程与城镇系统的发展状态，g（y）代表生态环境的发展状态，C 代表城镇化和生态环境的协调状态，以判断二者变化的相互影响程度，T 代表二者的综合发展水平。C 和 T 结合形成 D，D 代表城镇化和生态环境的融合发展状态，判断二者是否实现了同步建设并产生相互促进作用。以吴江区 2025 年发展目标为基准，对吴江区 2005—2014 年的城镇化与生态环境融合度进行评价，评价结果见表 7 和图 28。

表 7　吴江城镇化与生态环境融合发展的评价得分结果

	2005	2008	2010	2011	2012	2013	2014	2020	2025
f（x）	0.3153	0.3747	0.4785	0.5055	0.5585	0.6089	0.6436	0.8816	0.9716
g（y）	0.234	0.2514	0.3566	0.3805	0.4232	0.4678	0.5312	0.7902	0.9841
f（x）/g（y）	1.3474	1.4905	1.3418	1.3285	1.3197	1.3016	1.2116	1.1157	0.9873
协调度 C	0.8056	0.7887	0.8788	0.8864	0.8913	0.9013	0.9463	0.9822	0.9998
发展水平 T	0.2747	0.3131	0.4176	0.4430	0.4909	0.5384	0.5874	0.8359	0.9779
融合度 D	0.4904	0.4969	0.6057	0.6266	0.6614	0.6966	0.7456	0.9061	0.9887

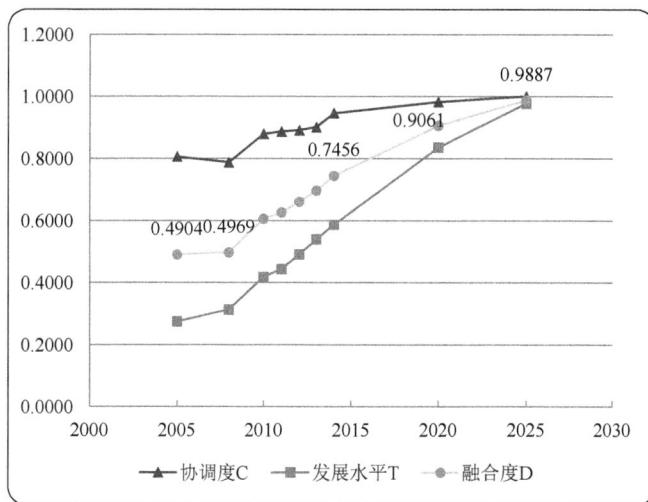

图 28　吴江城镇化与生态环境融合发展的评价得分结果

由表 7 可知，在 2005 年，吴江区的城镇化水平与生态环境协调度 C 在 0.8 左右，说明二者在同步发展，但发展水平 T 的值较小，说明综合发展水平较低，导致融合度指标 D 小于 0.5，城镇化发展 f（x）超前于生态环境发展 g（y），可见在 2005 年之前，城镇化与生态环境的融合已进入拮抗阶段，主要原因是城镇化建设发展超前，而生态文明建设稍微有所滞后。

从 2005 年开始，城镇化与生态环境的综合发展水平不断上升，融合度指标 D 也不断上升，于 2010 年达到 0.6，因此，城镇化与生态环境的融合发展于 2010

年进入磨合阶段，可以看出随着经济的发展，吴江城镇化水平在逐年提高，并且生态环境也在逐年向前发展，但城镇化发展超前，生态环境压力较大。

在 2010 年之后，吴江城镇化发展与生态环境建设速度加快，融合程度加深，在 2013 年协调度 C 达到 0.9，说明二者实现了同步发展，但是发展层次还有待提升。这一时期，城镇化与生态环境基本上同步发展，仍然处于磨合阶段。但由于建成区面积占比较高、工业用电面积较大，空间的城镇化进程过于超前，而导致城镇化综合指标得分高于生态环境综合指标得分。因此，要实现新型城镇化与生态文明的融合发展，在重视经济发展与城镇化建设的情况下，要对开发强度有所控制，同时生态环境建设的步伐也要加快，不能忽略了生态环境治理和修复的重要性。

基于以上分析，吴江区新型城镇化与生态文明融合发展的总体态势，在时间上可划分为几个不同阶段，见表 8 和图 29 所示。

（1）在 2005 年之前，吴江区城镇化与生态文明已经进入拮抗阶段，虽然没有出现严重的不协调现象，但城镇化发展超前的特征已经显现，城镇化与生态环境并没有形成相互促进的关系。

（2）2005—2010 年，吴江城镇化与生态文明的协调度呈上升趋势，但二者发展水平较低，仍然处于拮抗阶段，另外，城镇化进程与生态文明建设相比存在一定的超前趋势，尤其是开发强度较大，建成区面积占比显著提升，空间的城镇化带动了经济和生活方式的城镇化，但对环境质量的改善具有负面影响，因此，即经济发展与居民生活条件的改善程度要超前于生态环境的改善程度，难以实现融合。

（3）2010—2014 年，吴江城镇化与生态文明的协调发展程度逐年上升，二者的发展水平也在不断上升，处于磨合时期，即城镇化发展与生态文明建设已进入相互促进的良性循环。城镇化进程有利于生态文明建设，而生态文明建设也有利于城镇化进程。但总的来看，城镇化发展仍然超前，开发强度依然在上升，生态文明建设方面，在废弃物无害化处理、环境质量、可再生能源等领域的发展有所欠缺，具有进一步提升的空间。

（4）2014—2020 年，如果吴江区城镇化发展与生态环境建设保持现有趋势，并大力推动土地集约利用、控制开发强度、推动经济转型升级，进一步加强生态文明建设，新型城镇化与生态文明将由磨合阶段进入融合阶段，即二者发展水平

生态文明建设的江苏实践

不断提升，并且相互支撑、相互促进，实现共同发展。

（5）2020—2025年，在保持新型城镇化与生态文明融合发展的同时，二者的发展水平进一步提升，在实现社会经济、资源利用、环境改善等多方面发展目标的前提下，使生态环境系统的综合评价得分基本等于或高于城镇化的综合评价得分，新型城镇化与生态文明由融合发展阶段进入高度融合发展阶段。

表8　融合度总体态势

	融合发展阶段
2005年以前	低水平融合—拮抗
2005—2010年	拮抗阶段
2010—2014年	磨合阶段
2014—2020年	从磨合阶段进入融合阶段
2020—2025年	从融合阶段进入高水平融合阶段

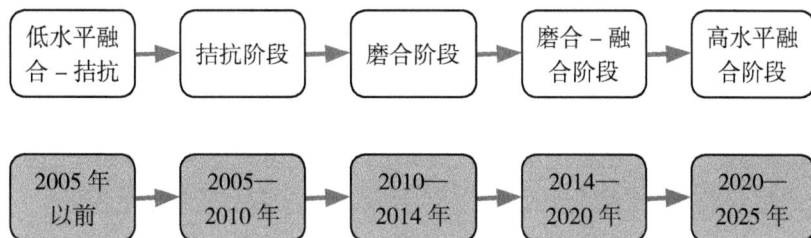

图29　吴江城镇化与生态环境融合度总体态势

第四章　吴江新型城镇化与生态文明融合发展经验与启示

新型城镇化是生态文明建设的重要载体，生态文明是新型城镇化的重要标杆。党的十八大把生态文明建设纳入中国特色社会主义事业总体布局。党的十八届三中全会提出，加快生态文明制度建设。当前乃至未来相当长的时期内，新型城镇化是我国现代化建设进程中的重大任务。如何实现两者融合发展，成为当前摆在我国面前的重要难题。进入新世纪特别是近几年，苏州市吴江区把握新机遇，适应新常态，通过生态文明建设，优化空间格局、调整产业结构、转变消费方式，促进城镇化健康发展；通过推进城镇化，把生态文明理念和原则融入全过程，走集约、智能、绿色、低碳的新型城镇化道路，逐步形成了新型城镇化与生态文明融合发展的"吴江模式"，可持续发展能力、内生动力和体制机制活力显著增强，"乐居吴江"成为"天堂苏杭"又一个新亮点。

一、吴江新型城镇化与生态文明融合发展的主要成效

吴江是著名历史古镇，建县历史可以追溯到 2000 多年前的后梁开平年间。长期农耕时代留下的农耕文明，是"苏天堂"文化精华的来源。1992 年，吴江抓住邓小平同志南方讲话带来的机遇，撤县建市，大力发展乡镇企业、民营经济和开放型经济，推动工业化和城镇化互动并进，成为全省乃至全国近 20 多年工业文明发展的排头兵。2012 年以来，吴江紧紧抓住党的十八大带来的机遇，撤市设区，全面融入苏州，深度接轨上海，推动新型城镇化与生态文明融合发展，开创了生态文明建设新时代（图 30）。

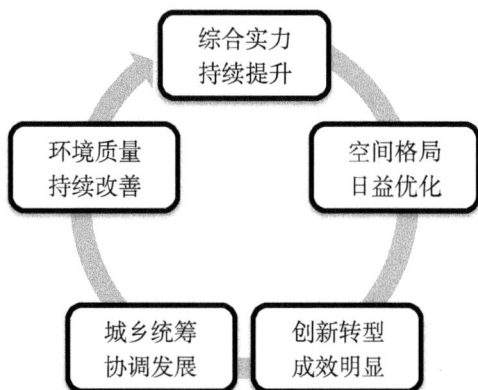

图 30　吴江新型城镇化与生态文明融合发展的主要成效

（一）综合实力持续提升

综合实力稳步提升。2015 年全区地区生产总值为 1540 亿元，"十二五"期间年平均增长 8.95%；2015 年工业总产值达到 3809 亿元，比"十一五"末增长 1.23 倍；地方公共财政预算收入达到 147.4 亿元，比"十一五"末增长 1.63 倍。五年累计完成全社会固定资产投资 3388 亿元，实际利用外资 51.7 亿美元，完成进出口总额 1125.2 亿美元。服务业增加值占比从 37% 提升到 44.8%。吴江经济技术开发区跃升为国家级开发区，成功获批国家级综合保税区，盛泽镇加快推进江苏吴江高新技术产业园区建设。省级汾湖高新区、东太湖生态旅游度假区成功获批。企业进一步做强，入选中国企业 500 强 4 家，入选中国民企 500 强 6 家。吴江已经连续多年跻身全国县域经济基本竞争力百强县（市）前十强，已成为以传统的丝绸纺织产业与新兴的电子信息、光电缆、装备制造等产业为主的经济发达地区。

（二）空间格局日益优化

全面推进"一核四片"空间战略部署，太湖新城集聚效应逐步凸显，四大片区建设有效推进。太湖新城成为吴江政治、经济、文化和服务核心区，基本公共服务设施日趋完善，人才、资金、技术、信息等生产要素的集聚效应逐步显现。沿湖片区稳步推进绿色低碳发展，观光农业、休闲旅游、餐饮娱乐、生态养生、度假养老及其配套服务业稳步发展；沿浙片区以盛泽为龙头，纺织产业进一步壮大，东方丝绸市场年交易量突破 1000 亿元，民营经济活力显著增强；沿沪片区积极接轨上海，以电梯为代表的装备制造业快速发展，新型食品、光缆电缆等行业稳步发展，产业能级显著提升。沿苏片区实现与苏州主城区无缝对接，电子信息产业稳步提升，先进制造业快速发展，产城融合进一步推进。"区镇合一"管理体制进一步优化，资源有效整合，功能片区核心作用突显。盛泽镇"强镇扩权"改革走在全国前列，全国行政体制管理试点改革深入推进，与震泽镇共同列为国家新型城镇化综合试点镇；黎里镇、七都镇列入全国小城镇改革试点。

（三）创新转型成效明显

产业结构不断优化，三次产业比重从"十一五"期末的 2.7∶60.3∶37.0 优化为 2015 年底的 2.6∶52.6∶44.8。主导产业有序发展，电子信息业和丝绸纺织业达到千亿能级，光电缆产业、装备制造业总量保持快速增长。新材料、新能源、节能环保、食品加工、生物医药等新兴产业较快发展，新材料产业达到 500 亿能级。现代服务业发展快速推进，服务业增加值占比平均每年提高 1.56 个百分点，重点领域和载体建设不断突破，服务业新型业态加快发展。农业产业特色鲜明，农机专业化服务率达 86.2%。创新能力稳步提升，万人发明专利拥有量达 22 件，全社会研发投入五年累计达 152 亿元，预计 2015 年全社会研发投入占 GDP 比重达到 2.4%，获得国家知识产权试点城市和国家可持续发展实验区称号。人才资源加速集聚，预计到"十二五"期末，全区人才总量达 23 万人，比"十一五"期末增加 140%，拥有国家千人计划 41 人，国家级企业技术中心 7 家。顺利通过国家知识产权试点城市验收，被列为国家可持续发展实验区，连续三年位列"福布斯中国大陆最佳县级城市"创新指数第一。

（四）城乡统筹协调发展

交通网络更加立体便捷高效绿色，全区等级公路里程达到 2310 公里，乡镇公交通达率达到 100%，轨道交通线建设顺利推进。城乡面貌明显改善，老城区、老镇区改造大力推进。农村集体建设用地使用权流转试点改革加快推进，农村宅基地退出激励机制和退出收回补偿机制改革稳妥推进，新型农业经营体系、农业社会化服务新机制更加完善。震泽、七都美丽乡镇建设位列苏州大市第一方阵，成功创建国家现代农业示范区。荣获中国人居环境奖，新增 1 个国家 4A 景区、3 个省级乡村旅游点。实施村庄环境综合整治，累计投入资金 5.6 亿元。国家卫生镇实现全覆盖。全区实现"数字城管"全覆盖，网格化、精细化、长效化管理水平稳步提升。

（五）环境质量持续改善

节能减排扎实推进，单位 GDP 能耗下降明显，主要污染物减排成效显著。水域环境和水体质量得到有效改善，河道疏浚累计 158 公里，湖泊三网拆除率达到 96.51%，地表水全要素监测断面达到或优于Ⅲ类水质比例达到 64%；大气环境质量持续改善，率先在苏州范围内实行雾霾预报，空气质量达到二级标准的天数比例达到 71%；深入开展垃圾分类管理，城区主要有害垃圾百分之百实现无害化处理。绿化建设稳步推进，林木覆盖率达 19.5%。荣获中国人居环境奖，被命名为国家生态市（区），并成功入选全国生态文明建设试点城市，成功创建同里国家级湿地公园。生态文明体制改革持续推进，资源有偿使用和生态补偿机制、生态环境保护责任追究制度、环境损害赔偿制度等更加健全，水资源管理制度改革稳步推进。

二、吴江新型城镇化与生态文明融合发展主要做法和经验

吴江区在加快经济发展的同时，更加注重探索实践，在推进新型城镇化和生态文明融合方面积累了一些成功经验。纵观吴江的创新实践，我们发现，从自身实际出发，以科学规划为引领，把生态文明理念融入新型城镇化建设中，尊重自然、顺应自然、保护自然，带动经济、社会、文化等各领域生态化发展，在加快转型中持续增强可持续发展动力，生态文明已成为吴江继工业文明之后，又一个充满无限生机活力的强大引擎。其做法主要体现在以下六个方面（图 31）。

以科学规划优化整体空间布局	推动生产、生活、生态"三生结合"
以制度创新促进资源要素流动	推动城镇和乡村土地集约节约利用
以绿色低碳引领产业转型升级	推动生态文明背景下苏南模式升级
以水生态环境治理保障水安全	推动"百湖之城"人居环境优化改善
以长效机制推进村庄环境整治	推动"美丽镇村"示范建设有序进行
以生态文化理念引领城镇发展	推动生态社会与新型城镇化有机融合

图 31　吴江新型城镇化与生态文明融合发展的主要做法和经验

（一）以科学规划优化整体空间布局，推动生产、生活、生态"三生融合"

优化空间布局是城镇化与生态文明融合发展的前提。吴江坚持高起点规划、城乡发展统筹，努力实现生产空间集约高效、生活空间宜居适度、生态空间天蓝水秀。

一是坚持科学规划引领。针对早期城镇化过程中存在的布局散乱、水平不高等问题，2009年以来，吴江规划局从全国招聘高级规划师，从专项规划角度，对吴江城镇化发展空间布局进行了优化和提升，包括以五轮城市总体规划优化整体空间布局、以土地利用规划统筹城乡空间发展、以产业规划优化城乡产业结构、以镇村规划推进新型城镇化等，使得城乡资源配置更趋合理，城乡空间布局明显优化，吴江城镇化建设走在全国前列。尤其近年来，吴江充分利用长三角经济圈腹地的区位优势，扬长避短、因地制宜地进行规划布局，逐步形成了以吴江经济技术开发区为核心的沿苏、以汾湖高新区为基础的沿沪、以绸都盛泽为龙头的沿浙、以太湖新城为亮点的沿湖等四大经济片区，使其整体空间和功能布局得到进一步优化提升。

二是高度重视产城规划。产城融合是吴江区新型城镇化实践的一大特色。吴江在推进产程融合方面，首要的做法就是强调规划的统筹性和连续性，特别是统筹产业规划与城镇规划，既注重产业发展对城镇化的支撑能力，又注重以城镇功能分区来规范产业发展。产城规划先行，对产业、城市做好前瞻性规划和定位，有效防止了盲目造城现象，真正实现城镇建设与产业发展之间的相互促进。近年来，吴江结合产业振兴发展规划，按照"工业立区、先进制造业强区"的理念和加快吴江工业经济"升级版"的要求，在"一镇一品"的基础上采取乡镇合并、区镇合一、强镇扩权等发展措施，不断巩固城镇化的物质基础。升级后的"一镇一品一园"（一镇一品牌一园区），成为产城融合在城镇化发展战略的集中表现形式。

三是全面推进多规融合。一直以来，吴江将"多规融合"作为产业空间和城镇化拓展的重要抓手，在充分尊重自身特有自然、人文、历史、产业等区域特点基础上，制定《吴江"多规融合"空间统筹规划》，划定生产空间、生活空间和生态空间边界，促进经济社会发展规划、城市总体规划、土地利用总体规划、镇村布局规划、生态建设规划等与各专项规划的无缝对接，实现永久性基本农田、城镇控制区、产业发展区、扩建村庄、保留村庄、生态用地等逐一上图落地，不断优化提升城镇功能布局、产业布局和生态布局，努力构筑新型城镇化格局，有效规避了"摊大饼"式的旧城蔓延拓展方式和人口密集、交通拥堵、资源紧张等"大城市病"。事实上，吴江以"功能片区"引导产业区域布局优化与整体空间布局优化，也就是吴江产业规划与城市总体规划、土地利用规划相融合的阶段。

（二）以制度创新促进资源要素流动，推动城镇和乡村土地集约节约利用

城镇化的主要瓶颈在于土地制度。土地制度创新是吴江新型城镇化进程中的核心问题。吴江创新体制机制，主要是通过"三集中""三置换""三大合作"等形式，推动土地节约利用，促进土地资源在城乡间实现合理流动，优化城乡土地资源大配置。

所谓"三集中"，就是推动工业企业向规划园区集中、农民居住向新型社区集中、农业用地向规模经营集中。

所谓三置换，就是集体资产所有权、分配权置换为社区股份合作社股份；土地承包权、经营权通过征地置换为基本社会保障或入股换股权；宅基地使用权可参照拆迁或预拆迁办法置换为城镇住房（或二三产用房，或置换股份合作社股权），或者直接进行货币化置换。

所谓"三大合作"，就是通过对农村集体资产、土地城堡经营制度和农村的生产经营组织方式进行改革而形成的三种新型合作经济组织（农村社区股份合作社、土地股份合作社、专业股份合作社）的统称。目前，全区90%以上企业集中在园区，土地规模经营面积超过90%，农村、农民走上一条共同富裕之路。

吴江优化土地资源的做法，是对我国原有土地制度的创新，其创新主要表现在：

一是创新了土地产权制度。吴江以农民土地承包权、经营权换社保、换股权，以宅基地使用权换城镇住房，从使用权的物权属性变化情况来看，是一种对农村原有产权制度予以创新的表现形式。通过这一置换机制的创新，实际上是使得农村集体所有的土地物权属性从个人权利上得以体现，也即"资源资本化、资产资本化、资本股份化"得以实现。

二是创新了农村土地使用制度。吴江较早开始对农村土地有效使用的探索，在推进城乡一体化发展后，更在土地使用方面采取了许多卓有成效的措施，创新了农村土地使用制度。具体而言，基本建立了土地利用规划、城镇规划、产业发展规划、生态建设规划"四规融合"的规划机制；大力推进土地使用权改革，积

极探索以土地承包权入股、转让、转包、互换、合作，实现生产要素的市场化配置，确保农民土地的受益权，特别创新了以土地股份合作为主要形式的经营方式，引导农民把分散土地集中起来，提高了农民收入和土地集约利用水平；同时，有序开展农村土地综合整治，盘活城乡存量建设用地，利用城乡建设用地增减挂钩做好土地占补平衡，大力提升土地节约集约利用水平。

三是创新了以市场化配置农村集体建设用地方式。吴江以市场机制为主导来配置农村集体建设用地，促进集体建设用地效益的最大化，包括按市场价进行房屋拆迁和安置（如宅基地换房）；按市场价进行建设用地指标交易；按市场价将宅基地换房节约出来的土地进行经营性开发等。

进入新的发展阶段，"三集中""三置换""三大合作"等做法又有新的发展和创新。

（三）以绿色低碳引领产业转型升级，推动生态文明背景下苏南模式升级

苏南模式，通常是指江苏省苏州、无锡和常州等地区通过发展乡镇企业实现非农化发展的方式。苏州吴江作为"苏南模式"的发源地之一，在乡镇企业、民营经济等诸多领域发展开全国先河，县域经济实力全国领先，也比其他地区更早遇到了转型发展的难题。面对绿色转型、低碳发展的世界潮流，面对资源环境约束趋紧的严峻形势，近年来吴江区坚持以生态文明引领城镇化与工业化发展，坚持生态经济化、经济生态化方向，以生态环境保护倒逼产业结构和布局的绿色升级改造，努力打造苏南模式升级版。

一是坚持创新和开放驱动，积极调整产业结构，大力培育发展服务业和新兴产业。主动发挥东接上海、南连浙江、西临太湖的区位优势，聚焦总部经济、旅游休闲、电子商务、文化创意、服务外包、金融保险等城市经济业态，重点发展高端现代服务产业。同时，出台产业调整振兴计划，通过实施创新驱动战略，紧扣新产业、新产品、新业态和新模式，加快调整行业结构，着力发展新材料、新能源、新医药、新食品等新兴产业；加快资本来源结构调整，增强对欧美资本的吸引力，对民营资本的凝聚力，对国有资本的驱动力，着力引进单位产出高、增长后劲强、政府投入小、科技含量高的项目。目前，全区已形成以电子信息、光电缆和装备制造为主导的高新特色产业群。活跃的吴江民企同样亮点纷呈。丝绸纺织行业打好升级牌，依靠品牌、设计、模式等提升引领行业发展；光电缆行业打好科技牌，明确主攻方向，进一步提升市场主导权；电梯行业打好驰

名牌，提升综合实力，大力培育区域品牌和行业品牌。此外，还启动了黄金湖岸旅游综合体建设，推出游艇码头、丛林花田、水景乐园等旅游配套，城旅一体初显成效。

二是借助管理模式创新，加快淘汰落后产能和传统产业绿色化升级。建立了环保准入负面清单，严格新上工业项目把关，从源头上杜绝污染企业。目前全区形成的电子信息、光电缆和装备制造等几大新兴产业均是低碳环保和高新技术产业。同时，加大印染、喷织、化工、火电等行业专项整治，关停并转一批高耗能、高污染企业，改造升级一批落后设备技术。强化企业资源集约利用信息系统、供电信息系统和重点用能企业能源利用状况报告系统三大平台节能预警调控作用，通过收集全区企业用地、用能、税收、排放等总量与单位使用产出情况，从而精准定位，积极发展低用地、少用地、高产出行业，限制或禁止发展高耗能、高污染、低产出行业，加快落后产能淘汰步伐。并通过树立典型积极引导、建设循环经济产业园、设立区级节能与循环经济专项引导资金等鼓励措施，激励企业开展清洁生产、发展循环经济，实现资源利用的最大化和污染物产生的减量化。此外，大力推进智能工业发展，启动实施智能工业计划，加快现有企业智能化改造。

三是坚持发展低碳、绿色、生态农业。吴江不断增强生态农业意识，以现代农业示范园区建设为载体，以发展循环农业为先导，以生产绿色产品为目标，以标准生产为手段，以测土配方施肥为抓手，以出台扶持政策为导向，积极推动传统农业向生态农业、设施农业、高效农业转型，大力推进现代农业绿色化发展，切实加强优质水稻、特色水产、高效园艺、生态林地建设，提高农业生态平衡能力，有效提升了园区土地产出效益、农产品附加值和生态农业产业化发展水平；推广清洁环保生产方式，治理农业面源污染，创新低碳高效水产养殖技术，切实把发展农业、致富农民、美化农村与生态文明建设紧密结合起来，走出了一条具有地方特色的农业、生态互补共进之路。

（四）以水生态环境治理保障水安全，推动"百湖之城"人居环境优化改善

水是生命之源、生产之基、生态之要。吴江被称为"百湖之城"，全区水域面积267平方公里，占全区总面积的近1/4。因此，水生态建设成为吴江生态文明建设的重中之重，也与新型城镇化建设及城乡居民生产生活息息相关。近年来，吴江狠抓水环境治理改善，使河道湖泊既承担起行洪排涝、灌溉供水的职

能，又提供了妆点景色改善环境的便利，为吴江社会和谐、经济发展提供了宝贵资源。

一是坚持实施东太湖综合整治，协同建设太湖新城。吴江西靠东太湖，岸线47公里，区内河道纵横、湖荡密布，素有"水乡明珠"美称。吴江从2008年开始实施东太湖流域综合整治工程，专门成立东太湖综合整治工作领导小组，制定东太湖综合整治工程方案并经国家管理部门批准。整个工程以流域防洪安全为起点，以生态修复为落脚点，包括洪道疏浚、退垦还湖、退渔还湖、生态清淤以及生态修复等五大工程。由于退垦还湖和生态清淤工程的实施，新增水面16.6平方公里、蓄洪容积0.48亿立方米，东太湖蓄洪能力提高近30%。吴江依托东太湖综合整治工程同时规划了太湖新城，坚持高起点、高标准、高质量、高品位的原则，建设宜居乐居的生态滨湖之地，打造"美丽苏州湾"，成为当前苏州城市建设的最大亮点。

二是坚持推进湖泊河流整治。加强河湖长效管理，制定实施河道管理"河长制"，落实河道管理责任；及时发现、制止侵占河湖水域、破坏堤防等水事违法行为；持续开展河道疏浚、畅流工程；全面推进三网（即围养渔网、网箱、网簖）整治拆除，有效增强了河水流动性。把水生态建设作为重中之重，编制湖泊保护和开发利用专项规划，把太湖以外的55个省保湖泊进行全面调查测量和逐个功能确认。全面推进中小河流治理重点县项目建设，加强农村河道疏浚，通过干港清淤、清至硬底，边清淤边清洁，恢复河道功能，改善农村面貌，努力建设"水清、流畅、岸绿、景美"的自然生态。

三是切实加强水源地保护。东太湖是上海、苏州等大中城市的水源地，保护水资源事关重大。吴江建立了智能监测管理系统，积极开展水源地生态清淤和应急备用水源地建设。先后完成东太湖水源地一水厂、二水厂生态清淤工程，彻底清除沿岸养殖网箱、养殖船只、生产船屋和码头等，搬迁一批工业小企业，大大优化了东太湖水质。目前，太湖水明显优于长江水，尤以东太湖水质为好，均为Ⅲ类水质标准。此外，吴江还大力推广雨水回用，取得较好成效。吴江中学通过建设雨水回收利用系统，每年节省生活用水6万吨，差不多是原来的一半。据统计，此类节水型单位用水量占全区非居民用水量的33.2%。

四是加快湿地修复和保护。通过植被恢复、水源保护、水质净化等措施，适度推进湿地公园建设。目前，全区已经建成湿地公园4个、总面积近40平方公里，其中同里国家湿地公园成功获批国家湿地公园试点。这些湿地公园以生物种类多样、形态格局丰富、水乡文化深厚，构筑了吴江天然"生态之肾"，不仅成为野生动植物良好的生存栖息地，而且成为太湖流域水生态保育恢复、合理利用的示范基地和湿地科学、生态文明的科普教育基地，也形成吴江生态文明的独特风景，"乐居吴江""美丽吴江"已成为吴江的一大品牌和亮点。

五是推进活水畅流工程。在扎实推进湖泊河流整治、水资源和湿地修复保护的基础上，吴江还全力推进"畅流活水"工程。这是继"三网整治"后，吴江改善提升水生态、水环境的又一重要举措。该工程围绕"清淤、活水、保洁、生态"主题，通过畅通骨干河网、沟通圩内外水系、疏通圩内河道三通工程，打通断头浜、拆除阻水坝埂、增进圩内河道水体循环、提高圩内外水系沟通、增强圩外骨干水系引排功能，恢复河流水体生态健康，促进活水畅流。

（五）以长效机制推进村庄环境整治，推动"美丽镇村"示范建设有序进行

为加快改善村庄环境面貌和农村生产生活生态条件，积极推进美丽乡村建设，2012年吴江区按照省委省政府工作部署，开始了村庄环境全面整治，整治效果显著、特色鲜明，极大改善了乡村环境面貌，推进了吴江新型城镇化的进一步发展。主要做法包括：

一是建立村庄环境整治工作制度。吴江成立了区领导任组长、副组长和相关镇（区）、单位部门负责人为成员的村庄环境整治工作领导小组；按照"条块结合、以块为主"的工作要求明确了相关部门的职责，各镇（区）对本地区村庄环境整治工作负总责；为切实加强区镇两级整治办的沟通联系和指导督查，建立了联络员制度、信息报送制度、月报制度、检查考核制度以及开展现场推进会等制度；积极探索数字管理制度，拓展数字城管在农村环境管理等方面的功能。

二是建立资金筹措和整合机制。为有效整合与农村环境整理相关的专项资金，重点保障农村环境整治需要，吴江汇集投向村庄环境的各类资金，出台了《市级村庄环境整治引导资金奖补办法》，市级引导资金按照统筹安排、突出重点的原则，向创建省级"三星级康居乡村"、重点窗口地带村庄倾斜；同时，还以行政村、自然村庄为单位，根据任务数量、村庄定位、工作进度、完成情况及整治效果，采取以奖代补的方法分别给予补助。

三是推进村庄环境整治长效管理模式。针对整治后村庄的长效管理，吴江出台了《加强村庄环境长效管理实施意见》。为推动落实这一文件，量化村庄环境

长效管理工作指标，吴江又出台了《村庄环境长效管理工作机制和考核办法》，明确提出统一资金补贴标准、保洁队伍管理、监管考核体系、垃圾清运模式的工作机制。"四统一"工作机制及考核办法的落实，使吴江村庄之间管理不平衡问题得到解决，村庄环境长效管理难题得到破解。在村庄环境长效管理中，吴江创新设立"荣誉积分"。村民在环境长效管理中考核合格，就能在"存折"里储蓄一个荣誉图章，累计4个便可兑换牙膏、毛巾等奖品。此举大幅缩减了村里的保洁员费用支出，还在村民间形成了"竞赛"。目前村庄环境长效管理的"吴江模式"已经取得了良好的效果。

四是高度重视古镇文化保护。吴江古镇文化特色鲜明，拥有同里、黎里、震泽三个国家级历史文化名镇，其中同里古镇荣获联合国"国际改善居住环境最佳范例奖"。吴江在开发古镇的过程中，注重传统民居和文物古迹保护同步，物质遗产与文化遗产保护并重，既保留古镇原有的建筑形态，也保存古镇居民传统的生活方式，还保护民间技艺和传统小吃传承，江南水乡的历史人文气息更加浓厚深远，真正实现了"望得见山、看得见水、记得住乡愁"。

（六）以生态文化理念引领城镇发展，推动生态社会与新型城镇化有机融合

一是注重生态宣传教育。吴江长期以来一直结合中心工作，通过公益广告等形式，在广播、电视、网络、报刊等媒体进行垃圾分类、土地保护、拆除"三网"、节约型餐桌、公共场所禁烟等宣传，提高市民的生态文明意识，争取市民对生态保护工作的支持配合。通过大力开展创建绿色学校工作，让生态文明知识进校园，使学生从小树立生态文明的理念。目前已基本完成各级"绿色学校"创建工作。芦墟实验中心小学从1995年开展生态教育，被香港"地球之友"吸收为中国荣誉会员，获得全国绿色学校称号和"第七届地球奖"。

二是大力推动绿色活动。开展节约型餐桌、公共场所禁烟、垃圾分类、绿色出行、全民节能等活动，积极倡导城市绿色低碳生活。启动垃圾分类管理，先试点后推广循序渐进，为居民建立"绿色账户"，专职人员定点定时收集可回收垃圾，并按照市场价兑换给相应物品，绿色理念深入人心。积极开展国家卫生镇和美丽农村创建活动，生态修复和资源保护得到重视，全区实现国家卫生镇全覆盖，镇容镇貌显著改善，人民群众得到实惠。

三是全力打造绿色交通。现代公共交通体系从无到有，快速发展，广受群众欢迎。近年来，财政大力投入改造优化区内公路网，加快农村公路、公交车、

公交站亭以及公交枢纽站等城乡公共交通一体化建设，实现了村村通公交，区、镇、村三级公交网络零距离换乘。为实现"零污染""零排放"的目标，吴江多次增加"绿色公交"，使新能源车占到在线运营车辆总数的一半。积极倡导居民绿色出行，以市场化模式通过服务外包建成公共自行车运行系统，全区市民共办卡 6 万余张，累计使用公共自行车 328 万人次，骑行 118 万余小时，有效减少了车辆废气排放。

三、吴江新型城镇化与生态文明融合发展的主要启示

当前生态文明作为执政理念已经上升为国家战略，生态文明建设已经成为中国特色社会主义事业总体布局重要组成部分。推进高质量城镇化、可持续城镇化亟需生态文明建设这一强大动力和重要保障。吴江推进新型城镇化和生态文明融合发展的实践探索，对江苏省乃至全国在新常态下推动经济社会发展具有重要的启示意义（图 32）。

重要抓手	战略支撑	基本遵循	根本动力	重要支撑
·规划引领	·产业升级	·民生优先	·改革创新	·多方参与

图 32　吴江新型城镇化与生态文明融合发展的主要启示

（一）坚持以规划引领为重要抓手

规划是发展理念的重要体现，是新型城镇化建设的"龙头"和基础。近年来，吴江高度重视规划引领，充分发挥规划的科学导向和法律约束作用，尤其突出其先导性、科学性和严肃性，以规划引领发展，切实推进产业发展、国土利用、城镇建设和生态保护等"多规有机统一"，提升建设水平。实践表明，有什么样的规划水平，就会有什么样的城镇化水平。扎实推进新型城镇化与生态文明融合发展，必须从国情省情市情出发，以城乡统筹、产城互动、节约集约、绿色低碳、生态宜居、和谐发展为内涵，自觉遵循城镇化和生态文明建设基本规律，充分借鉴和吸收国内外先进理念和成功经验，切实增强规划的科学性、指导性、前瞻性和实践性。

（二）坚持以产业升级为战略支撑

产业是城镇化的重要引擎。经济发展是新型城镇化的前提和基础。推进新型城

镇化与生态文明融合发展，必须以提高经济质量和效益为中心，以生态环境保护倒逼产业转型升级，以经济持续增长为生态文明建设提供物质支持。近年来，吴江以生态文明建设倒逼经济转型升级，在综合实力连年跃升的同时，实现了生态环境的改善。吴江实践启示我们，推进新型城镇化与生态文明融合发展，必须以提高经济质量和效益为中心，大力发展循环经济、低碳经济、绿色经济，促使能源资源节约、循环和再利用，以生态环境保护推动产业转型升级，以经济持续增长为生态文明建设提供物质支撑，推动经济增长与生态保护相互促进、良性互动。

（三）坚持以民生优先为基本遵循

无论是新型城镇化建设，还是生态文明建设，"人"始终是最为关键也是最为重要的因素。吴江把人的全面发展作为新型城镇化与生态文明融合发展的出发点和落脚点，突出发展为民，努力提升人民群众幸福感和获得感，打造宜居乐居城市，获得了全体居民的大力支持和积极参与，成为"中国最具幸福感城市"。这表明，推进新型城镇化与生态文明融合发展，必须坚持以人为本，切实解决人民群众最关心、最直接、最现实的利益问题，让发展成果更多更公平惠及全体人民。只有切实强调和维护人的主体地位，使民生不断得到改善，社会更加公平正义，环境更加优美宜居，生活更加幸福美好，新型城镇化与生态文明整合建设才能真正赢得人民群众的广泛参与和大力支持。

（四）坚持以改革创新为根本动力

吴江在新型城镇化和生态文明建设中，注重体制机制创新，大胆采取服务外包、企业自主等市场化手段，形成了政府引导、市场运作、社会参与的多元共治局面。同时，强化创新引领，把抓创新融入到全领域，加速实现动力转换、产业提升、空间拓展。实践表明，推进新型城镇化与生态建设融合发展，必须用改革的办法、创新的精神，针对制约发展的突出矛盾，坚决打破体制机制障碍，释放制度红利，激发市场活力，推进"新五化"协同发展。只要坚持以科学发展为导向，积极深化改革创新，加快建立有利于城镇持续发展繁荣的体制机制，才能不断提高城镇化发展质量，促进经济社会持续健康发展。

（五）坚持以多方参与为重要支撑

新型城镇化过程中的生态文明建设是一项系统工程，涉及多个部门，关乎千家万户的切身利益。为此，必须要必须建立多部门联动、多方合作的统筹协调机制。具体到吴江区，区主要领导对此高度重视，分管领导具体落实，建立生态文明和新型城镇化建设工作的联席会议制度，每年分阶段召开工作会议，形成部门齐抓共管的合力。此外，该区还注重发挥企业、民间组织与市民群众的积极性，让他们参与到生态文明和新型城镇化建设工作中来。吴江首个 NGO 环保公益组织在生态文明和新型城镇化建设中发挥了很重要的作用。实践表明，实现新型城镇化与生态文明融合，要寻求角色适位的多方合作。不仅要突出政府在主体功能区布局、公共产品分配、服务平台搭建、城镇品牌塑造、生态文明制度建设方面的主导作用，还要进一步拓宽合作渠道，并建立相应的激励机制，确保各类社会主体和项目合作落到实处，努力形成政府引导、企业融入、社会组织协调、市民参与的生态文明角色定位，增强城镇化进程中生态产品提供和生态治理能力。

第五章 吴江新型城镇化与生态文明融合发展前景的分析与展望

如前所述，近年来，尤其是"十二五"时期，吴江依托天然的区位优势，以建设"乐居吴江"为目标，以加快发展方式转变和经济社会转型为主线，坚持实施富民优先、创新驱动、城乡一体、人才强市、可持续发展战略，综合实力稳步提升，创新转型积极推进，深化改革乘势而上，发展布局逐步优化，城乡统筹协调发展，环境质量持续改善，城镇化与生态文明建设进入初步融合的较为理想状态。在已有成绩基础上，日后若能继续保持这一良好发展势头，坚持以科学规划为引领，以实现人、产业和城市良性互动、协调发展为目标，大胆改革创新，在可以预见的未来，吴江城市环境质量、人民生活质量和城市竞争力定能不断提升，新型城镇化与生态文明建设也必将步入高度融合阶段。

一、吴江城镇与生态文明融合发展的目标设计

根据《苏州市吴江区国民经济和社会发展第十三个五年规划纲要》，"十三五"期间，吴江将全力打造苏州城市发展的新增长极，着力打造"苏州南部现代新城区、优势产业新板块、开放创新新高地、和谐乐居新家园"，突出经济提质增效、百姓普遍富足、环境友好亲善、社会和谐文明，在率先全面建成小康社会，积极探索基本现代化的路子上迈出坚实步伐，充分展现经济强、百姓富、环境美、社会文明程度高的现实模样。详细规划指标可见表9。

表 9 吴江"十三五"规划经济社会发展主要指标表

类别	序号	指标名称	单位	"十二五"末完成预计值	"十三五"发展目标值
经济强	1	地区生产总值增幅	%	1540 亿元	7
	2	服务业增加值占 GDP 比重	%	44.8	48
	3	规模以上工业全员劳动生产率	万元 / 人	13.1	14
	4	高新技术产业产值占规模以上工业产值比重	%	51.4	>50
	5	研发经费支出占 GDP 比重	%	2.4	3
	6	科技进步贡献率	%	57.1	>65
	7	万人发明专利拥有量	件	22	36
	8	高层次人才总量	万人	1.5	2.2
	9	现代农业发展水平	%	85	92
百姓富	10	城镇居民人均可支配收入增幅	%	50570 元	7.5
	11	农村居民人均可支配收入增幅	%	25520 元	7.5
	12	最终消费率	%	41（2014 年）	42
	13	城乡基本社会保障覆盖率	%	99	99
	14	五年新增城镇就业人口	万人	11.2	8
	15	城镇登记失业率	%	1.9	3 以内
	16	新增保障性住房完成率	%	100	100
	17	人均预期寿命	岁	82.54	83
	18	每千人口拥有执业医师数	人	1.96	2.5
	19	每千人拥有医疗机构床位数	张	4.1	6
	20	每千名老人拥有养老床位数	张	40	45
环境美	21	林木覆盖率	%	19.5	20
	22	生态红线区域占国土面积比重	%	28.7	28.7
	23	单位 GDP 能耗下降率	%	20.5	19.5
	24	单位 GDP 二氧化碳排放消减率	%	21.9	完成上级下达目标
	25	单位工业增加值用水量	吨 / 万元	15	13

类别	序号	指标名称		单位	"十二五"末完成预计值	"十三五"发展目标值
环境美	26	单位 GDP 建设用地占用		公顷/亿元	23.35	15.5
	27	主要污染物排放	单位 GDP 化学需氧量排放强度	千克/万元	1.01	完成上级下达目标
	28		单位 GDP 二氧化硫排放强度	千克/万元	1.47	
	29		单位 GDP 氨氮排放强度	千克/万元	0.15	
	30		单位 GDP 氮氧化物排放强度	千克/万元	1.6	
	31	空气质量达到二级标准的天数比例		%	71	71
	32	地表水全要素监测断面达到或优于Ⅲ类水质比例		%	64	64.2
	33	生活垃圾无害化处理率		%	85	98
	34	耕地保有量		万公顷	3.653	3.653
社会文明程度高	35	城乡和谐社区建设达标率		%	98.7	>95
	36	城镇化率		%	66.27	70
	37	人均公共文化设施面积		平方米/人	0.31	0.4
	38	人均体育设施面积		平方米/人	2.7	3.6
	39	高等教育毛入学率		%	71.36	73
	40	法治建设满意度		%	95.1（2014）	> 90

通过对比不难发现，吴江区"十三五"规划的主要指标基本囊括了本研究讨论的新型城镇化与生态文明融合发展的关键指标。其中，"经济强""百姓富"和"社会文明程度高"类指标可大体对应"新型城镇化"要求，而"环境美"类指标则可对应"生态文明"建设的要求。因此，吴江若能在 2020 年顺利完成区"十三五"规划主要发展目标，将基本达到新型城镇化与生态文明中度融合的发展目标；若在此基础上，继续深化改革和大胆创新，稳步推进城镇与生态融合发展工作，则有望在 2025 年实现高度融合发展状态。为此，本研究将结合吴江实

际，分基本融合和高度融合两个阶段，从建设绿色城镇空间体系、城镇绿色产业体系、城镇现代化生态文明治理体系、城镇绿色生活体系等方面，分别描述吴江新型城镇化与生态文明融合发展的目标。

(一) 绿色城镇空间体系建设方面

建设宜居宜业宜游的现代化吴江城镇空间体系，须以人的城镇化为核心，以提高城镇化质量和水平为目标，以生产、生活、生态"三生"融合发展为主线，以园区升级、城区融合和旅游区建设"三区行动"为抓手，按照人口资源环境相均衡、经济社会生态效益相统一、主体功能至上的原则，稳步推进规划建设、人口管理、土地管理、环境保护、公共服务、体制机制等关键领域改革，促进生产空间集约高效、生活空间宜居适度、生态空间山清水秀，形成产业发展、城镇建设、生态功能和人口集聚协调统一、互促共进的积极态势，努力构建要素匹配、功能齐备、服务完善的"产业—生态—城市"空间复合体。

到 2020 年，"三区行动"进展顺利，初步形成"两大核心—两副中心—三大产业带—四个中心镇"四级配套衔接的现代城镇空间体系，并在此基础上形成"一核引领、二区带动、三带并进"的空间发展布局；同时，生产生活生态"三生"融合发展初见成效，产业空间布局与城市空间布局进一步协调，城市自然生态得到有效保护，主要产业园区的城市功能得到增强，城市基础设施和公共服务基本覆盖新城区。继续保持 28.7% 的生态红线区域面积，林木覆盖面积达到 19.5%，2025 年增长至 20%。全区水资源、绿地资源得到统筹利用与开发，基本形成"城在水中、水在城中、一城百湖、城水相依"的生态功能区、连绵带。中心城区人口承载力进一步提高，区域总人口达到 90 万人，市区人口达到 70 万人，城镇化率达到 70% 以上。

到 2025 年，"三区行动"阶段性完成，"三生"融合发展目标基本实现，产业空间布局与城市空间布局高度一致，产业发展全面提升，生态功能结构日趋完善，主要产业园区的城市功能基本完备，"两大核心—两副中心—三大产业带—四个中心镇"四级配套衔接的城区格局更趋合理，城市基础设施和公共服务全面覆盖，"一镇一园一品"格局更趋成熟。继续保持生态红线区域面积，林木覆盖面积增长至 20%。基本构建起科学合理的城市化格局、农业发展格局、生态安全格局。中心城区人口承载力显著提高，区域总人口达到 100 万人，市区人口达到 80 万人，城镇化率达到 80% 以上。

（二）城镇绿色产业体系建设方面

城镇发展必须有产业作支撑，以防止"空心化"。吴江的新型城镇化建设工作，应把产业作为立城之基、兴城之本，坚持以新兴产业为主导，瞄准高端产业和产业高端，优化产业结构，促进产业集聚，提升产业园区支撑力推进城镇化建设，实现以产兴城。具体建议，一是把产业园区作为有机组成部分，纳入新城镇总体规划，合理安排城镇及产业发展规模和布局，提高城镇化与产业化发展的协调性和互动性，使每个城镇都有产业园区为支撑，每个产业园区都有城镇为依托，形成产城融合、互动发展的格局。这样，产业园区既是产业新城，又是城市新区。二是把产业园区作为城镇发展的功能区，作为产城互动的结合点，根据产业园区建设需要布局城市新区，通过城市新区建设服务产业园区发展，加快推动园区建设，引导工业向园区集中、工业园区向城镇集中，使产业园区成为城镇空间拓展和经济发展的增长点，成为产城互动发展的平台。

到 2020 年，电子信息、丝绸纺织、光缆电缆业和装备制造业四大主导产业转型升级，生物、材料、食品和旅游等新兴产业培育呈现良好发展态，基本形成以先进制造业为核心、现代服务业为重点、以现代农业为基础的现代绿色产业体系。第三产业增加值占吴江 GDP 比重达 48%，高新技术产业产值占规模以上工业产值比重高于 50%。

到 2025 年，工业壮大做强，旅游业成为重要增长极，现代服务业发展态势进一步扩大，以先进制造业和现代服务业为核心、以现代农业为基础的现代绿色产业体系进一步巩固提升和优化。第三产业增加值占吴江 GDP 比重达 50%，高新技术产业产值占规模以上工业产值比重高于 55%。

专栏 1

吴江绿色产业发展方向

（1）做强先进制造业。强化先进制造业立区导向，大力发展智能工业，打造千亿级装备制造业，巩固提升电子信息、丝绸纺织和光缆电缆业。

重点发展以智能装备制造和生产装备智能化为核心的装备制造业，鼓励智能化设备研发和生产，到 2020 年实现装备制造业产值超千亿元；全面提升三大优势产业，提升电子信息产业的规模和层次，继续将其打造成产值超千亿元的产业，重点围绕互联网化、移动化、智慧化,发展信息经济、智能工业、网络社会、在线政府、数字生活为主的电子信息产品,推动以传统消费电子产品、配件生产为主向以智慧产业为主转变。

推进传统丝绸纺织产业转型升级,继续将其打造成产值超千亿元的产业,改变丝绸纺织产业传统生产经营方式,推动丝绸纺织业向差别化、高端化、品牌化、时尚化方向发展,强化与工业设计、文化创意等产业相结合,重点发展化纤新材料、高档纺织面料、生态型纺织面料、高端服装等产品,实施印染产业集聚升级工程,实现传统丝绸纺织产业向现代丝绸纺织产业转型,打造出口质量安全示范区。

推进光电缆产业的特色化、高端化、系统化、集成化发展,延伸产业链,发展光纤拉丝、海底电缆、高铁地铁信号缆、数据缆等特种光缆产品,开发信号放大器、光耦合器、冷接子、适配器等光器件及高压超高压、特种、复合电缆相关产品。着力培育五个新兴产业。新能源产业重点发展太阳能材料和组件、生物质和天然气发电、风电材料和配件、新能源汽车、新型电源器件等。

节能环保产业重点发展节能技术与装备、节能照明产品、环境治理技术与装备、环保新材料、空气净化技术与装备等资源综合利用产业,大力发展LED芯片、LED系统集成,推进膜材料技术产业化等关键产品产业化。

生物技术和新医药产业以化学制药总量提升为突破口,以生物技术为关键点,重点发展医药业前端研发和后端检验检测、服务外包、仿制药研制和产业化等。新材料产业重点发展纺织新材料、金属合金材料、高性能复合材料、新型节能材料等与区域产业结构优化发展关联度高的新材料行业,鼓励和扶持高分子材料、石墨材料、陶瓷材料、超导材料、新型包装材料等发展。

绿色食品产业向高档次、大规模发展,做大做活食品精深加工,大力发展新型保健食品、休闲食品、方便食品等产业,促进农产品转化增值,拓宽食品工业发展空间。

(2)做大现代服务业。强化现代服务业兴区发展导向,加快构建现代服务业发展新体系,全面提升现代服务业层次和水平,到2020年实现服务业增加值超千亿元。

加快发展文化创意产业。依托江南水乡、滨湖特色、丝绸文化、运河文化等优势,突出绿色开发、集约开发、特色开发,发展创意文化、会议会展产业,通过载体项目、资源转化、跨界融合、引导支持等方面的强化,推动文化与科技、金融深度融合,促进文化创意产业跨越式发展,使文化创意产业成为新支柱产业。

重点发展生产性服务业。创新发展金融服务业,支持引进金融分支机构,发展互联网金融,加快推进村镇银行、民营银行发展,稳步发展融资租赁、融资担保,培育壮大创业投资、风险投资,全力推进企业上市、债券发行,健全现代金融服务体系。加快发展商务服务业,大力引进职能总部和区域总部,发展会计审计、人力资源、咨询评估、律师经纪和专利代理等职业中介机构，形成种类齐全、分布合理、操作规范的商务服务体系。大力发展互联网产业，推进互联网企业跨界融合发展，重点引进和培育互联网企业，发展 TMT、移动互联网、网络游戏、网络数字安全、数字化服务等产业，大力推进苏州湾科技城、汾湖中移动数据中心建设，探索建立 TMT 示范产业园。培育壮大现代物流业，培育和引进第三方、第四方物流企业和大型现代物流企业，围绕吴江开发区、盛泽、汾湖、平望四大物流枢纽，推进物流基地多功能建设，以推广多式联运、甩挂运输为重点，以提升物流信息化进程、发展物流网为手段，建成标准化、信息化、专业化、现代化物流网络体系。积极发展服务外包业，重点发展离岸和在岸外包，做大业务流程、信息技术和知识流程外包产业规模，建设服务外包示范区。

着力发展生活性服务业。提升现代商贸业能级，提升各级商业中心能级，改造提升专业市场，推进社区商业设施、特色商业街、城市综合体建设，培育新型商贸业态，构筑高效通畅的现代商贸服务体系。加快发展电商云商，推进商业体验服务、移动网络销售、提供消费解决方案、自助服务等各类新型业态的集聚；促进同城电商、3D 虚拟商城、无店铺销售、APP 项目等电子商务应用；依托主体集成化 O2O 模式、云模式，提供适于各年龄段及各类消费人群的个性化、特色化、定制式的新兴生活服务。大力发展健康服务业，依托云电视、互联网、大数据、移动技术，重点扶持康复医疗、老年护理、个性化健康检测评估、养生保健等健康产业，积极开发与健康管理相关的商业健康保险产品，逐步形成沿太湖和汾湖的健康服务业集聚发展。促进教育产业发展，大力发展互联网＋教育，培育发展教育信息化产业，促进产教融合发展；围绕教育领域民生需求，推进民办教育发展；配合产业转型升级的需要，加大职业教育培训力度，促进职业教育多元化、社会化发展，做强苏信学院，深化校企联动和对外交流合作。

（3）做优现代农业。打造生态优先、产业连片、辐射成圈、梯度发展的现代农业新格局，形成经济高效、产品安全、资源节约、环境友好、技术密集、功能多样的现代农业发展模式，实现农业由数量型向质量型、生产型向生态型、产品型向服务型转变。

保护发展空间。优化完善"四个百万亩"保护机制，严格落实优质水稻 20 万亩、特色水产 30 万亩、高效园艺 14.9 万亩和生态林地 15.1 万亩的现代农业发展空间，确保空间总量不减少。按照统筹规划、分工协作、集中投入、连片推进的思路，拓宽资金渠道，加大投入力度，大规模推进高标准农田建设。保障现代农业发展空间，提升耕地质量，大力发展循环农业，减轻农业面源污染。优化提升优质水稻、特色水产、高效园艺和生态林地等四大主导产业，大力推进水稻复垦扩种，拓展农业功能，推进农业转型升级。

提升发展水平。按照科技化、信息化、现代化、设施化、生态化的要求，大力提升现代农业装备和技术水平，确保机插秧率、机械化水平、现代化水平等各项指标在省级层面保持领先地位。加快土地集中流转，发展家庭农场，加强信息农业建设，健全农产品市场体系，确保安全质量。推进"一核七片"现代农业园区建设，形成一批结构合理、设置配套、功能完善、合作开放的现代农业园区。深化拓展"农业现代化十大工程"，国家现代农业示范区综合水平力争进入全国前10强。

（4）促进现代旅游方式转变。大力发展生态旅游文化产业，以西部东太湖生态旅游度假区、南部丝绸商贸文化旅游区、东部水乡古镇休闲旅游区为核心，整合资源、集聚发展，开发古镇休闲、滨水度假、乡村体验、丝绸文化等特色旅游产品，致力于将吴江打造成古镇旅游新高地、度假旅游新天地、乡村旅游新领地。

推动多种旅游产品融合并向全域旅游转变，由单一水乡古镇观光向水乡人居环境旅游发展，从观光旅游为主向以古镇观光体验、度假休闲为主体，辅以商务旅游、文化旅游和购物旅游等类型的复合型旅游产品发展，建设围绕水乡名镇的休闲度假、观光体验的旅游胜地。松陵城区：通过东、西成片开敞式绿楔，将滨太湖和同里绿色开敞空间引入城区，并通过苏州河、京杭大运河连通安惠港、牛腰泾河——西塘河——大江河形成环抱城区的环状滨水绿地。最终形成以太湖为依托，以骨干水系为纽带，以城市公园为核心，以街头绿地、广场、小游园、单位附属绿地为节点的多核均布环网状布局模式。盛泽城区：以周边桥北荡、蚬子荡、长荡、野河荡等众多湖荡作为城市生态背景，通过城区内的河网绿地与这些生态绿地沟通，以京杭大运河、红溪河为轴线，以镜湖公园、目澜州公园、郎中荡公园、新城公园为核心，构筑"水绿相依、收敛有致、网状连接、块状镶嵌"的绿色空间系统。

（5）完善开放型经济体系。坚持区域协调、内外联动，全面加强对接国家级自贸区，积极融入长三角一体化、长江经济带和"一带一路"国家战略，努力开创吴江开放型经济新格局。

积极参与全球分工体系。实施国际国内双向开放战略，加快构建开放型经济新体制，大力提升国际竞争力水平。加快转变外贸发展方式，推动利用外资内涵式发展，加大产业链高端招商引资力度，引导外资投向先进制造业和现代服务业。加强对外合作，鼓励企业开展境外投资，为企业进入境外市场提供便利和指导。培育一批跨国企业，推进境外产业合作区和产业集聚区建设。

全面加强对接国家级自贸区。推广国家级自贸试验区可复制的改革试点经验，加强吴江开发区、汾湖高新区、吴江高新区、吴江综保区等重点区域开放载体的整合优化和体制机制创新，推进以负面清单管理模式为特征的投资便利化改革，以企业征信体系建设和强化事中事后管理为重点的综合监管制度改革。建立健全便利市场采购、跨境电子商务等新型贸易方式的体制，全面实施单一窗口和通关一体化。深度融入长三角一体化格局。主动协同上海新一轮发展，主动参与长江经济带建设，积极对接长江经济带沿线区域，加强与沿线城市产业合作与互动，推进汾湖与上海相邻地区、盛泽和桃源与浙江相邻地区的融合发展，开展在产业功能、基础设施、市场和要素资源等领域的分工协作，推动综合保税区、物流园区、开发区等区域与长江中上游区域共建产业园区、物流平台、信息平台、资金平台，实现优势互补、共同发展。

积极对接国家对外开放战略布局。抓住"一带一路"国家战略机遇，拓展对内、对外开放新空间。加快完善物流新通道，加强与丝绸之路经济带沿线国家和地区的经贸交流合作。创新贸易合作方式，着力促进优进优出，推动外贸以质取胜和品牌国际化、市场多元化，加快加工贸易转型升级，扩大一般贸易规模，不断提高高附加值产品和服务出口比重，使外贸结构与产业结构调整优化相匹配。重点推进东方丝绸市场争取商务部内外贸结合商品市场试点，探索纺织品期货贸易，打造东方丝绸市场·盛泽云纺城。不断扩大与"一带一路"沿线国家的投资与贸易合作，推动纺织、机械制造等产品的出口。

（三）城镇现代化生态文明治理体系建设方面

推进包括资源环境生态空间在内的生态文明治理体系建设是提升国家治理能力的重要方面，也是实现绿色发展和生态文明的重要保障。绿色发展与城镇化具有内在一致性，基于治理能力和治理体系现代化建设的资源环境生态空间系统是现代城镇绿色可持续发展的基础。吴江在推进新型城镇化和生态文明融合发展过程中，应主动适应我国经济发展新常态，从推进资源环境生态空间治理体系建设和治理能力提升角度出发，重点加强生态文明制度体系建设，尤其是生态文明目标评价考核制度、资源生态环境空间红线管控制度、环境治理与生态补偿制度、生态环境保护责任追究制度和环境损害赔偿制度等，将生态文明理念贯穿于主体功能区规划实施和绿色城镇化进程，大力实施重点区域、重点领域改革，努力构建绿色生产方式、生活方式和消费模式，走以人为本、绿色低碳的新型城镇化道路，打造资源节约型、环境友好型新型城市，打响吴江的生态品牌。

到2020年，生态文明制度体系和资源生态环境空间治理体系逐步完善、治理能力得到提升；建立并初步实施能够体现生态文明要求的目标体系、考核办法、奖惩机制；建立起能够体现资源环境生态红线管控要求的政策机制，资源消耗上限、环境质量底线、生态保护红线划定工作完成并得以初步实施；环境治理与生态补偿、生态环境保护责任追究和环境损害赔偿等制度体系逐步完善。

到2025年，生态文明治理体系和治理能力实现现代化转型、成为样板；生态文明目标评价考核管理制度进一步完善，基本实现将资源消耗、环境损害、生态效益纳入经济社会发展评价体系；真正建立起源头严防、过程严管、责任追究的资源环境生态管控制度体系，资源消耗上限、环境质量底线、生态保护红线制度得以严格执行。

专栏2

吴江现代化生态文明治理体系建设内容之一：
加强资源环境生态红线管控制度建设

为贯彻落实中共中央、国务院《关于加快推进生态文明建设的意见》中严守资源环境生态红线的有关要求，结合国家发展改革委等9部委印发《关于加强资源环境生态红线管控的指导意见》，需要统筹考虑资源禀赋、环境容量、生态状况等基本国情，根据我国发展的阶段性特征及吴江城镇化建设的需要，合理设置红线管控指标，构建红线管控体系，健全红线管控制度，保障能源资源和生态环境安全，倒逼发展质量和效益提升，构建人与自然和谐发展的现代化建设新格局。资源环境生态红线管控是指划定并严守资源消耗上限、环境质量底线、生态保护红线，强化资源环境生态红线指标约束，将各类经济社会活动限定在红线管控范围以内。吴江应基于严格管控、保障发展，分类管理、因地制宜，部门协调、上下联动，立足当前、着眼长远的基本原则，开展相关工作。

设置管控指标。设定资源消耗上限。合理设定全国及各地区资源消耗"天花板"，对能源、水、土地等战略性资源消耗总量实施管控，强化资源消耗总量管控与消耗强度管理的协同。严守环境质量底线。以改善环境质量为核心，以保障人民群众身体健康为根本，综合考虑环境质量现状、经济社会发展需要、污染预防和治理技术等因素，与地方限期达标规划充分衔接，分阶段、分区域设置大气、水和土壤环境质量目标，强化区域、行业污染物排放总量控制，严防突发环境事件。环境质量达标地区要努力实现环境质量向更高水平迈进，不达标地区要尽快制定达标规划，实现环境质量达标。划定生态保护红线。根据涵养水源、保持水土、防风固沙、调蓄洪水、保护生物多样性，以及保持自然本底、保障生态系统完整和稳定性等要求，兼顾经济社会发展需要，划定并严守生态保护红线。目标在2020年以前根据国家要求，结合地方实际划定生态红线，经过一段时间的理论和实践检验，在2025年完全确定边界并严格遵守。

建立管控制度。加快建立体现资源环境生态红线管控要求的政策机制，形成源头严防、过程严管、责任追究的红线管控制度体系。建立红线管控目标确定及分解落实机制，完善与红线管控相适应的准入制度，加强资源环境生态红线实施监管，加强统计监测能力建设，建立资源环境承载能力监测预警机制，建立红线管控责任制。目标在2025年将资源环境生态红线管控纳入地方政府和领导干部政绩考核体系，并作为党政领导干部生态环境损害责任追究的重要内容，对任期内突破红线管控要求并造成资源浪费和生态环境破坏的，按照情节轻重，从决策、实施、监管等环节追究有关人员的责任。

组织管控实施。加强组织领导：地方有关部门要严格目标管理，明确任务分工，建立协调机制，切实将红线管控要求落到实处重大问题及时向国务院报告。明确部门工作重点：发展改革部门牵头负责管控能源消耗上限，划定森林、水流、湖泊、湿地等领域生态红线；国土资源部门牵头负责管控土地资源消耗上限、划定永久基本农田、自然生态空间征（占）用管理工作；环境保护部门牵头负责管控环境质量底线，依法在重点生态功能区、生态环境敏感区和脆弱区等区域划定生态保护红线；水利部门牵头负责管控水资源消耗上限。其他相关部门根据工作职责，参与资源环境生态红线管控方面的政策制定、制度设计、监督管理、考核问责、信息公开等工作。鼓励公众参与：各部门、各地区要及时准确发布资源环境生态红线有关信息，有效保障公众知情权和参与权。健全公众举报、听证和监督等制度，发挥好民间组织和志愿者的积极作用，形成政府、企业、社会齐抓共管的良好工作局面。

（四）城镇绿色生活体系建设方面

城镇绿色生活体系的概念包含了优美的人居环境、完善的交通等基础设施建设、稳定良好的生态社会环境以及低碳、环保生态意识，是生态文明建设在城镇社会发展中的体现，其和谐程度也是衡量城镇生态文明建设水平的重要因素。同时，生态文明建设需要全社会的共同参与、齐心协力，尤其需要社会各界的监督，为此需要积极建立健全生态文明建设社会监督体系，重点推进监督主体的多元化，正视非政府组织的积极作用，重视生态文明建设专家咨询，发挥各级各类媒体监督作用，大力监督手段和方式不断创新。加强生态文明宣传教育，增强全民节约意识、环保意识、生态意识。

到2020年，基本建成"陆路畅通、水上无阻"的绿色综合交通体系，形成绿化率高、洁净卫生、基础设施完善的绿色人居环境，参与生态文明建设，培育形成体现吴江生命力、凝聚力和创造力的城市生态文化，生态文明宣传教育和公众参与生态文明建设相关机制和政策逐步完善，建立起包括应对环境突发事件在内的城市生态安全保障体系。

到 2025 年，完全建成"水陆畅通、四通八达"的绿色综合交通体系，进一步打造绿色清洁、基础设施集约、群众满意度高的绿色人居环境，培育起颇具特色和影响力的城市生态品牌和文化形象，全民意识，公众生态文明意识显著增强，真正实现生态文明建设公众参与多渠道、多方式、多元化，城市生态安全保障能力得以进一步提升。

专栏3

构建吴江绿色生活体系的重点措施

（1）发展绿色综合交通体系。现代化的综合交通网络是连接城市各要素的枢纽，是实现产城融合最重要的基础设施。吴江在推进新型城镇化时，应将交通体系建设成快速、便捷、绿色、安全、连续连接区内区外的四通八达的出行网络，促进城乡一体化；而为了满足建设生态文明的需求，还应发挥各种交通工具的优势，取长补短，分工协作，在资源最节约的条件下优化配置运输需求和运输服务，挖掘各运输环节的潜力，实现效率和效益最大化、无缝衔接的现代交通体系。即现代交通体系除了考虑传统的运输功能的分工和结构以外，还要考虑资源节约、系统功能整合和集成，充分考虑可持续发展原则和最大限度满足各类群体公众利益和权益。

具体来说，吴江未来应努力构筑沟通国际（航空）、通达全国、覆盖区域、市内通畅的综合交通体系。加强与科研单位的合作，在信息技术为核心的高新技术的支撑下，设计吴江的现代化综合交通运输体系，并进行试点工作。完善辖区内高速公路路网和国省干线公路路网互连互通配套，建成连接苏州城区的轨道交通，深度融入苏州，并在 2025 年争取深度融入长三角发展格局。进一步提高县级公路覆盖率，努力实现 2020 年"30 分钟上高速、90 分钟通全区"和 2025 年"20 分钟上高速、60 分钟通全区"的目标。江河水运联网通畅，干线航道网络布局合理、层次分明，水路货运周转量提升 50%。完成通用机场规划和布局选点和建设工作。努力完善物流新通道，不断扩大与丝绸之路经济带沿线国家和地区进行经贸交流合作，积极对接"一带一路"的国家对外开放战略布局。

（2）打造绿色舒适人居环境。随着经济实力的增长和生活水平的提高，人们对城市在景观、人文、经济、建筑、交通、环境和生活质量方面的要求越来越高。城市建设不仅要体现科技进步，更要注重以人为本，创造更多的适宜环境，满足城市居民的生理心理需要和人居环境的可持续发展。吴江应始终坚持生态优先战略，扎实推进生态文明建设，着力改善生态状况，不断提高环境容量，积极构建优美人居环境，为广大人民群众提供良好的生活环境。

一要发展绿色空间。人居环境的改善，主要依赖绿色事业的发展。扩大绿色空间不但有益于居民的身心健康，使居民心理上产生舒适愉悦感，提高居民的生活质量，还能改善市容市貌，提升城市的整体形象和区位竞争力、发展力。结合垂直绿化、屋顶绿化等手段，目标在 2025 年，吴江城市建成区绿化覆盖率达 45%。

二要使城市垃圾处理生态化。城市经济的快速发展和城市人口的迅速增加带来了城市垃圾产生量的持续增长，对城市文明和人居环境质量带来巨大的威胁和压力。吴江应通过制定相关政策法规，加强对垃圾排放、处理回收利用的管理，引进、开发和推广垃圾减量化、无害化和资源化的先进处理技术，同时运用市场机制，实行垃圾排放收费制度，培育垃圾处理产业，使城市垃圾处理基本实现生态化。目标在 2025 年，吴江全区生活垃圾无害化处理率达 98%。

三要改善农村人居环境。切实抓好农村环境卫生综合整治工作，将环境卫生综合整治纳入常态化，在打造示范点的基础上，实现以点带面，全面推进环境卫生综合整治，并积极争取市、区支持，做好植绿护绿，实施生态治理，建立长效机制，延续村容村貌整治成果；将深入开展好"清门户、除垃圾、保畅通、还路权、美家园"路域环境专项整治工作；建设农村集中供水、排水沟渠和污水处理设施及消防设施，加快建设生活宽裕、环境优美、特色鲜明、舒适宜居的美丽吴江。

四要定期开展居民生活满意度调查。为了深入了解吴江居民生活状况、对当前吴江新型城镇化和生态文明建设融合发展的工作态度，以对进一步工作的方向提供建议指导，需要每年定期开展居民生活满意度调查，目标在 2025 年实现居民满意度达 98%。

（3）建设城镇民生保障体系。吴江推进新型城镇化与生态文明融合发展的核心，便是提高吴江人民的生活水平，让吴江人民生活得更安全、更舒心。而持续投入的民生保障体系，则能让需要保障的人民生活得更有保障、更有尊严。养老保障、社会保障必须落到实处，并且密切关注群众需求，让政府和群众各得其所。吴江应加快推进城乡空间布局、基础设施建设、产业发展、劳动就业和社会保障、社会发展、生态环境建设的一体化步伐，减小城乡差别，增加居民收入，实现公共服务均等化，城乡居民收入年均增长 10% 以上；城镇登记失业率控制在 3 以内；优质教育资源全覆盖，目标到 2025 年高等教育毛入学率达到 75%；城乡医疗保险和居民养老保险均实现全覆盖；水、电、路、通信实现全覆盖；社会保障实现全覆盖，并对认定的就困人员建立就业档案，对其受资助情况和未来的就业情况进行登记，推行以小额担保贷款和就业培训代替无偿补贴；住房保障覆盖面平均达到 20% 左右。

（4）培育城市特色生态文化。建设城市文化品牌是打造品牌城市、提升城市形象、推动城市发展的重要途径和战略举措，而在生态文明建设的背景下，生态文化更成为城市文化品牌的重点。目前，"家在苏州，乐居吴江"为吴江正在使用的城市主题，"江南何处好，乐居在吴江"为城市品牌，"吴风越韵，精诚致远"为城市精神，此外还有"东太湖之滨""丝绸之都""诗词之乡""散文之乡"等文化品牌。总体来说，吴江城市文化底蕴深厚，新型城镇化建设和生态文明建设正健康地发展，但已有城市标语尚未凝练出体现吴江城市活力、凝聚力、生命力和创造力的核心生态文化内涵。目标在 2020 年，着手培育城市特色生态文化，侧重点在于挖掘和宣传地方生态条件特色和绿色产业特色，并开展相关配套工作。如提升文化软实力、努力完善生态文明建设，加强社区与社团文化建设、营造和谐社会文化基础，培育城市生态、构建新型城市形象，落实人才发展战略、培育城市特色生态文化健康氛围，开展专业性和大众性的科普推广活动，以新生态文化观念促进城市生态文明建设和文化繁荣。目标在 2025 年，开展城市特色风貌建设，要通过城市特色风貌展示良好的城市形态和城市形象，完全形成既能对外体现吴江生态和发展特色、提升吴江"软实力"，又能与旅游业、特色支柱产业、文化产业、绿色产业的发展紧密结合的吴江生态文化名牌。

（5）完善城市安全保障体系。生态文明建设是构建和谐社会的有效途径，而社会稳定又是生态文明建设的前提保障。近年来，随着经济社会的快速发展，资源环境问题凸显，环境突发性事件时有发生。从根本上来说，这是由当前工业化、城镇化快速发展，经济增长方式比较粗放，行业企业的结构性、布局性环境风险比较突出导致的。环境污染总体恶化的趋势尚未从根本上扭转，主要污染物排放总量大大超过环境容量，生态系统更加脆弱，历史积累的环境问题尚未完全解决，新的污染问题又不断产生。这些因素决定了突发环境事件高发、环境安全形势严峻的态势在短期内难以根本改变。为应对这一局面，吴江应通过逐步建立健全突发环境事件应急机制（目标在 2025 年完全建成），提高政府应对涉及公共危机的突发环境事件的能力，以保障公众生命财产安全。

应急职守和信息报告。一是坚持做好日常应急职守，在应对重大及敏感突发环境事件过程中，均应在接报后 1 小时内开展调度报告工作，并做到 24 小时在岗职守，为妥善处置突发环境事件提供坚实保障。积极拓宽信息收集渠道，与当地媒体企业、通讯企业协商将重要环保、应急方面相关资讯推送至工作人员和市民的手机，保障突发信息的有效收集和传输。二是加强敏感时期应急职守，节假日、大型活动开展时期等人流密集时，应制定相关时期环境保护突发环境事件应急预案，加强规范内部应急处置工作，减少环境群体性事件。三是严格执行信息报告制度，及时上报有关环境事件的环境保护部门值班信息，和事件汇总分析季报，查找问题，总结经验，部署下一步工作。四是建立完善重污染天气信息报告制度，要求各级环保部门强化重污染天气信息汇总分析，抓好工作落实，按季度对吴江重污染天气信息报告工作进行通报，督促其规范报告工作，保障报告及时、准确。五是加强突发环境事件信息公开工作，指导地方加大力度、创新方式、完善制度、切实做好突发环境事件的信息公开。定期对突发环境事件进行汇总分析，主动公开有关应对处置情况。

突发环境事件风险防控。一要重点开展饮用水环境安全保障，从责任认定、整改措施落实、环境应急管理、饮用水水源保护部门等方面进行全面深入的督察，督促地方政府、有关部门和涉事企业做好整改落实工作。二要加强尾矿库环境风险管理，从风险控制、应急准备和应急处置等方面，指导企业做好尾矿库环境应急管理工作。三要推进化工园区有毒有害气体环境风险预警体系试点项目，

应急预案管理。一要出台吴江突发环境事件应急预案，根据《国家突发环境事件应急预案》，结合吴江实际，重点规范突发环境事件应对工作，明确启动原则、指挥机构，细化响应级别和响应程序。二要编制《吴江企业事业单位突发环境事件应急预案备案管理办法》，进一步规范企业事业单位编制完善突发环境事件应急预案和备案工作，为政府及环保部门制定突发环境事件应急预案夯实基础。还要编制《吴江企业突发环境事件风险评估指南》，规定企业突发环境事件风险评估的内容、程序、方法、一般要求及等级划分方法，用于指导企业开展突发环境事件风险评估。三要完成吴江区重污染天气应急预案，强化对重污染天气应急预案管理指导。

环境应急演练。一要组织开展多种形式的环境应急演练，包括无脚本盲演，全方位、多角度提升演练水平和实战能力。二要针对大气重污染、饮用水重污染事件的应急处置，重点演练预警会商、预警信息制作发布、应急响应措施落实等内容。三要开展桌面演练于实战演练相结合。四要注意与公安、消防、医疗、卫生、环保、交通、气象等部门组织联合演练，提升协同配合能力。

应急联动机制建设。深化同交通运输部门应急联动，加强水运危化品运输监管，加强同市级、省级安全监管部门的应急联动。

优先发展绿色社区，实施绿色建筑计划。全面实施绿色建筑标准，广泛采用无污染、可降解的环保建筑材料，重点开发建设无废、无污、能源能实现一定程度自给的新型住宅，探索构建住宅内外物质能源系统良性循环；加快既有建筑节能改造，大力推广绿色建筑，到 2020 年城镇绿色建筑占新建建筑比重达到 50%，2025 年达 70%。加快实施美丽宜居环境建设行动计划，实施宜居环境建设行动计划，高标准配套垃圾分类回收利用系统，加强城市固体废弃物循环利用和无害化处置，到 2020 年基本实现全民生活垃圾分类，城市生活垃圾无害化处理率达 100%。引导社区居民提倡绿色生活和绿色消费，建

立完善的社会区环境管理体系和公众参与机制，培育富有生态内涵及艺术内涵的社区文化，奠定绿色社区可持续发展基础。此外要尤其加强农村环境保护，珍惜自然禀赋，加强农业面源污染防治，实施污染耕地修复项目、推进农村垃圾、污水处理，加大畜禽养殖污染防治力度，加强农村河道疏浚，恢复河道功能，保护农村水环境。发展乡村旅游和休闲农业，生态旅游创造的增加量持续增加，创建生态文明示范村。

二、融合发展的可行性分析

（一）发展基础分析

近年来，尤其是"十二五"期间，吴江区发展取得累累硕果，为城镇化与生态文明融合发展奠定了坚实基础（具体取得的成效请参看第四章内容）。究其原因，一方面，吴江注重将国际化先进理念融入城市发展规划，非常重视全民参与，拥有敢于牺牲短期经济利益的决心和执行力以及稳定的财政投入等；另一方面，还得益于吴江区自身的诸多优势，包括自然条件优越、生态承载力强，地理边界清晰、具有多中心、极具特色的小城镇分散发展模式，文化底蕴深厚、生态环境保护观念影响深远，区位优越明显、位于世界级都市连绵区中心位置，这些都在一定程度上助推吴江实现产城融合发展、环境质量改善、产业结构升级、综合实力提升。

同时，也清醒认识到，吴江经济社会发展还存在许多不足和问题，主要体现在：体制机制有待深化，撤市建区后的管理体制机制仍需完善，多元的公共服务供给格局尚未形成，简政放权步伐需进一步加快；经济下行压力加大，创新能力不够，产业转型升级任务艰巨，优势产业、新兴产业亟待做大做强；城乡发展仍有差距，城乡一体化建设中的体制机制问题有待深化改革；资源环境约束日益凸显，生态建设任重道远；民生改善压力加大，人口老龄化加快，民生事业发展水平与人民群众需求还有较大差距。这些问题也成为下一步实现吴江生态文明与新型城镇化高度融合发展面临的突出障碍，亟待高度重视。

（二）发展环境分析

未来5到10年，尽管国际国内形势仍存在许多不确定因素，吴江经济社会发展面临诸多矛盾叠加、风险隐患增多的严峻挑战，但总体处于"可以大有可为的重要战略机遇期"。

从国际形势看，世界经济步入艰难复苏阶段，新兴经济体和发展中经济体贸易整体呈现下降趋势，全球产业发展格局面临重构，技术、模式、业态等的创新发展成为主流，更加强调产业的融合发展、产业链的延伸和产业质效的提升。产业发展模式改变、外需不稳定、创新压力加大，迫切要求吴江主动适应全球经济与贸易发展变化，主动转变经济发展方式，加速转型升级、加强创新驱动、促进融合发展，全面提升综合竞争力。

从国内形势看，国家将在经济新常态背景下，加强资源环境底线约束，协调推进"全面建成小康社会、全面深化改革、全面依法治国、全面从严治党"的战略布局。国家的新要求和新战略将为吴江经济社会发展提供良好的发展环境，引导吴江加快全面深化改革、加速释放改革创新红利、坚持绿色低碳的可持续发展模式。

从区域形势看，"一带一路"和长三角一体化两大国家战略的实施，将深化区域内创新要素加速流动与整合、城市间的产业分工与协作，特色化竞争将进一步凸显。吴江身处于"一带一路"交汇点和长三角黄金腹地，可以充分利用这两大对内对外开放的大平台，主动融入江苏省陆海双向开放的新格局，承接上海等核心城市产业辐射，整体纳入苏州经济社会发展大局，积极打造苏南国家自主创新示范区核心区。

从吴江形势看，撤市建区后第一个规划期，将在充分接受来自江苏省、浙江省、上海市三方资源支持和制度创新红利辐射的同时，加快与苏州主城区在交通、产业、社会等领域的融合发展，全面深化体制改革，加快产业结构战略转型，更好地保障和改善民生，坚定绿色环保发展理念，抢占新一轮竞争制高点。

(三)发展机遇分析

"十三五"时期，吴江将进一步融入苏州，城区核心特征将更加显现，城区功能特色将更加突出，将迎来全新的发展机遇。

体制改革进入全面深化期的机遇。"十三五"时期，吴江将把全面深化改革作为经济发展的重要增长动力，在重要领域和关键环节上取得决定性成果，确保吴江撤市建区后与苏州市在制度层面上无缝衔接。着力处理好政府和市场的关系，使市场在配置资源中起决定性作用。坚持依法行政，营造法治环境，让法治成为吴江核心竞争力的重要标志，实现可持续全面协调优质发展。

城市软实力进入快速提升期的机遇。"十三五"时期，吴江将把城市软实力的提升作为主攻方向，在城区形态、文化软实力、人力资本软实力等方面加大建设力度，推动吴江进入城市软实力快速提升期。打造高水准的现代化城区新形象，提升城市发展内生动力，促进社会公平正义。

产业结构面临转型突破的机遇。"十三五"时期，吴江将加快制造业产业基地、现代服务业集聚区建设，推动产业向价值链两端延伸，提高产业的国际化程度，促进二三产业的融合发展，实现产业提质增效、结构优化。农业实现接二连三，工业向"智造"转变，服务业快速发展，城市功能更加完善，推进产城融合。

社会民生改善步入加速阶段的机遇。"十三五"时期，吴江将进一步加强改善民生和提升保障水平，形成多元的公共服务供给格局，逐步实现基本公共服务向常住人口覆盖，着力提升区域社会领域发展水平，缩小城乡差距，实现发展成果更多更公平惠及全体人民。

绿色发展理念更趋完善的机遇。"十三五"时期，吴江将坚持生态优先，加大生态环境保护和环保产业发展力度，加快吴江经济发展方式转变和产业结构优化调整，将绿色理念全面融入城市发展，着力打造生态之城、绿色之城、乐居之城。

三、融合发展的风险分析

尽管吴江区发展基础夯实，但复杂的国内外形势以及吴江自身发展仍然存在的诸多不确定因素，使得吴江在实现未来城镇化与生态文明高度融合发展过程中仍面临一些不确定性和困难，主要表现在四个方面（图33）。

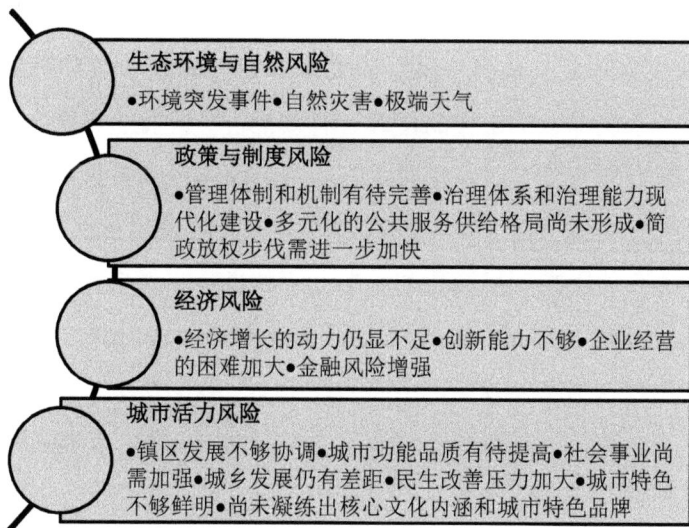

生态环境与自然风险
●环境突发事件●自然灾害●极端天气

政策与制度风险
●管理体制和机制有待完善●治理体系和治理能力现代化建设●多元化的公共服务供给格局尚未形成●简政放权步伐需进一步加快

经济风险
●经济增长的动力仍显不足●创新能力不够●企业经营的困难加大●金融风险增强

城市活力风险
●镇区发展不够协调●城市功能品质有待提高●社会事业尚需加强●城乡发展仍有差距●民生改善压力加大●城市特色不够鲜明●尚未凝练出核心文化内涵和城市特色品牌

图33 吴江新型城镇化与生态文明高度融合的风险

（一）生态环境与自然风险

突发的生态环境事件或自然灾害往往难以预料，风险巨大，可能导致吴江资源环境承载力急剧下降，影响新型城镇化和生态文明建设的融合发展。

一是环境突发事件。目前吴江的环境污染形势虽然得到有效控制，但环境质量相较高标准仍有较大差距。伴随吴江城镇化的快速推进，如果环境治理能力跟不上，很有可能会出现环境质量退化、部分区域污染物排放大大超过环境容量的状况，导致生态系统破坏或退化，甚至引起环境群体性事件。例如，2007年突发的太湖蓝藻事件严重影响了太湖周边地区的用水安全和生态安全。冰冻三尺非一日之寒，蓝藻事件的爆发主要与太湖沿岸污染物的排放有关。此外，人类活动排放的污染物导致空气质量恶化、水质恶化、土壤功能受损等，都将直接影响当地居民生命健康安全，使得当地资源生态环境承载力下降，影响吴江的可持续发展。

二是自然灾害。吴江地处典型季风气候的长江流域下游，洪灾存在一定不确定性，其除了影响农业生产外，也是对城市排水系统的巨大考验，要特别注意城市排水设施的配套和升级。

三是极端天气。全球气候变化背景下极端天气时有发生，其所蕴藏的风险也不可忽视，如冬季极端寒冷造成农作物减收、城市建成区绿地损坏、能源供给紧张等问题。

（二）政策与制度风险

推进城镇与生态文明融合发展，需要高起点的规划引领和强有力的政策与制度保障，以此来确保该项工作的持续、有效推进。目前，吴江撤市建区后的管理体制和机制还有待完善，城镇资源生态环境治理体系和治理能力现代化建设步伐缓慢，多元化的公共服务供给格局尚未形成，简政放权步伐需进一步加快等，这些风险点都有可能影响到城镇化与生态文明的进一步融合发展。此外，由于吴江区正在推进全面深化改革，各方面政策制度创新以及所开展的试点探索与实践，很可能会出现与国家、省、市层面的政策不一致的情况，甚至出现改革举步维艰、前功尽弃。为此，必须要及时学习、跟进国家、省、市层面的政策，与相关部门保持密切联系与良性沟通，尽力营造与吴江改革创新发展配套的良好政策环境，否则上层政策将极有可能对吴江的改革实践起阻碍作用。最后，改革不是一朝一夕便能完成的，需要循序渐进的、持续的政策保障，而当区领导换届时，若彼此对改革理念、工作重点等方面存在认知差异，也将会严重影响工作方向和连续性。

（三）经济风险

经济稳健增长是新型城镇化和生态文明融合发展的物质基础，人民富裕是新型城镇化和生态文明融合发展的终极目标之一。目前，全球经济复苏乏力，国内经济更是步入增速逐年放缓的"新常态"，整体形势不容乐观，未来可能更加严峻。在此背景下，全球产业发展格局面临重构，技术、模式、业态等的创新发展成为主流，更加强调产业的融合发展、产业链的延伸和产业质效的提升。而包括吴江在内的江浙地区在经济发展、技术创新、制度改革等诸多方面领先于国内，因此，不同于以往，当前形势下吴江面临的问题已是全球性难题——技术如何创新？产业如何转型升级？绿色产业如何发展？等等。然而，现阶段，吴江经济增长的动力仍显不足，创新能力不够，企业经营的困难加大，金融风险增强，优势产业、新兴产业亟待做大做强，综合竞争力亟需提高。为此，宏观经济风险所引起的产业发展模式改变、外需不稳定、创新压力加大，迫切要求吴江主动适应全球经济与贸易发展变化，主动转变经济发展方式，加速转型升级、加强创新驱动、促进融合发展，全面提升综合竞争力。

（四）城市活力风险

"活力"是指一个城市、区域或国家对于生命机能、生态环境和经济社会的支持程度。经济活力、社会活力、环境活力以及文化活力等共同构成了整个城市活力体系，其中，城市主导功能的科学确立是城市活力得以产生的基础，城市文化传统特色是城市活力增强的源泉，城市环境优化是城市活力可持续增强的最大资源和资本，城市基础设施的配套与完善是城市活力得以保持的重要条件，城市市民素质的全面发展是城市活力实现的前提。因此，城市活力也可以被理解为维持城市协调运转的血脉，维持城市构成要素之间和谐关系的润滑剂，以及经济社会又好又快发展的重要参照。

就吴江而言，城市活力意味着其拥有充满活力的经济、悠久的历史文化、优美的城市风光、独特的民俗风情、积极向上的精神风貌、富有创造力的城市建设和深远的区域影响力等。然而，在当前经济社会不断发展背景下，尽管吴江已具有一定基础，但其提升城市活力的压力依然存在：目前镇区发展水平仍不够协调，资源要素遭遇瓶颈制约，创新驱动能力有待强化，城市功能品质有待提高，社会事业尚需加强，财政增收困难与社保等刚性支出快速增长的矛盾更加突出；城乡发展仍有差距，城乡一体化建设中的体制机制问题有待继续深化改革；民生改善压力加大，人口老龄化加快，外来务工人员社会保障欠缺，民生事业发展水平与人民群众需求还有较大差距；城市文化底蕴深厚，但特色不够鲜明，尚未凝练出体现吴江城市活力、凝聚力、生命力和创造力的核心文化内涵和城市特色品牌。以上风险的存在，不可避免会导致城市功能、城市文化、城市民生、城市环境出现与人民群众日益增长的物质文化需求不一致的情形，势必造成城市活力丧失，发展僵化，需要在广泛了解国内外城市发展经验基础上，进一步深化改革，寻找新的方向。

第六章 吴江新型城镇化与生态文明融合发展的对策建议

贯彻创新、协调、绿色、开放、共享的发展理念，坚持以人为本、科学发展、改革创新、依法治市，转变城市发展方式，完善城市治理体系，提高城市治理能力，着力解决城市病等突出问题，不断提升城市环境质量、人民生活质量、城市竞争力，建设和谐宜居、富有活力、各具特色的现代化城市，推动新型城镇化与生态文明融合发展（图34）。

突出生态文明理念	资源节约、环境友好、生态保育、空间优化等
突出综合治理	经济社会、资源开发、生态环境的综合治理
突出多维融合	城乡发展一体化、城镇与生态融合、产城融合、五化融合、多规融合等
突出转型升级	经济升级、城镇升级、治理升级
突出联动机制	城乡联动、部门联动、上下联动
突出边界机制	明确城乡边界、严守生态红线

图34 吴江城镇与生态文明融合发展的对策建议

一、突出生态文明理念：资源节约、环境友好、生态保育、空间优化等

生态文明作为执政理念已经上升为国家战略，生态文明建设已经成为中国特色社会主义事业总体布局重要组成部分。在推进新型城镇化的过程中，应坚持因地制宜、开拓创新，把传承历史文化与弘扬现代文明结合起来，积极倡导与环境和谐共生、永续发展的生态文化。

提升生态文明理念的认知度和渗透率，形成全社会绿色发展、绿色生活的导向。充分利用广播、电视、报刊、网络等现代化的宣传工具，广泛而持久地宣

传有关生态文明建设的科普知识，使各个阶层和领域的人都能接受"人类只有一个地球，地球是人类共同家园""人类是自然的一部分""资源并非取之不尽用之不竭，地球难以承载人类无限度的生产与消费"等生态文明基本理念。在各个层级的学校课堂上开设生态环境保护的相关课程，邀请相关专家和政策制定者定期到学校讲授生态环境保护的知识，开展生态文明和可持续发展知识竞赛，组织学生到企业和相关机构参观学习，使生态文明意识教育内容系统化、形式多样化。充分利用植树节、世界环境日、世界水日、国际保护臭氧层日、中国保护母亲河日、中国土地日等环境节日，广泛开展环境知识的社会化教育和宣传，努力动员和激发广大群众积极参与环境保护的意识和热情。以环保社团、校园社团、社区和村镇团体为主体，积极推动环境保护有关的研讨和实践活动，鼓励社会各界运用合法可行的手段，采用新兴技术对企业和政府部门有关生态环境的行为进行监督，努力使全社会逐步形成保护生态环境的集体自觉和道德约束力量。

加快建设绿色能源、绿色生产和绿色消费体系。推动分布式太阳能、风能、生物质能、地热能多元化、规模化应用，提高新能源和可再生能源利用比例。鼓励机动车潜在购买者选择新能源汽车，提高新能源汽车比例。实施绿色建筑行动计划，完善绿色建筑标准及认证体系、扩大强制执行范围，加快既有建筑节能改造，大力发展绿色建材，强力推进建筑工业化。

大力推动绿色活动，宣传节约集约理念。有序推进海绵城市、生态城市建设，节约水资源，保护水生态。倡导绿色消费，增加绿色农产品供给，在节能、节水、节地、节材等各个环节全面落实节约管控措施，力戒浪费。开展节约型餐桌、公共场所禁烟、垃圾分类、绿色出行等活动，积极倡导城市绿色低碳生活。合理控制机动车保有量，鼓励绿色出行，改善步行、自行车出行条件。增加公共自行车投放力度，进一步提升新能源公交车辆的占比。加大 LNG 车辆投放力度，城区公交车全面消除"黑尾巴"。建设城市公共自行车运行系统，宣传和鼓励绿色出行。启动垃圾分类管理，为居民建立"绿色账户"，专职人员定点定时收集可回收垃圾，并按照市场价兑换给相应物品。创建"绿色学校"、国家卫生镇和美丽农村，重视生态修复和资源保护。

推动生态旅游、文化旅游线路的建设，大力保护传统文化。开展生态旅游宣传和文化节活动，吸引游客游览生态公园、自然风光，普及生态环境知识，将生态旅游与养生健身、回归自然、绿色生活等理念相融合，为生态文化的普及创造条件。注重在旧城改造中保护历史文化遗产、民族文化风格和传统风貌，促进功能提升与文化文物保护相结合。注重在新城新区建设中融入传统文化元素，与原有城市自然人文特征相协调。加强历史文化名城名镇、历史文化街区、民族风情小镇文化资源挖掘和文化生态的整体保护，传承和弘扬优秀传统文化，推动地方特色文化发展，保存城市文化记忆。注重传统民居和文物古迹保护同步，物质遗产与文化遗产保护并重，既保留古城与古镇原有的建筑形态，也保存当地居民传统的生活方式，同时还要保护民间技艺和传统小吃传承。

全面开展生态保育工程。坚持把生态文明建设作为长期性战略工程，通过生态保育更好发挥生态效益。加强对河湖、自然湿地、水源地以及生物多样性的保护，促进自然生态系统休养生息。实施河道生态修复工程和缓冲区建设工程，将传统的河道治理转变为河流生态系统修复，实施河长负责制和生态修复常态化，在人口和企业集聚区与湿地之间建设宽阔的缓冲植被区，预防水体富营养化。提升绿化造林的科学性和专业性，多选择本地植物种类，提高人造林的物种多样性。

开展空间优化专项行动。科学规划和统筹城乡空间布局，积极推进"三集中"，促进工业向园区集中、耕地向规模经营集中、农民向城镇集中。项目落地要与空间功能定位相一致，严格依据产业分工和布局来策划、引进和建设项目。园区要以完善产业链为主线，以核心企业和高成长性创新企业为依托，以产业配套为中心，以集约利用土地资源为重点，按照产品互补性强、产业关联性高的原则，实现园区内的产业集聚。分类引导"重点村""特色村""一般村"村庄建设，积极稳妥推进村庄整合、撤并工作。积极推进老城区"退二进三"工程，逐步完善基础设施和公共服务设施，提升老城区的生活居住和商贸旅游等服务功能。加快城镇棚户区和危房改造，加快老旧小区改造。全面梳理并合理处置闲置和低效利用建设用地，落实时间节地（盘活存量闲置土地）、平面节地（提高土地利用强度）和综合节地（即地下、地表、地上空间立体开发利用）三种节地模式，统筹高效配置土地资源，优化城乡空间布局，打造土地资源节约集约利用示范区。

二、突出综合治理：经济、社会、资源、环境、生态的综合治理

建立一支综合执法队伍，严格开展环境监管和行政执法。完善污染物排放许可制，实行企事业单位污染物排放总量控制制度。加大环境执法力度，严格环境

影响评价制度，加强突发环境事件应急能力建设，完善以预防为主的环境风险管理制度。对造成生态环境损害的责任者严格实行赔偿制度，依法追究刑事责任。建立陆海统筹的生态系统保护修复和污染防治区域联动机制。开展环境污染强制责任保险试点。深入贯彻落实环保法，重点对涉污企业开展专项执法检查，分门别类制定行业整治方案，严厉打击环境违法行为。严格落实大气污染防治条例，突出抓好燃煤锅炉整治、脱硫脱硝工程建设、工地扬尘、有机挥发物治理等工作，淘汰燃煤小锅炉。组织实施水污染防治行动，加强对河流沿线涉污企业的执法检查，严查严治超标排放、偷排偷放等违法行为，确保达标排放。加大对危废固废、重金属、放射源等环保监管，提高监管实效。

加强流域生态综合整治。以流域防洪安全、生态修复为目标，全面实施流域综合整治工程。把水生态建设作为重中之重，编制湖泊保护和开发利用专项规划，把湖泊划分为开发性保护湖泊、保护性开发湖泊、完全保护型湖泊，为每个湖泊定制一张"身份证"。推进湖泊河流整治，清除河流沿岸养殖网箱、养殖船只、生产船屋和码头等，搬迁沿岸工业企业，优化水质。实施畅流活水工程，加强黑臭河道专项整治，结合河道疏浚、河道沿岸经济社会治理来保证河道不再返臭。开展水生态修复工程，打通流经建成区的河流，促进河水自然流动，在不影响河道排水功能和保证安全的前提下，推动生态河道建设，还硬化河道为生态河道，引入水生植物，建立自然健康的河流、湖泊生态系统。全面推进中小河流治理重点项目，加强农村河道疏浚，恢复河道功能，改善农村面貌。加快城镇污水处理设施建设，持续提高污水接管率和有效处理率。狠抓农村生活污水处理，重点村、特色村生活污水治理设施实现全覆盖。强化水资源开发利用控制、用水效率控制、水功能区限制纳污管理。

建立严格的生活垃圾回收处理制度，深入开展垃圾分类管理。加大垃圾分类宣传管理和回收工作，加快垃圾收运体系建设。按照"谁产生、谁付费"的原则，推行城市生活垃圾处理收费制度，产生生活垃圾的单位和个人应当按规定缴纳垃圾处理费。完善废旧商品回收体系和垃圾分类处理系统，加强城市固体废弃物循环利用。城区主要有害垃圾实现100%无害化处理，确保乡镇垃圾转运站并运转良好，生活垃圾焚烧发电项目有序推进。已运行垃圾处理设施将来还要针对运营状况和处理效果，进行年度考核评价，公开评价结果，接受社会监督。未通过考核评价的生活垃圾处理设施，要责成运营单位限期整改。

强化政府部门的政策制定、市场监管等功能，建立起以倒逼为抓手的淘汰机制。每年分行业排出一批淘汰、转移企业，鼓励淘汰、转移低端落后产能，逐步实现产业的高端化、高效化、清洁化。①以土地利用为标准倒逼转型。以亩均产出、效益排序，实行末尾淘汰，倒逼企业转型，提高亩均产出率。建立存量工业用地盘活激励机制，加强土地批而未用、供而未用的清理和农村土地综合治理，积极实施"腾笼换凤"工程，改革工业用地供地方式提高准入门槛，优化城镇建设用地配置，提升土地资源配置效率。鼓励土地立体综合开发，加大高标准多层厂房建设，提高土地利用率。②以能耗排序为标准倒逼转型。以每年经济增长来测算能源增长比例，有计划地控制煤炭、电力等能源消费总量。利用资源集约、信息系统等平台，科学合理地对所有工业企业进行效益综合评价、排序定级，制定能源供应配置方案，对定级企业实行分档管理，对超过用能配额的企业实施新增量有偿申购、超限额差别收费制度以及采取停供能源等措施，倒逼高能耗、低产出企业转型升级。③以环境容量为标准倒逼转型。根据区域流域资源禀赋和环境容量，实施生态环境一票否决制，完善工业项目环境准入规定，严格进行环评审批，引导产业合理布局，将先进制造业和现代服务业作为招商引资的重点，大力发展资源占用少、能耗小、污染低、产出高的大项目和好项目，杜绝承接落后产能转移。细化梳理各类污染物排放指标，实施区域分类控制，将结构减排、工程减排、管理减排等污染减排措施、环境容量限制严格落实到每家企业。④以优胜劣汰为标准倒逼转型。结合"关闭不达标企业，淘汰落后产能，完善生态环境"行动计划，对传统高耗能、高污染行业开展专项整治，为优势产业和新兴产业发展腾出资源空间。

三、突出多维融合：城乡发展一体化、城镇与生态融合、产城融合、五化融合、多规融合等

建立城乡一体化的基础设施和公共服务体系，促进城乡资源优化配置。围绕镇村布局规划，以镇、社区、村为节点，综合就业半径、生活半径、社会管理半径，完善基础设施和功能布点，促进城乡资源优化配置，以良好的人居环境和公共服务吸引农民就近就地城镇化。加强工业园区、现代农业园区和农村布点村庄的配套建设，改造区内公路网，加快农村公路、公交车辆、站场站亭等城乡公共交通一体化建设，实现村村通公交，区镇村三级公交网络"零距离换乘"。实

施乡村清洁工程，开展村庄整治，推进农村垃圾、污水处理和土壤环境整治，实现农村垃圾、污水全部集中式处理，加快农村河道、水环境整治，严禁城市和工业污染向农村扩散。

把握好生产空间、生活空间、生态空间的内在联系，促进城镇与生态融合。实现生产空间集约高效、生活空间宜居适度、生态空间山清水秀。城市建设要以自然为美，把好山好水好风光融入城市。大力开展生态修复，让城市再现绿水青山，提升城市的通透性和微循环能力。城市工作要把创造优良人居环境作为中心目标，努力把城市建设成为人与人、人与自然和谐共处的美丽家园。按照绿色循环低碳的理念，实现对城市交通、能源、供排水、供热、污水、垃圾处理等基础设施的规划建设。建立完整的居民绿色休闲体系，在实现一镇一公园的基础上，保证城镇居民在小区两公里范围内有中等规模绿地和健身场所。

以"多规融合"为抓手，增强城镇布局的合理性，促进城镇与产业融合。从城乡一体的高度来全面规划人口、土地、镇村布局、产业、生态等，实现主体功能区规划、土地利用规划、产业规划、城乡建设规划、生态规划的"多规融合"。强化片区发展理念，将片区经济发展与城乡统筹相结合，丰富和深化片区功能，推动工业企业向规划园区集中、农民居住向新型社区集中，形成有利于优化生产力布局、有利于推进城镇化、有利于拓展发展空间的构架。

实现新型工业化、城镇化、信息化、农业现代化、绿色化融合发展。即推动信息化和工业化深度融合、工业化和城镇化良性互动、城镇化和农业现代化相互协调，在推动工业化、信息化、城镇化、农业现代化的同时都必须提升绿色发展质量，"不以牺牲后代人的利益为代价。"为子孙后代创造一个良好的生态系统，必须推进绿色化与工业化、信息化、城镇化、农业现代化紧密融合，实现绿色工业化、绿色信息化、绿色城镇化、绿色农业现代化。

四、突出转型升级：经济升级、城镇升级、治理升级

加快推动制造业与服务业转型升级。健全以先进制造业、战略性新兴产业、现代服务业为主的产业体系，提升要素集聚、科技创新、高端服务能力，发挥规模效应和带动效应。全面提升制造业的整体技术能力和生产水平，加大技术改造和设备更新力度，围绕重要产业领域发展，整合现有科研院所、企业资源，形成关键技术和共性技术的研究开发体系。鼓励引导企业加大制度创新、品牌创

新、模式创新，着力培育一批国际有知名度、国内有影响力的现代企业与品牌。推动工业化与信息化的融合互动，提升智能制造的水平。加快发展总部经济、文化创意、服务外包、金融业等现代服务业。加大开放力度，提高全区企业参与全球产业分工的层次，重点发展高端现代服务产业，加快提升国际化程度和国际竞争力。

推动产业园区的生态化、清洁化改造，推广循环经济园区模式。依托资源集约利用系统，通过收集全区企业用地、用能、税收、排放等总量与单位使用产出情况，对吴江区工业企业效益进行综合评价，建立企业资源环境考核体系。有计划地控制煤炭、电力等能源消费总量，加强高能耗行业管控。建立环保准入负面清单，严格新上工业项目把关，从源头上杜绝污染企业。加大印染、喷织、化工、火电等行业专项整治，关停并转一批高耗能、高污染企业，改造升级一批落后设备技术。提高清洁能源的使用比例，给予示范和宣传。

推动农业的现代化、生态化转型。以现代农业示范园区建设为载体，积极推动传统农业向生态农业、设施农业、高效农业转型，切实加强优质水稻、特色水产、高效园艺、生态林地建设，有效提升园区土地产出效益、农产品附加值和生态农业产业化发展水平。创新低碳高效水产养殖技术，减少鱼药和饲料用量。打造高品质、高附加值的特色水产品品牌，提高产品知名度和消费者满意率。

加大人才引进培育力度，实现人力资源的转型升级。鼓励企业柔性使用创新人才，加快本土紧缺人才、高技能人才培养，统筹推进人才梯队建设。增强城市宜居创业功能集聚，加快形成城市吸引人才、产业集聚人才、人才支撑产业的良性互动格局。

推动政府职能转变与升级。完善生态文明建设考核评价制度，把资源消耗、环境损害、生态效益纳入经济社会发展评价体系。深入推进简政放权，实现政府服务升级。切实抓好上级下移的各类许可审批、综合执法、财政管理、社会管理、机构完善、人员配备等权力事项。

推动资源环境治理升级。实行资源有偿使用制度、生态补偿制度和资源环境产权交易机制。加快自然资源及其产品价格改革，全面反映市场供求、资源稀缺程度、生态环境损害成本和修复效益。制定并完善生态补偿方面的政策法规，切实加大生态补偿投入力度，扩大生态补偿范围，提高生态补偿标准。发展环保市场，推行节能量、碳排放权、排污权、水权交易制度，建立吸引社会资本投入生态环境保护的市场化机制，推行环境污染第三方治理。

五、突出联动机制：城乡联动、部门联动、上下联动

统筹城乡发展，实现城乡同步发展。在规划图中逐一标注永久性基本农田、城镇控制区、产业发展区、扩建村庄、保留村庄、生态用地等地，不断优化提升城镇功能布局、产业布局和生态布局，有效规避人口密集、交通拥堵、资源紧张等"大城市病"。加大美丽镇村建设力度，加强村庄环境整治和基础设施完善，推进农村生活污水治理工作，完成新一轮镇村布局规划编制。努力实现生产空间集约高效、生活空间宜居适度、生态空间天蓝水秀。

实现各部门联动、上下级联动，强化生态文明建设保障。建立企业资源环境考核体系和末位淘汰制，强化企业资源集约利用信息系统、供电信息系统和重点用能企业能源利用状况报告系统三大平台节能预警调控作用。在各部门协调配合的基础上，整合工商、国土、国税、地税、供电、燃气、环保等部门数据建立起区域数据信息中心，成立专门的工业企业资源集约利用工作领导小组。动态跟踪企业环境行为，广泛收集企业环境信息。加强对水质、大气等环境要素的监测，并对监测结果进行会商研究，及时上报处理。在运用工业企业资源集约利用信息系统建立倒逼机制的基础上，发挥市场在资源配置中的基础地位，逐步建立以市场为主体的资源供给体制机制，将有限的土地余量、能源消耗和环境容量等资源要素向优势产业、优势企业倾斜集中。

保持城市规划权威性、严肃性和连续性，在规划执行中强化部门联动，坚持一本规划一张蓝图持之以恒加以落实。加强规划实施全过程监管，确保依规划进行开发建设。规划部门定期与监察、土地、房产等部门组成联合检查组，对在建项目、房地产开发领域中存在的突出问题，进行执法检查。强化规划实施的社会监督，依法公示公开规划，鼓励当地居民对违反规划的开发建设行为进行举报。

在新型城镇化和生态文明建设方面实现政企联动。探索多样化的基础设施建设模式，吸引社会资金参与新型城镇化和生态文明建设。创新资金筹措机制，发挥财政资金的引导作用，推广运用政府与市场主体合作模式（PPP模式），鼓励社会资本通过特许经营等方式参与城市基础设施（如公园、污水处理厂、垃圾处理设施等）的投资与运营，参与社会事业，建立多元化可持续的城镇化建设资金

生态文明建设的江苏实践

保障机制。发挥非政府组织在环境保护中的重要作用，争取更多的社会力量支持和参与环境保护。

六、突出边界规制：明确城乡边界、严守生态红线

明确城乡边界及功能区边界，划定生产空间、生活空间、生态空间。明确城镇建设区、工业区、农村居民点等的开发边界，以及耕地、林地、草原、河流、湖泊、湿地等的保护边界，加强对城市地下空间的统筹规划。将农村废弃地、其他污染土地、工矿用地转化为生态用地，在城镇化地区合理建设绿色生态廊道。

科学确立城市功能定位和形态，加强城市空间开发利用管制。合理划定城市"三区四线"，合理确定城市规模、开发边界、开发强度和保护性空间，加强道路红线和建筑红线对建设项目的定位控制。控制城市开发强度，划定水体保护线、绿地系统线、基础设施建设控制线、历史文化保护线、永久基本农田和生态保护红线，防止"摊大饼"式扩张，推动形成绿色低碳的生产生活方式和城市建设运营模式。坚持集约发展，树立"精明增长""紧凑城市"理念，科学划定城镇和产业园区开发边界，推动城镇发展由外延扩张式向内涵提升式转变。

严守生态红线，严格落实分级分类管控制度。通过生态修复与保育工程建设，切实加强水源地和植被保护。建立智能监测管理系统，积极开展水源地生态清淤和应急备用水源地建设。加快湿地修复和保护。通过植被恢复、水源保护、水质净化等措施，加快推进湿地公园建设。以生物种类多样、形态格局丰富、水乡文化深厚为湿地公园特征，构筑天然"生态之肾"，一方面为野生动植物提供良好的生存栖息地，另一方面创建流域水生态保育恢复、合理利用的示范基地和湿地科学、生态文明的科普教育基地。

参考文献

1. 吴江区发展和改革委员会：《苏州市吴江区国民经济和社会发展第十三个五年规划纲要》，2016年4月22日。

2. 沈和等：《新型城镇化与生态文明融合发展的生动探索——江苏省苏州市吴江区的创新实践与启示》，中国发展观察，2015（4）。

3. 梁一波：《新型城镇化的吴江实践》，古吴轩出版社，2014。

4. 吴江市地方志编纂委员会：《吴江市志1986—2005（上下册）》，上海社会科学院出版社，2013。

5. 李连仲，徐明：《大力促进科学发展积极打造乐居城市——关于建设乐居吴江的调查报告》，经济科学出版社，2010。

6. 吴江课题组：《吴江》，当代中国出版社，2010。

7. 中国社科院城市发展与环境研究所：《中国城镇化质量报告》，《中国经济周刊》，2013。

8. 刘耀彬，宋学锋：《城市化与生态环境的耦合度及其预测模型研究》，中国矿业大学学报，2005，34（1）：91—96。